ESG 简单投资

ESG Investing For Dummies

〔英〕布兰登·布拉德利　著

By Brendan Bradley

李　森　译

中国财经出版传媒集团

中国财政经济出版社

图书在版编目（CIP）数据

ESG 简单投资／（英）布兰登·布拉德利著；李淼译
. --北京：中国财政经济出版社，2023.2
书名原文：ESG Investing For Dummies
ISBN 978-7-5223-1841-7

Ⅰ.①E…　Ⅱ.①布…②李…　Ⅲ.①企业环境管理－环保投资－研究　Ⅳ.①X196

中国国家版本馆 CIP 数据核字（2023）第 004023 号

责任编辑：胡　懿　　　　　　　　责任印制：张　健
封面设计：陈宇琰　　　　　　　　责任校对：胡永立

中国财政经济出版社 出版

URL：http：//www.cfeph.cn
E-mail：cfeph@cfeph.cn
（版权所有　翻印必究）
社址：北京市海淀区阜成路甲 28 号　邮政编码：100142
营销中心电话：010-88191522
天猫网店：中国财政经济出版社旗舰店
网址：https://zgczjjcbs.tmall.com
北京中兴印刷有限公司印刷　各地新华书店经销
成品尺寸：185mm×235mm　16 开　20.75 印张　285 000 字
2023 年 2 月第 1 版　2023 年 2 月北京第 1 次印刷
定价：86.00 元
ISBN 978-7-5223-1841-7
（图书出现印装问题，本社负责调换，电话：010-88190548）
本社质量投诉电话：010-88190744
打击盗版举报热线：010-88191661　QQ：2242791300

谨以此书献给我美丽的女孩们——我的妻子玛丽露，我的女儿西尼德、丹妮拉和杰西卡。感谢她们在我写作本书的"自我隔离"期间付出的爱与支持！

致　谢

　　感谢威立团队的支持和耐心，特蕾西·博吉尔协助我确定初步大纲，乔其蒂·比蒂和马里路易斯·威克使本书更方便阅读，西沃恩·克利里负责确保本书内容的准确。感谢米歇尔·海科，她耐心地引导我完成本书的撰写，让我保持正确的步伐，鼓励我跳出舒适圈。还要感谢威尔·奥尔顿对本书初步大纲的支持，并为我提供新兴主题。

推荐语 1

在气候变化、资源短缺等问题日益紧迫的今天，改变以资源、环境与社会为代价的增长模式，实现低碳化的绿色转型，已经是全球共识。给世界带来重大影响的新冠肺炎疫情则进一步引发了全球对经济发展和治理模式的思考和讨论。

与此同时，强调关注环境、社会及治理表现的 ESG 理念，已经迅速成为国际主流的投资策略和配置理念，一场 ESG 投资浪潮正席卷全球。根据彭博社的预测，全球 ESG 资产市场将从当今的 35 万亿美元跃升至 2025 年的 50 万亿美元，占全球资管总资产的三分之一。

放眼国内，ESG 作为一种投资理念，虽然正式进入中国只有 4 年左右，但与"创新、协调、绿色、开放、共享"新发展理念高度契合，与碳达峰、碳中和等目标息息相关。历史性的发展机遇将带动我国 ESG 投资迅速增长，推动资产配置的结构性转变。按中国绿色金融市场的 ESG 投资定义，在国内公募基金市场，ESG 投资规模已超过 1 万亿元[①]。未来，绿色投资需求将进一步扩大，ESG 投资概念已不再是空中楼阁，而将成为投资机构、首席投资官、资产配置顾问的必备理念。本书的出版，恰逢其时。

从监管、市场、个人乃至整体生态建设来看，ESG 投资都是一项长期系统性工程。完善的 ESG 生态系统构建与利益相关方的多方努力至关重要，包括系统的 ESG 理论研究和理论推广，建立和完善 ESG 信息披露的标准、制度和评价体系，以及培养有效的数据和分析能力。本书巧妙地以 ESG 投资为切入点，从 ESG 理论基础、投资工具、应用原理等维度，系统介绍 ESG 生态体系，很好地兼顾了监管机构、金融机构、企业、评级机构等各参与方的关注点。对于 ESG 投资感兴趣的读者会发现，这是一本很好的入门读物；对

---

① 资料来源：BCG，《中国 ESG 投资报告 2.0》，2022 年 10 月。

专业投资者，本书又可以成为其手边常备工具书之一。

　　衷心希望《ESG 简单投资》这本书能够得到更多读者的关注，并引发更多可持续发展领域学习者和实践者的思考和交流。

　　是为序。

魏晨阳

清华大学金融科技研究院副院长

清华五道口全球不动产金融论坛秘书长

国家金融研究院中国保险与养老金研究中心主任

推荐语 2

全球应对气候变化趋势紧迫，追求绿色可持续发展、实现碳中和目标已成为共识。我国也高度重视经济社会的"绿色发展"，党的二十大报告指出，"推动经济社会发展绿色化、低碳化是实现高质量发展的关键环节"。在此背景下，发展绿色金融和践行 ESG 投融资成为必然趋势。从投资规模来看，ESG 投资已迅速发展为全球主流投资策略，全球可持续投资联盟 GSIA 数据显示，截至 2020 年末，ESG 资产规模逾 35 万亿美元。

始于承诺，成于践行，发展绿色金融和 ESG 投资还需落在实处。如作者所说，我们要"警惕夸大宣传，不要陷入错失良机的恐惧"，就应首先真正理解"ESG 是什么""为什么要做 ESG"，进而思考"怎么通过开展 ESG 投资及实践，真正实现在环境、社会、治理三大维度协同增效，为各方创造积极的价值"。本书将带你一一找到答案。

对金融投资机构及投资者而言，ESG 作为可持续发展理念在投资领域的体现，为市场参与者提供了绿色投资工具。那么，如何评估使用 ESG 数据与 ESG 评级结果，将 ESG 信息深度整合到投资决策流程？如何通过不同种类的金融工具开展 ESG 投资？ESG 投资在不同投资市场又表现出怎样的适应力与差异性？本书的第 2 部分展开了详细论述。

对于企业而言，金融机构的 ESG 资金配置需求会引导企业更多关注自身环境、社会、治理能力建设和影响。那么企业要如何满足资金端对于信息披露和透明度的要求？如何将 ESG 因素纳入公司长期战略及日常经营，改善 ESG 表现，增加获得资本的机会？如何通过应用 ESG 获得先发优势，让 ESG 成为自身核心竞争力之一？本书的第 3 部分给出了明确的行动指南，从 ESG 策略方针制定、ESG 标准和衡量指标定义，到 ESG 业绩评价、ESG 评级改善等，均逐一进行了说明。相信大多数企业在 ESG 实践中遇到的困惑与挑战都可以在本书中找到思路和方法借鉴，进而找到最适合自己的方案与实施路径。

　　对于监管机构、评级机构等 ESG 生态系统的重要参与者，推荐关注本书所强调的推动 ESG 发展的方式及市场走向。尽管国内已经在开展 ESG 披露标准和框架建设、ESG 信息披露及 ESG 评级体系建设、ESG 能力建设，但本书的前沿观察与深入浅出的分析一定会贡献全新的思考与启发。此外，书中对于金融科技、数字科技在 ESG 生态建设中的应用分析也值得我们深入学习研究与探讨。

　　推动绿色低碳发展是一项需要全社会广泛参与的系统性工程，每个利益相关方都应增强绿色发展意识、提升绿色发展能力，而阅读此书，或许是个不错的开始。

王乃祥

北京绿色交易所　董事长

序　言

欢迎来到 ESG（environmental，social and governance）社区！感谢选择本书，我们将在本书中解释 ESG 投资的来龙去脉。你可能已经知道，ESG 的意思是：环境、社会和公司治理。也许你对这一话题充满兴趣的原因是，越来越多的证据表明，ESG 因素可以整合到投资分析和投资组合构建中，为投资者带来长期的绩效优势。此外，有社会意识的投资者也会使用 ESG 标准来筛选投资和评估公司对世界影响的指标。你可以了解你所投资的公司是"在做正确的事"还是"没做坏事"，并了解其是否产生了正面的投资回报。

随着政府、企业和投资者越来越注重环境和社会的影响，在未来的某个时候，我们所有的投资决策很可能都需要考虑 ESG 因素。鉴于高 ESG 评级的公司比低 ESG 评级的公司表现出更低的资本成本、更小的收益波动和更低的市场风险，可持续发展应该成为我们投资的新标准。此外，所有的集合投资基金都有可能需要被迫思考 ESG 的投资标准，以及传统的金融因素。

然而，在到达目的地之前，我们还需要迎接许多挑战。由于缺乏共同的可持续发展标准、缺乏标准的披露要求，ESG 评级仍然受到众多评级指标提供者的质疑。简单来说，用于投资产品的 ESG 标准背后的可用数据和方法仍然不够透明，投资者需要仔细监控"潜藏"的问题，让自己不要成为"漂绿"行为的受害者。

作者的话

在写这本书时，我主要是想帮助潜在的ESG投资者了解机遇，同时警告他们不要忘记潜在的风险。现在市面上有很多与ESG相关的书籍，但在过去的一年中，世界发生了巨大的变化，我觉得不仅要向投资者说明最新的情况，而且要提醒他们警惕夸大宣传，不要陷入错失良机的恐惧。因此，我在一些章节中重点介绍了改善披露信息的发展情况，从而提高数据质量，并对特定公司进行更为可靠的评级，这反过来也会带来更好的投资产品。虽然资产管理行业更希望自愿实现这些目标，但流入这一领域的资金数额巨大，因此监管要求也在不断加强，以强制执行某些行动。

我想从实用的角度看待ESG投资最重要的环节，这种负责任的投资方法不仅可以为公司带来强劲的回报，同时也能帮助将世界变得更美好。

提示：扩展内容栏（带阴影的文本框）是对给定主题细节的深入研究，但理解其内容并不是很重要，你可以自由阅读或是跳过该部分。你也可以跳过带有"技术资料"图标的文段——这些文段主要为你提供有关ESG投资的有趣信息，并非非常重要。

最后一件事：在本书中，你可能会注意到有一些网址分成了两行。如果你正在阅读本书的印刷版，当你想查看某一网页时，只需输入与文本完全一致的网址，并删除换行符。如果你是以电子书的形式阅读这本书，那就更简单了——点击网址直接进入网页即可。

关于本书

本书想让所有投资者都能理解 ESG 主题，但我们也假设了特定的读者类型：

- 金融服务专业人员，他们希望真正了解 ESG 和可持续发展，而不是夸夸其谈

- 主动型投资者，他们正在考虑按照 ESG 标准增加自己的资产配置

- 资产所有者，他们不太熟悉这个新概念，需要理解其中的细微差别

- 公司高管，他们需要通过"提高自己的水平"来提高 ESG 评分，并确保其公司适合 ESG 指数和投资组合

- 专业服务提供者，如会计、顾问和律师，他们正在确定自己在 ESG 系统中的地位

- 监管机构、政界人士和其他负责保护投资领域的行业参与者

总体而言，本书的读者定位是：对传统投资有着一定的经验和理解，也可以在阅读本书的过程中建立对 ESG 的理解，或是在针对具体角色或兴趣的特定章节进行深入研究。

图标含义

就像其他的简单投资系列图书一样，本书的特色图标可以帮助读者迅速掌握阅读的信息。图标意义如下：

表示有关展开 ESG 投资的实用建议

表示读者应当记住的信息

表示在 ESG 投资领域应避免的情况和行动

表示关于特定 ESG 投资主题的更为深入的研究内容

超越本书

除书中展示的阅读内容以外，本书还提供了免费且可以随意查阅的"速查表"，其中提供了有关重要 ESG 术语的简易词汇表，并概述了推动 ESG 投资的关键主题。如需下载此速查表，请登录 www.dummies.com 并在搜索栏中搜索 ESG Investing For Dummies Cheat Sheet.

如何阅读本书

　　无须按照严格的章节顺序阅读本书。本书各章节均为独立内容，读者可以随心所欲地翻阅。如果想要寻找特定主题，请查看目录和索引。如果想了解更多有关 ESG 的信息及其最新发展趋势，请访问以下网站：

- 负责任投资原则：www. unpri. org/sustainability – issues
- 联合国可持续发展目标：www. un. org/sustainabledevelopment/sustain-able – development – goals
- 可持续发展会计准则委员会：www. sasb. org/standards – overview/materiality – map
- 全球报告倡议组织：www. globalreporting. org/how – to – use – the – gri – standards
- 气候相关财务信息披露工作组：www. fsb – tcfd. org/about
- ESG 明晰网：www. esgclarity. com

目 录

了解ESG

第 1 部分通览

- 避免将 ESG 投资与社会责任投资、道德投资或影响力投资混为一谈。
- 了解推动近年来 ESG 投资发展和主要增长的因素。
- 阐述 ESG 为何重要，ESG 评级和指标的标准是什么，以及公司应当怎样提高其 ESG 评分。调查环境、社会和公司治理各个方面的关键指标和风险。
- 在 ESG 投资激增的情况下，确定有关"漂绿"的担忧。

第1章
进入 ESG 投资世界

在本章中你可以学到：

- ESG 格局有哪些基本特征
- ESG 的具体含义
- ESG 对环境、社会和公司治理影响的观察
- 利用国际规范确定 ESG 目标

ESG（Environmental、Social、Governance，环境、社会和公司治理）无疑已成为近年来投资管理领域最热门的话题之一。在过去的 3 年里，"ESG 投资"一词的谷歌搜索次数指数级增长（见图 1–1），它已经引起人们的注意！因此，高层管理人员面临着一系列全新的管理主题，比如全球变暖问题引发人们对"环境"问题的担忧，而新冠肺炎疫情又进一步凸显"社会"问题。还有，投资界一直密切关注着企业的公司治理问题。

但是，这有什么好大惊小怪的呢？ESG 投资是昙花一现，还是能够在未来主导投资管理的长期趋势？本章将介绍 ESG 投资背后的基本原理，强调其背后的关键驱动因素，并介绍已经建立的一些目标和标准。

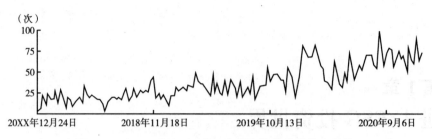

（次）

20XX年12月24日　　2018年11月18日　　2019年10月13日　　2020年9月6日

图 1-1　2018—2020 年 "ESG 投资" 的谷歌搜索趋势

资料来源：© *John Wiley & Sons*, *Inc.*

调查 ESG 的当前格局

从广泛定义来说，ESG 是对一家公司的环境、社会和公司治理实践的分析。在 2005 年联合国全球契约组织发布一份报告之后，ESG 首次引起了金融界的注意。该报告称，将 ESG 因素纳入资本市场，将有可能使 "为善者诸事顺" 成为现实。自那以后，ESG 问题的重要性迅速升温。于 2006 年推出的 "负责任投资原则（PRI）" 投资者网络，已经从 63 家签署成员（管理着 6.5 万亿美元资产的资产管理者和所有者）发展到超过 3000 家签署成员（管理着超过 103 万亿美元的资产）。由于利益相关者越来越关注企业的环境影响，加上投资者也开始意识到强劲的 ESG 业绩对于保障公司成功的重要性，这些都使得 ESG 不再是一种小众的投资概念。

记忆

随着形势的变化，人们越来越有必要了解一家公司在 ESG 问题上面临的风险或机遇，这些因素可能会决定该公司长期的发展前景。同时，新冠肺炎疫情凸显了进一步考虑这些因素的必要性，这些都导致最近 ESG 领域投资激增的情况。21 世纪，企业的经营环境发生了翻天覆地的变化。企业从经济增长、全球化、消费增加和化石燃料中获益，并进一步加强和发展他们为全球提供商品、就业岗位和基础设施的作用。因此，企业对气候变化、生物多样性、社会多元化和包容性等基本可持续问题的贡献也有所增加。与此同时，技术的兴起使得利益相关者以及股东可以就企业的行为方式向企业提出质疑。

因此，对可持续发展业绩的透明衡量和披露现在被认为是有效商业实践的重要组成部分，也是让人们继续信任企业的必要因素。公司报告是包括投资者在内的利益相关者识别和衡量公司绩效的一种手段，就像公司本身也在内部使用报告为决策提供信息一样。财务报告是国际公认会计准则的发展成果，这些报告加强了世界各地金融市场的透明度、责任感和竞争力。因此，虽然可持续披露报告将比财务报告更为复杂，但国际公认的可持续发展标准将成为相关 ESG 评级的基础。

探索 ESG 的具体含义

近年来，"ESG"一词已普遍成为社会责任投资的代名词。然而，ESG 更应该被视为评估公司的风险管理框架，而不是独立的投资策略。ESG 可以衡量公司投资的可持续性和社会影响，这些标准可以更准确地判断公司未来的财务业绩。同样，影响力投资只是管理公司预期的投资类型，ESG 因素则是评估过程的一部分，通过将非财务因素应用于管理公司的分析，可确定投资中的重大风险和增长机会。此外，影响力投资希望对基金管理公司的投资产生显著而积极的环境影响或社会影响，而 ESG 是"达成目的的手段"，用于识别可能会对资产价值产生重大影响的非财务风险。

此外，ESG 经常错误地与企业可持续发展和企业社会责任（CSR）等术语混为一谈。虽然这些术语有一些交叉，但他们并不能互换：

- 企业可持续发展是一个总括性术语，即通过抓住机遇和管理经济、环境和社会发展所产生的风险来为利益相关者长期创造价值。对许多公司来说，企业可持续发展就是"行善"，与其他任何条件均无关联。

- 企业社会责任是一种融入式管理概念，指的是企业将关键利益相关者关注的问题融入其经营和活动。相对而言，ESG 更专注于评估公司的 ESG 实践情况，以及更为传统的财务指标。

最后，ESG 也经常与道德投资混为一谈。然而，采取 ESG 方法通常可以视为投资的先兆。它可以提供框架，让投资者思考一家公司面临的"环境""社会"和"公司治理"问题，并对这些问题进行单独或共同评分，以确定它们之间的关系。这使得投资者可以考虑投资那些 ESG 评分较高的"业内最佳"股票，也可以因为某些公司的环境评分与其价值观不符而排除这些公司。道德投资涉及的就是基于伦理或道德原则的投资选择。这类投资者通常会选择避开"罪恶股票"，也就是那些与赌博、酒精或枪支相关的股票，这可以通过 ESG 排除策略（在投资组合中明确排除"罪恶股票"）来实现。

提示

你可能已经习惯在投资股票时衡量各种财务比例，如相对市盈率（P/E）、EBITDA 利润率。（对，我说的就是税息折旧及摊销前利润率，幸好我可以用缩写。）这些财务指标仍然非常有用，但你现在可以通过另一个角度来看待同样的股票。这些公司的可持续性评估通常使用综合的 ESG 评分来显示，类似于投资银行和经纪公司提供的股票推荐。然而，就像主流研究分析师使用基本相同的信息来分析相同的公司会得出不同的推荐结果一样，ESG 分析师在推荐评分上也会存在差异。有关 ESG 评级的介绍，请参阅第 2 章。

以下各部分内容将介绍 ESG 的不同组成部分，包括重要的财务指标、这些指标如何因行业而异，以及如何在这些因素中应用各种 ESG 策略。这些元素可以通过"ESG 立方体"进行分析，以展现因素之间的交集。

定义 ESG 的范围广度

与普通的财务比率不同，还没有一套常见的财务比率能清晰地定义"环境""社会"或"公司治理"评分。我们是应该将这三者综合在一起，还是应该分别考虑每个部分。从 ESG 角度来看，这取决于你认为与此最相关的因素。确实，不同的因素对于不同的股票发挥着不同的重要性。例如，一家银行面临的环境风险将比一家矿业公司面临的环境风险要小一些，但你却需要更加关注银行在公司治理方面的因素。还有，你应该关注到什么程度？你需要使用什么数据或方法来衡量这种关注？如你所见，ESG 分析让你需要考虑全新的指标，这可能导致复杂的分析，对于外行来说有点难以接受。

当然，投资管理公司愿意为你省去所有的麻烦，并向你展示通过各种方式融合了各种因素的产品。随着投资界走向被动投资，其中的许多产品将由指数驱动。为了确保大家可以熟悉这些新产品，并确保他们能够密切追踪既定基准的表现，许多新产品其实是传统指数的 ESG 变体，如标准普尔 500 指数或富时 100 指数。这些指数是大家"熟悉和喜欢"的东西，但也会出现一些例外情况，比如一些不同的权重，或是出现偏向或背离某一股票的倾向。这对大多数投资者来说应该很容易理解。

还有一种是面向老练投资者的版本，包括养老基金和家族理财等大型资产所有者。考虑到他们为投资管理支付的费用，这种方法不可能让他们"一眼相中"。他们喜欢更积极的管理方法，并充分考虑在此过程中需要分析的复杂关系。为了将资产管理公司的方法可视化，我们可以考虑绘制一个矩阵或三维立方体。资产所有者认为，以下 3 个方面的问题都非常重要：

- 哪些关键行业部门可以体现最大的 ESG 风险或机遇？

- 你应该采用哪种 ESG 执行策略来从这些数据中获益？

- 影响公司财务业绩的重要 ESG 因素是什么？

我将为大家介绍"ESG 立方体"的概念，它呈现了这些因素之间的交点。图 1-2 展示了 ESG 立方体，包含 3 条坐标轴：X 轴代表行业部门，Y 轴代表 ESG 策略，Z 轴代表重要指标。

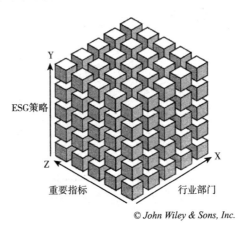

© John Wiley & Sons, Inc.

图 1-2　因素间有交点的 ESG 立方体

每个维度都可以进一步分类，如下文所示。

行业部门

图 1-3 添加了"可持续发展会计准则委员会（SASB）重要性图谱"中列出的行业部门，扩展了 ESG 立方体的概念：

- 医疗。

- 金融。

- 技术与通信。

- 不可再生资源。

- 交通。

- 服务。

- 资源转化。

- 消耗。

- 可再生资源和替代能源。

- 基础设施。

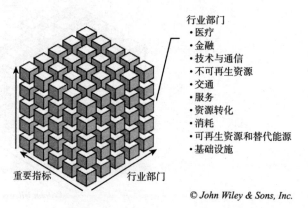

© *John Wiley & Sons, Inc.*

图 1-3　按照可持续发展会计准则委员会重要性图谱划分的行业部门

ESG 策略

图 1-4 概述了资产管理公司倾向于代表其客户采用的最常见 ESG 集成策略：

- 筛选：基于某些因素的风险披露信息排除或选择股票。

- 业内最佳：基于较高的 ESG 评分选择股票。

- 股票评级：使用 ESG 绩效评级系统。

- 价值整合：将 ESG 问题整合到股票估值中。

- 主题性：将投资组合集中在某些主题上。

- 参与性：就环境、社会和公司治理问题保持持续对话。

- 一致性：与社会或环境目标保持一致。

- 行动主义：利用投票权吸引公司参与。

- 系统性：采用定量或数据驱动的因素。

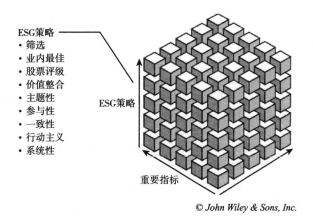

© John Wiley & Sons, Inc.

图 1-4　流行的 ESG 投资策略

重要指标

图 1-5 显示了 ESG 立方体第三个维度的详细信息。在这个维度中，可持续发展会计准则委员会确定了每个行业部门可能存在的重要财务 ESG 问题。这些只是指标建议，投资者可以根据自身情况选择适合自己的重要问题。这些建议如下：

- 环境：温室气体排放和生物多样性影响。

- 社会资本：人权/社区关系与数据安全隐私。

- 人力资本：多元化/包容性和公平的劳动行为。

- 商业模式与创新：产品使用寿命影响和产品包装。

- 领导和公司治理：供应链管理和事故/安全管理。

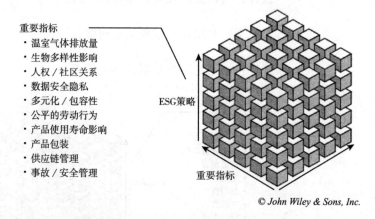

© John Wiley & Sons, Inc.

图 1-5　按照可持续发展会计准则委员会重要性图谱划分的重要指标

适用于不同客户类型或可持续发展偏好的 ESG 策略可以根据特定的行业部门进行具体化。例如，你可能有一个客户想要调整策略（Y 轴上的 ESG 策略），重点关注交通部门（X 轴上的行业部门）内的社会或环境目标解决方案（Z 轴上的重要指标）。如果还需要讨论交通部门内的特定公司，还可以采用"业内最佳"这一方法来正确选择投资组合。

将 SRI 投资、道德投资和影响力投资与 ESG 进行比较

严格来说，ESG 并不是一种投资风格，而是通过考虑相关的 ESG 问题来管理风险，因此我们应当思考如何将 ESG 评级用于社会投资领域的各个方面。首先，社会投资作为总括性术语，认为提供资金就可以结合经济、社会和环境目标。这里将描述一些更专业的方法，以代表更具体的投资方法（更多细节见第 7 章）：

• 可持续和负责任投资（SRI）使用相关的 ESG 标准来选择投资公司，通常使用负面筛选法，将生产或销售有害物质（如烟草）的公司以及从事有害活动（如环境污染或侵犯人权）的公司排除在外。可持续和负责任投资并不一定会通过正面筛选来选择从事有益活动的公司，例如那些展开可持续发展行动或开发清洁技术的公司。有人正在尝试在气候变化和人权等领域建立相应的标准和指数，以促进这方面的投资。

• 在道德投资中，通常会根据投资者的个人信念和价值观来选择或排除投资公司。与可持续和负责任投资类似，道德投资可能不会对某些行业（如枪支）进行投资，并且更可能从化石燃料公司中撤资。与可持续和负责任投资的主要区别在于，道德投资往往更以问题为基础，并拥有更个性化的结果，而可持续和负责任投资通常使用一组标准参数来选择投资。

• 影响力投资旨在带来积极财务回报的同时产生正面的社会或环境影响，故在这一投资中应用 ESG 因素更为困难。影响力投资者试图通过金融工具产生具体而积极的影响，然后要求公司提交有关该等影响的确凿证据报告。与可持续和负责任投资的区别在于，影响力投资希望在可再生能源、可持续农业、水资源管理和清洁技术等领域产生积极影响，但这些领域的许多独立公司或基金可能没有具体的 ESG 评级。此外，测量实际的社会和环境影响力也非常困难。为方便测量，目前开发出的标准化测量系统（影响力报告和投资标准，简称 IRIS）可以产生具有可比性的影响力数据，但这一系统并未使用 ESG 标准。影响力报告和投资标准（https：//iris. thegiin. org/about/）是免费的公开资源，由全球影响力投资网络（GIIN）管理，用于测量、管理和优化影响力。

社会责任投资可以代表当时的政治和社会环境。因此，投资者必须认识到，如果某一社会热点不再受欢迎，他们对该热点的投资也可能会受到影响。投资者可以从 ESG 的角度考虑这类投资，也许可以预防一些问题。同样，投资者还应当仔细阅读基金招股说明，以确保被投资公司的理念与其价值观保持一致。

新冠肺炎疫情也说明了社会问题越来越重要。许多社会问题因疫情而进一步加剧，而其他一些本来并不重要的问题也开始出现在人们的视野中。这些问题包括职业健康和安全、负责任的采购行动、供应链问题以及包括隐私在内的数字权利。放眼疫情之外，还有一些社会问题也非常突出，例如人权、心理健康和获得基本医疗的渠道。

确定 ESG 是否能带来良好的投资业绩

ESG 整合将考虑到所有相关信息和重大风险，以满足管理公司的受托责任。应该记住，ESG 整合不仅仅是投资过程中的负面筛选，因此它不会限制投资的范围，而由于 ESG 比传统的财务分析更加全面，它也不会受到多元化程度降低的限制。如果投资者认为 ESG 评级较低的公司决定"痛改前非"，那么他们依然会选择这类公司。

按照这一思路，几乎所有的大型机构投资者都在通过某种方式使用 ESG 数据。具体而言，负责任投资原则的签署成员已经承诺将 ESG 问题纳入其投资决策过程。例如，全球最大的资产管理公司贝莱德（BlackRock）宣布，包括公司 ESG 业绩在内的可持续性问题将成为贝莱德投资的新标准。此外，企业进行 ESG 分析的另一个关键原因是评估风险。ESG 分析也是寻找投资机遇的一种方式，它可以先于整体市场发现那些正在"环境""社会"或"公司治理"方面做出改善的公司。

尽管 ESG 在 2020 年新冠肺炎疫情之前就已经开始流行，但这场疫情首次证实了 ESG 投资不会以牺牲业绩为代价，可以在提高回报的同时指导未来投资。这不仅证明了 ESG 投资的适应力，而且在世界思考如何"更好重建"的时候进一步推动了可持续发展。然而，一些投资者重点强调了"ESG 动量"这一概念（指大量资金流入了有望成为未来优胜者的"好"公司），这可能会导致业绩数据不一致，或业绩因不同时期而异。然而，有证据表明，长期来看，ESG 的表现优于整体市场。

警告

此外，还有一些投资者质疑 ESG 股票是否能显示出真正的阿尔法业绩。由于大多数 ESG 共同基金至少将其 20% 的资产投资于科技股，这些投资者认为，是近年来科技股的收益推动了 ESG 的业绩发展。如果科技股泡沫破裂（可能是由于反垄断执法），投资者放弃成长型股票而转向价值型股票（也是对 ESG 有利的股票！），ESG 策略下的阿尔法业绩或额外业绩应当来自哪里？请当心 ESG 投资存在潜在投机泡沫的可能性。

了解 ESG 对环境、社会和公司治理的影响

2020 年已经过去，我们大多数人都感到身心俱疲。气候变化仍然是我们在环境领域关注的重点问题，但新冠肺炎疫情在社会领域占据主导地位的时间将比人们想象的更长。与此同时，进入 2021 年，随着英国脱欧带来的问题以及疫情的持续影响，供应链管理正在成为公司治理（或者更确切地说，管治）领域的中心问题。人们强烈希望理解 ESG 的真正含义，以下几节可能会有所帮助。

实现环境目标、应对全球变暖

我们的环境面临着许多挑战，但气候变化和到 2050 年实现零排放显然是其中的重点。这意味着所有人为温室气体（GHG）排放必须大幅减少（需要脱碳），我们无法停止排放的气体则需要通过减排措施从大气中去除。将地球的净气候平衡降至零并使全球温度保持稳定是一个关键目标。人们越来越关注生物多样性和水资源管理等问题，但从投资的角度来看，近年来能源部门的表现相对较差。受新冠肺炎疫情影响，GDP 相关需求下降，投资者持续将化石燃料股票排除在投资组合之外，更加剧了这一趋势。

虽然预期疫情可能会转移人们对气候变化目标的关注，但它似乎加速了能源部门的结构变革，这将为政策改革和可再生能源提供机会。与此同时，由于现在人们对与积极解决气候问题相关的风险和机遇有了更多的认识，新的市场参与者将参与向低碳经济的转型。从 2021 年 1 月开始，新上台的美国的民主党政府也在继续支持欧洲的一项重要绿色协议，为能源过渡提供资金，加之 2021 年在英国举行的联合国气候变化会议（COP26），对抗全球变暖的奋斗正在升温！

因此，一方面，世界上最大的资产管理公司贝莱德集团首席执行官拉里·芬克（Larry Fink）向其他 CEO 发布了一份声明，强调气候风险是投资风险，需要一致和可比的数据；另一方面，人们预计清洁能源政策和投资将出现激增的情况，使能源系统全面实现可持续能源目标，包括在《巴黎协定》中确定的目标。然而，全球能源公司向可再生能源的过渡需要投入大量的时间和金钱，因此有必要在过渡期间监测他们的 ESG 资质。有关 ESG 中的环境因素的更多信息，参见第 3 章。

为社会挑战提供解决方案

全球新冠肺炎疫情让人们关注到了 ESG 的社会方面，相应社会问题在 2020 年投资者的 ESG 关注榜上从第三位上升到第一位。尽管疫情迫使一些公司暂时停止在 ESG 方面付出努力，但投资者仍认为，强大的 ESG 策略对于股价和灵活性有积极影响。来自"黑人的命也是命（Black Lives Matter）"和"我也是（Me Too）"等社会运动的额外影响，迫使执行董事会将社会风险纳入公司治理结构的新标准。人权、社区关系、客户福利，以及员工的健康、安全和幸福都被提升到了优先地位。

除了董事会多元化之外，公司和投资者的注意力还会转向跨公司的多元化——不论是高层管理，还是整体员工队伍。随着企业社会责任的理念转变为企业宗旨的新概念，有关同工同酬、平等机会和企业文化的政策也将受到更密切的监控，并且更加重视利益相关者及股东的利益。

然而，尽管总体而言 ESG 因素的披露已经更加标准化和普遍化，但社会因素仍然是 ESG 中最难以分析或整合的因素。第 4 章将详细介绍 ESG 的社会因素。

满足企业公司治理要求

尽管公司治理实践一直是公司的关键估值因素，但对于固定收益和股票而言，公司治理在新冠肺炎情期间也受到了大量关注——不仅包括公司董事会需要确保员工和商业合作伙伴的健康和安全，还包括公司董事会对供应链管理的整体影响及其应对方式。当员工在参加政府提供的职位保障计划时，人们也在关注管理层将如何在高管薪酬计划中发挥作用。

过去，股东决议是识别和检查公司治理问题的工具，促使公司开始进行实践改革和接受各项标准（例如，年度董事选举、董事会性别多元化等）。现在，股东决议已经变得更为积极，资产管理者参与度更高，并开始在公司内部领导战略行动和变革。这种更高的参与度在 ESG 团队分析师和传统金融分析师之间带来了一种关于企业选择的联合方法。公司在其可持续发展报告中有关加强 ESG 披露的提议，也将使资产管理者和所有者能够进一步将 ESG 风险评估纳入其投资决策。

投资者还在推动将高管薪酬与 ESG 计划挂钩，迫使董事会实现社会和其他关键目标，而不仅仅是在"口头上"支持 ESG 整合。很明显，公司治理在更多层面上意味着管治（参见第 18 章），需要承担特定级别的责任以及产生可持续利益的责任，而不是躲在既定的规则后面通过组织传递信息。有些人认为，ESG 可以转变为 ESS（环境、社会和管治），以强调管治在这一过程中的作用。但无论如何，管治与整体 ESG 整合之间应该无缝衔接，投资者应根据 ESG 风险对公司进行系统评估。

有关 ESG 中的公司治理因素的完整介绍，请查看第 5 章。

使用国际标准确定 ESG 目标

全球监管生态系统正在快速发展，许多国家在监管中支持应用 ESG 要求。最近的一项研究表明，在过去 10 年中，各国政府在全球范围内颁布了 500 多项新措施，以支持 ESG 的应用。许多市场参与者认为，监管发展是吸引 ESG 投资的关键驱动因素。虽然许多自愿披露机构通过推动披露并创建框架标准来促进 ESG 数据的可用性，让 ESG 在近年来获得了巨大的成功，但投资者还是认为，应当进一步强制公司披露更多信息。

5 个可持续发展标准制定机构已经宣布，他们同意人们对"过度报告"的担忧和对"矛盾行动"的抱怨，并打算增进合作。有人认为，过多的监管机构可能会阻碍这一进展，并导致管辖权的分散。

然而，就在该意向声明发布之际，欧盟启动了一项大规模立法计划，将 ESG 问题作为金融服务业的核心监管事项，并进一步提高披露要求。最终，市场应该建立起共同化、标准化的披露机制，以形成重要的报告，为 ESG 评级模型提供更多信息，并为 ESG 评分带来更加一致的结果。

警告

虽然公司披露的可持续发展信息比过去多得多，但大部分披露都是针对整体利益相关者，这也限制了披露对投资者的实用性。投资者对可持续发展的内部问题更感兴趣，这些问题代表了价值创造的关键驱动力，例如可持续发展会计准则委员会确定的特定行业因素。企业的可持续发展报告通常没有从投资者的视角进行思考，这让公司致力于报告整体 ESG 表现，从而影响数据提供商发布的评级。但投资者其实更希望看到具有特定行业因素的 ESG 风险信息。

以下各节强调了可持续监管措施的演变过程，以及联合国和披露报告标准制定者在制定 ESG 议程方面所发挥的作用和表现出的远见卓识。

带头冲锋：有关 ESG 的欧洲法律

在欧洲，欧盟委员会引入了与可持续投资相关的新披露要求。《可持续金融披露条例（SFDR）》要求欧盟所有的金融市场参与者必须披露 ESG 信息，并对凸显 ESG 特征或具有可持续投资目标的产品提出了额外要求。这一规定旨在规避金融市场参与者的漂绿风险，同时提高透明度，使投资者能够更好地了解 ESG 和可持续发展对其投资的影响。

与此同时，欧盟委员会还发布了《分类法条例》。《分类法条例》参照六项环境目标，为有关环境可持续发展的经济活动建立了欧盟范围内的分类法（类似于词典）。这将使投资者和客户能够识别环境可持续发展投资，同时为资产管理公司带来更清晰的信息。

《分类法条例》围绕三项重点内容开展行动：消除漂绿（见第 6 章）、监管中立，并为所有投资者提供公平的竞争环境。除此之外，欧盟委员会已同意通过推出两项气候基准来引入新的气候变化标准：欧盟气候转型基准和欧盟巴黎协定基准。显然，监管环境正在推动机构投资者对 ESG 行动进行重大改革，但这也可能帮助他们在其他司法管辖区出台监管或强制报告之前取得进展。

记忆

领先时代：联合国

回顾过去，我们必须赞扬联合国的长远目光及其对 21 世纪可持续投资发展的影响。总体而言，联合国为支持投资者实现可持续影响做出了重大贡献：

- 从 21 世纪初开始，作为一项无约束力公约，联合国全球契约组织正式成立，旨在鼓励世界各地的企业采取可持续发展和对社会负责的政策，并报告这些政策的执行情况。请参阅 www.unglobalcompact.org/.

- 负责任投资原则（PRI）首先倡议并关联国际投资者网络，努力将其六项原则付诸实践。这些原则由投资界制定，说明会影响投资组合表现的 ESG 问题。投资者应该适当考虑这些问题，以履行其受托责任。这让投资者能够将 ESG 问题纳入其决策和股权行动，从而使其目标与社会总目标保持一致。请参阅 www. unpri. org/.

● 2015 年，可持续发展目标（SDG）紧随其后推出。可持续发展目标将使机构投资从"无害"的投资方式转变为通过支持具有长期发展影响的投资来获得长期价值。一些投资者认为，ESG 框架为投资者提供的方向不如可持续发展目标，其影响领域的标准化问题将为投资者提供更多跟踪和比较进展的机会。请参阅 https：//sdgs. un. org/goals.

保持关注：可持续发展会计准则委员会

可持续发展会计准则委员会是主要的规则制定者，专注于帮助企业识别、管理和报告对投资者具有重要财务意义的可持续发展主题。其报告标准因行业而异，这使得投资者和公司能够对同一行业内的公司业绩进行比较。此外，该委员会正在与国际财务报告准则（IFRS）基金会讨论，并与国际综合报告理事会（IIRC）合并，成立价值报告基金会（VRF），以关注企业报告系统的全球一致性（见第 15 章）。

鉴于国际财务报告准则基金会在财务报告方面的信誉，资本市场可持续披露标准将会得到进一步提高。国际财务报告准则将与可持续发展会计准则委员会、碳披露项目（CDP）、气候披露标准委员会（CDSB）、全球报告倡议组织（GRI，见下一节）以及国际综合报告理事会共同合作，提供披露标准/框架，使公司能够披露对投资者和其他利益相关方有用的信息。反过来，这也将带来更多评级机构制定 ESG 评分所需的核心数据。

提示

访问 www. sasb. org/了解更多信息。

建立框架：全球报告倡议组织

全球报告倡议组织（GRI）是帮助企业和其他组织沟通其对气候变化、人权和腐败等问题影响力的主要独立标准组织之一。作为最早参与这一实践的实体之一，该组织已经建立起一个框架，以解决公司向利益相关者报告社会、环境和经济业绩的问题，为公司"证明"其影响力提供了指导方针。

　　对投资者来说，他们最需要的就是将可持续发展目标整合到可持续能力报告中的工具。此外，他们还是五项可持续发展原则、ESG、报告框架和标准制定组织之间的关键参与者，试图创建更加全面的企业报告平台。鉴于国际财务报告准则基金会也在提议与实体进行合作，这可以进一步创造公平的竞争环境，使投资者和企业可以提供长期价值，不仅有利于资本市场参与者，而且有利于全世界。同时，这应该也会为 ESG 评级机构制定重要评分提供更为清晰的信息。

提示

查看 www. globalreporting. org/ 了解更多信息。

第 2 章
了解 ESG 投资的演变和增长

在本章中你可以学到：

- ESG 投资发展的历史
- ESG 公司的特点
- ESG 投资的必要性
- ESG 评级和指标
- ESG 策略各个部分的整合

目前围绕 ESG（环境、社会和公司治理）投资的很多夸张宣传都表示，随着其管理资产的快速增长，ESG 投资一夜成名。然而，与许多一夜成名的故事一样，ESG 投资多年来其实一直在缓慢发展，人们只不过是在最近才突然关注到 ESG 问题。本章将追踪 ESG 投资的演变，从社会责任投资到当今更为广泛的可持续发展目标，并重点介绍影响这一投资进程的主要因素，包括 ESG 公司的特征、与这些特征相关的评级和指标，以及相关资产所有者投资于 ESG 主题的 ESG 策略。

ESG 投资的演变

根据全球影响力投资网络的数据，在过去的 20 年里，提供 ESG 策略的资产管理公司数量增长了 400% 以上。在此期间，ESG 投资的首次激增可以归功于 2005 年联合国全球契约组织的一份报告。该报告指出，将 ESG 纳入资本市场，可以带来更加可持续发展的市场以及更好的社会收益。政府和监管机构开始要求企业通过引入或加强管理规范来考虑其业务活动对 ESG 的更广泛影响。但是，这一方法的全面演变流程是什么？对其发展起到重要作用的催化剂是什么？以下部分将讨论 ESG 投资历史上的重要时刻。

历代投资：从 SRI 到 ESG

负责任投资已经从最初基于信仰的投资方法（避免投资与酒精、赌博和性相关的行业的"罪恶股票"）发展到今天如何将 ESG 因素整合到资产管理组合中的思考。投资管理行业现在坚持的原则是，将积极促进环境和社会发展的公司纳入可靠的公司治理框架，并实现更具有可比性或更好的投资业绩。

20 世纪

负责任投资的初衷是将更多的资本分配给"无害"公司。我们今天所熟悉的 ESG 原则，直到 20 世纪晚些时候才开始出现：

● 20 世纪及以前：社会责任投资起源于 100 多年前的宗教团体。卫理公会教徒和贵格会教徒为他们的追随者建立了基于信仰的投资指导方针，其他宗教教派很快也为他们的成员制定了类似的投资指导方针。

● 20 世纪 30 年代：大萧条引发大量的企业丑闻，让投资者将注意力转向公司治理问题。因此，社会责任投资中的"社会"不再是主要焦点，形成了负责任的投资观点。

● 20 世纪 60 年代：民权和反战示威的兴起促使投资者在影响公司行为时考虑股东权益（在有关他们的重要问题上倾听他们的声音）。例如，越战抗议者敦促大学捐赠基金将国防项目承包商排除在投资政策之外。

● 20 世纪 80 年代：切尔诺贝利核电站事故、博帕尔毒气泄漏和埃克森瓦尔迪兹石油泄漏事件进一步引发了人们对企业责任、气候变化和臭氧消耗相关威胁的担忧。

● 1987 年：布伦特兰委员会《我们的共同未来》报告确认，以减少贫困、性别平等和财富重新分配为形式的人力资源开发对于制定环境保护战略至关重要。该报告提出了"可持续发展"最为人熟知的定义，即"既满足当代人的需要，又不对后代人满足其自身需求的能力构成危害的发展"。

● 1992 年：在里约热内卢举行的联合国地球峰会是有史以来规模最大的环境会议，172 个国家的政府出席了会议。该峰会的口号在世界各地广泛传播："只有改变我们的态度和行为，才能为保护地球带来必要的变化"。此外，该峰会还签署了《联合国气候变化框架公约》（UNFCCC）和《联合国生物多样性公约》。

● 1993 年：由于南非政府的种族隔离政策，投资者开始向基金管理公司施加压力，要求他们避免投资南非公司。

● 1997 年：全球报告倡议组织（GRI，Global Reporting Initiative）成立，目的是创建首个问责机制，确保公司遵守负责任的环境行为原则。后来，这一范围扩大到包括社会、经济和公司治理问题。

21 世纪

随着 21 世纪的到来，世界对负责任投资的关注已经纳入全球变暖、多元化和包容性以及公司治理原则等问题，也就是我们所说的 ESG：

● 2000 年：挪威政府养老基金和美国最大的养老基金加州公共雇员退休系统（CalPERS，California Public Employees' Retirement System）承诺在 15 年内 100% 纳入可持续发展原则。

● 2006 年：联合国发起了"负责任投资原则"（PRI，Principles for Responsible Investment），这是一组六项投资原则，鼓励将 ESG 事项纳入投资实践。这些原则是"由投资者为投资者制定的"，作为一项自愿原则，它吸引了来自 60 多个国家的 3000 多名签约成员，代表着超过 100 万亿美元的资产。

- 2009 年：全球影响力投资网络（GIIN，Global Impact Investing Network）成立，这是一个致力于提高影响力投资有效性的非营利组织。

- 2011 年：可持续发展会计准则委员会（SASB，见第 1 章和第 15 章）成立，作为非营利组织，其成立目的是制定可持续发展会计准则。

- 2012 年：新版国际金融企业（IFC，Internatioal Finance Corporation）可持续发展框架出版，其中包括界定管理环境和社会风险责任的环境和社会绩效标准。

- 2015 年：联合国可持续发展目标（SDGs，Sustainable Development Goals）确立。这是一张宏伟蓝图，通过在 2030 年消除全球贫困、保护地球和确保共同繁荣来改变整个世界。此外，195 个国家共同通过了历史上首个普遍具有法律约束力的全球气候协议——《巴黎协定》（这是 1997 年《京都议定书》的扩展后续行动）。有关可持续发展目标的更多信息，请参阅第 1 章和第 15 章。

- 2016 年：全球报告倡议组织（GRI，Global Reporting Initiative）将其报告指南转变为首个可持续发展报告全球标准，有着模块化、关联化的结构特点，代表了报告经济、环境和社会影响的全球最佳行动。详情请参阅第 1 章。

- 2017 年：在一项新出台的欧盟养老金法令中，成员国有义务"允许欧盟养老金机构，即职业退休规定机构（IORP），考虑投资决策对 ESG 因素的潜在长期影响"。

- 2017 年：气候相关财务信息披露工作组（TCFD，Task Force On Climate – Related Financial Disclosures）发布了关于气候披露的建议，围绕组织运营核心要素的四个主题领域——公司治理、策略、风险管理及指标和目标——各领域保持相互联系及相互通报。（更多信息参见 www.tcfdhub.org/recommendations/.）

- 2019 年：这一年是"联合国可持续证券交易所行动"发起十周年。

该行动致力于促进发行公司和投资者对 ESG 问题进行讨论。全球大多数证券交易所都参与了这一行动。

• 2020 年：关于欧盟分类法的最终报告（由可持续发展金融技术专家组（TEG）编写）发表，其中包含有关分类法的总体设计建议，以及有关公司和金融机构如何使用分类法进行披露以提高披露数据覆盖面的指导。更多相关信息请参阅第 1 章。

• 2020 年：新冠肺炎疫情危机引发了投资者对社会因素看法的转变，社会因素对长期价值创造和风险缓解均具有关键性和建设性的影响。"黑人的命也是命"示威活动也凸显了公司在长期可持续发展策略中对于社会问题（包括员工待遇和不平等）处理方式的相互联系。这些事件，加上持续不断的环境问题，将改变 ESG 投资的"游戏规则"。

走向绿色：不断变化的全球环境

记忆

许多投资者认为，全球环境的未来是投资者面临的最优先 ESG 问题。温室气体引起的气候变化、污染、森林砍伐、生物多样性和水污染等问题具有严重而尚未可知的影响。要了解过去 50 年或更长时间内的全球环境变化，你需要关注环境系统（主要是大气、生物圈、地圈和水圈）与人类系统（包括文化、经济、政治和社会制度）之间的联系。这些系统相互作用，人类行动会导致环境变化，直接改变环境的各个方面，而环境变化又会直接影响人类的价值观。

正如你可能知道的，温室气体积聚的主要原因包括燃烧化石燃料以取暖和制造能源，以及使用氯氟烃作为气雾剂和冷却剂。空气污染物包括一氧化碳、铅、二氧化硫和二氧化氮，它们都是工业和能源生产过程中的副产品。此外，臭氧层中的平流层空洞被认为是高层大气中氯氟烃积聚的直接结果。

因此，为了应对气候变化，带领全球经济脱碳，人们需要采取政治行动，支持社会变革并获取财政支持。通过新冠肺炎疫情可以看出，面对迫在眉睫的人道主义危机，公司可以迅速采取大量政治行动。此外，社会的态度也可以在几周内发生巨大的改变，有大量资金愿意资助这些措施。虽然环境问题变化的规模和速度远远不能与之相提并论，但人们在这场危机之后可能会更加重视气候变化，疫情可能反过来促进下一步环境行动。

提示

　　现在是实现联合国可持续发展目标的最后十年。联合国在 2015 年设定了这项目标，根据"不让任何人掉队"的原则，让世界在 2030 年变得更加安全、更加可持续。为实现这些远大目标，政策制定者和企业必须担负起责任，以减轻和适应气候紧急状态的风险。有关环境变化的企业案也支持了这一观点。随着时间的推移，注重管理可持续发展风险和机遇的公司往往拥有更强劲的现金流、更低的借贷成本和更高的估值。有关可持续发展目标的详细信息，请访问 www. un. org/development/desa/disabilities/envision 2030. html. 有关 ESG 投资环境方面的更多信息，请见第 3 章。

发展趋势：不断改变的投资者人口结构

记忆

　　简单来说，"人口结构"是指随时间推移而变化的人口特征，包括年龄、性别、种族、出生率和死亡率、教育水平、收入水平和平均家庭规模。世界在不断改变，其中的许多变化有可能在根本层面上塑造社会。人口结构和社会变化在暗中影响着众多经济、文化和商业决策，并显著影响着世界的发展。

　　当今世界人口结构面临的最大变化包括以下几个方面：

　　● 人口老龄化：随着生育率的下降，全球人口在发达经济体中展现出迅速老龄化（以及寿命更长）的趋势，而在发展中国家，人口仍然在持续增加。

　　● 婴儿潮一代、"千禧一代"、"Z 世代"和"X 世代"（Generations Z and X）："千禧一代"，现在年龄普遍在 23 岁至 38 岁，占全球人口的三分之一以上。他们之前从其父母（婴儿潮一代）那里获得数万亿美元的财富，现在他们开始将这笔财富传给下一代。"千禧一代"以及比他们更年长的群体（财力更为雄厚的"X 世代"）和比他们更年轻的群体（资金较少但对可持续投资兴趣浓厚的"Z 世代"），都将推动未来的投资流动。

- **未来劳动力**：随着发达经济体人口持续老龄化，维持足够数量的劳动人口越来越难。在劳动人口不断减少的情况下，调整劳动力的技能组合可能是保持经济繁荣的关键。随着自动化程度的提高，工人必须培养更先进的技能才能保持竞争力。新经济必须在不限制就业和工资增长的情况下，确保自动化能够支撑不断萎缩的劳动力。

- **移民增加**：21 世纪初以来，移民人数进一步增加。主要的移民动机包括政治动荡和冲突以及对更好生活质量的持续追求。

- **消费支出**：在发达经济体，人口老龄化导致购买力逐渐转移到老年家庭。从 2010 年到 2020 年，全球 60 岁以上人群的消费支出几乎翻了一番。

- **教育改革**：到 2100 年，世界上 50% 以上的人口将生活在印度、中国或非洲。未来的教育和培训必须基于与现代劳动力相关的技能，以及与这些地区不断变化的全球人口结构相关的技能。

- **快速城市化**：某些国家的人口集中可以支持其快速城市化，这是需要考虑的总体趋势。这一现象也出现在 20 世纪的发达经济体，当时的人们从农业工作转向了工厂和服务业工作。

记忆

虽然发展速度和成果范围很难量化，但人口变化正在成为具有最大经济、社会和政治影响的全球大趋势之一。强大的社会变革运动也受到人口结构变化的影响。因此，这些趋势将为企业、社会和投资者带来独特的挑战和机遇，并因此影响投资流动。

数据计算：不断演变的数据和分析

企业可持续发展指标的不断增加支持了 ESG 投资策略的快速增长。投资者已经采纳了这些信息，并将其整合到金融分析和决策中。此外，包括人工智能（AI）方法在内的新技术，可以帮助投资者进行更为强大的分析。

投资者正逐步将非财务因素作为其分析过程的一部分，以识别重大风险和增长机遇。ESG 指标通常不是强制性财务报告的一部分，但各大公司正逐渐在年报或独立的可持续发展报告中纳入此类披露内容。此外，可持续发展会计准则委员会和全球报告倡议组织等机构正在制定标准并定义重要性（从广泛而复杂的可持续发展指标中确定对公司最重要的因素），同时将这些重要因素纳入投资过程。

警告

虽然这些测量标准的质量正在提高，但仍有很多人质疑这些数据的可靠性、一致性和实用性。就 ESG 的广泛原则达成一致确实重要，但随着 ESG 投资的发展，对公司之间的相对排名拥有标准化的判断将成为对比公司和投资组合业绩的关键组成部分。最重要的问题包括填补数据空白、添加新指标、提高可靠性，并以此提高公司之间的可比性。我们将在本章后面更详细地探讨这些排名和指标。

反映 ESG 问题的实践从最初基于道德价值观对上市股票进行负面或排除筛选到现在，已经发生了相当大的变化。一些评级提供商仍然专注于负面筛选，他们通常是基于道德或宗教原因（例如涉及烟草、酒精、弹药和赌博）将某些公司或部门排除在投资组合之外。另一个常见案例是限制那些劳动条件恶劣、出现腐败现象或供应链问题的公司。现在，人们正在使用各种方法，同时考虑在资产类别中的投资动机投资者和价值动机投资者的担忧。例如，人们经常使用的 ESG 筛选，可以根据特定行业的 ESG 评分，找出投资者认为表现最差或"业内最佳"的公司。然而，评级提供商对于哪些因素最为重要的意见并不统一，可用于识别可持续投资机遇的数据也非常少。本章后面将更详细地讨论评级偏差。

记忆

ESG 综合评分，也就是"环境""社会"和"公司治理"这几个单独元素的综合总分，可能会进一步减少投资者对公司的了解及其对现实世界的影响。一些主流 ESG 评分提供商的对比显示，根据查询时间不同，这些综合评分的相对相关性仅为 30%—40%，实在是太低了！出现这个问题，是因为不同的评级机构使用不同的方法来得出各项得分和综合得分，包括不同的衡量标准和权重，因此自然会存在差异。然而，就像传统投资者在分析一家公司时并不会只看资产负债表一样，他们当然也不会仅仅依赖 ESG 综合评分来做出判断，特别是在他们甚至并不真正理解这一评分的情况下。他们需要关注公司发行人提供的 ESG 信息质量和可比性，并确定如何将各种 ESG 因素整合到他们的投资选择过程中。许多积极的管理投资者也开始研究 ESG 评分问题，这也会带来另一组结果。有关在投资过程中整合 ESG 绩效的更多信息，请参阅第 14 章。

因此，虽然 ESG 评分需要保持一致，但也需要采取不同的方法，以便投资者能够决定哪种方法更能满足其 ESG 相关目标要求。此外，欧盟可持续发展金融技术专家组（TEG）于 2020 年发布了可持续发展金融分类报告，旨在提高已披露数据的覆盖面。也许会出现评级趋同的情况，就像 20 世纪 60 年代以来的信用评级领域一样。该领域的评级机构热衷于将其当前领域的专业知识应用于 ESG 产品。围绕 ESG 问题的实时报告需求也越来越大，以立即了解投资者在其投资组合中存在的 ESG 相关风险。

显然，提供"唯一真实"ESG 数据的竞赛仍在继续，越来越多的评级提供商正在他们自己的平台内或者应用编程接口（API）产生无数的指标和分数。这进一步支持了人工智能的使用，因为它能够实现连续、实时、大数据的 ESG 收集和分析。人们通过可持续发展评级产生更强的 ESG 投资信号，从而促进创造更具前瞻性的分析，而不是落后的企业信息披露。这种评级的结果将可能实现更加透明的绩效归因分析，从而确定 ESG 投资的附加值。无论采用哪种方式，都需要提高数据质量和完整性。

可访问 www. researchaffiliates. com/en＿us/publications/articles/what－a－difference－an－esg－ratings－provider－makes. html 查看不同的服务提供商对其评级的应用。服务提供商提供的实体分数或排名大多是其专有资料，但更多的评级机构已经可以在其网站上提供指标分数，无须成为其用户即可使用，比如：www. sustainalytics. com/esg－ratings/.

探索 ESG 公司的"个性"

有很多公司都会说自己的经营符合 ESG 理念，因为他们一直说自己在支持重要的环境、社会和公司治理热点问题。然而，简单地拿 ESG 表"打勾"与对公司面临的 ESG 因素进行逐项核查并分析，以及思考他们应该采取什么措施来解决这些问题，是截然不同的话题。此外，一些公司故意实施"漂绿"行为（见第 6 章），以误导利益相关者了解其真实的 ESG 资质。这一节将重点介绍 ESG 公司的真正特征，以及公司为实现这些特征所确定的重要 ESG 因素。

确定重要的 ESG 因素

重要性是会计中的一个概念，与数量或差异的重要性有关。审计财务报表旨在使审计师能够审查财务报表是否在所有重要方面都符合已确定的财务报告框架。

同样，具有财务重要意义的 ESG 因素对公司的商业模式（如收入增长、利润率和风险）具有重大影响，无论是积极还是消极。具体重要因素因部门而异，包括供应链管理、环境政策、劳工健康安全以及公司治理。为了将可持续发展转化为财务业绩，这些因素必须对公司产生的现金流量或外部融资成本产生影响。

许多公司认为可再生能源、社区关系和政治贡献等 ESG 因素是表明他们是良好企业公民并遵循 ESG 战略的重要指标。然而，"行善"和"顺意"是有区别的。从投资的角度来看，这些因素对于公司的财务利润可能并不重要，他们在影响股价的投资评级方面得分也并不高。因此，公司需要考虑哪些 ESG 问题将带来真正的财务风险或机遇。利益相关方应参与这一分析，以便就需要解决的优先问题达成一致。例如，一家航空公司可以将能源效益、客户满意度和高管薪酬作为具有影响力的 ESG 核心因素。然而，对于哪些 ESG 因素在财务上具有重要意义，人们的意见并不总是相同。

ESG 评分的关键部分由影响公司财务业绩的重要因素决定，这并不奇怪，但数据提供商通常对什么问题最为重要都有着自己的看法。这些专有方法不够透明，其中的任何差异都会让资产所有者和管理公司在选择 ESG 数据提供商时更加困难（参见本章后文，以了解更多细节）。

进行重要性分析

重要性分析是一种用于确定对组织价值链及其利益相关者最重要的问题并确定其优先级的方法。在确定这些问题之后，通常会使用两种不同的视角进行分析。对于直接的环境问题或与可持续供应商合作，组织需要评估每个问题对增长、成本或信任产生的积极或消极影响。然后，他们需要确定每个问题对其利益相关者的重要性，并最终得出结论：根据对公司成功的重要性和利益相关者的期望，哪些问题应该优先考虑。

这种分析还可以改进公司的业务策略，因为它将迫使公司分析其商业风险和机遇，并了解它们如何为社会创造或减少价值。在衡量不同的财务、社会和环境绩效的过程中，这种分析可以发现趋势，并帮助预测可能产生的新问题。反过来，它可以让公司将精力集中在分配资源和开发新产品或服务上，以保持其在竞争中的领先地位。因此，重要性分析可以创建自己的业务案例，说明公司报告 ESG 数据的原因和方式，并可用于与投资者、合作伙伴、客户或员工等个体利益相关者群体进行沟通。这也提高了满足利益相关者需求的可能性。

警告

然而，公司更倾向于报告他们认为具有重大意义的信息。此外，公司还倾向于报告具有积极影响的领域，而弱化报告具有负面影响的领域。因此，对于进行跨公司或跨行业比较的投资者来说，可能很难找到统一的数据或方法来评估重要性（有关更多信息，请参阅第 12 章）。进一步采取强制报告，明确报告的内容和方式，应该能在未来改善这一问题。

计算各重要因素的权重

在确定能够显著影响公司业务或其利益相关者（或两者兼而有之）的重要问题之后，确定需要应用于这些问题的相对权重也很重要，这将由价值链上的不同影响力决定。大多数 ESG 评分服务提供商不愿为重要性的计算提供透明、定量的规则。虽然他们建议通过基准来计算重要性，但他们并没有建议具体的基准或公式。

对于传统的会计重要性，通常采用单一规则法和规模可变法来确定权重。单一规则法可以计算对税前收入、总资产权益或总收入的给定百分比影响。浮动比例法或规模可变法适用于不同毛利水平的给定百分比。一般来说，公司可以使用混合型方法，通过赋予每个元素适当的权重来组合这些方法。

在 ESG 内部，尚无评估和衡量重要性的行业规范或全球公认方案。此外，每个 ESG 数据提供商都开发了汇总和权衡其评分重要性的方法，但这些都是提供商各自的专属判断。另外，分析大型 ESG 提供商使用的不同方法，也能说明投资者正在面临的挑战。这些提供商收集和分析 ESG 数据的方式存在明显差异，导致其综合指标之间的相关性较低。这也增加了为重要问题赋予权重的难度。

此外，并不是所有权重对每个行业都具有同样的重要性（更多信息见第 14 章）。一些提供商使用数据披露水平作为衡量每个行业重要性问题相对权重的指标。这一数据能够展示哪些部门贡献最大，他们在总贡献中所占的比例被用作衡量该部门重要性程度的指标。例如，披露更多碳排放数据，表明碳排放数据对该行业的公司来说更为重要。此外，如果某个行业的公司没有报告相关指标，提供商可能会直接给该公司打零分，以鼓励该公司披露相关信息，提高透明度。

规模很重要！鉴于规模较大的公司比规模较小的公司拥有更多的社交媒体点击量，一些提供商更看重小型公司存在的重要问题，因为它们可能会产生更大的不利影响。同样，每个企业都会受到全球宏观趋势和事件（如新冠肺炎疫情）的影响，这些影响塑造着世界及其中的企业。最重要的是要监控这些趋势的发展，并评估他们对公司重要问题的影响。

了解 ESG 为何重要

很明显，ESG 和可持续发展问题已经被视为重要的长期因素，越来越多的研究开始重点关注这些问题，以确定他们是企业业绩和投资长期业绩的催化剂。这也推动了专家、顾问、投资平台提供商和评级机构主动开发各类工具，以发现有能力准确分析这些因素的资产管理公司，并强调其在这一快速增长市场中的优势。

有关 ESG 因素将如何影响业绩，现在已经取得重大进展。越来越多的学术及其他研究证明了这一点。对于全球主要资产所有者和其他资本管理者来说，一家公司如何分类和监督其运营和声誉风险，以及如何看待 ESG 问题带来的经济和商业机遇，是衡量其董事会和整体业务水平的根本标准。投资者正在将 ESG 质量评估与财务分析无缝结合，以形成对企业风险和实现长期收益增长及价值潜力的整体看法。本节重点介绍了推动 ESG 投资需求的一些问题。

全球可持续发展挑战

2020 年标志着 17 项可持续发展目标（SDG，更多信息见第 1 章）"十年交付期"的开始。鉴于受到新冠肺炎疫情的影响，这些内容对大多数人来说可能比以前更能产生共鸣，人们对影响我们所有人的可持续发展问题也有了更多认识。事实上，国际社会可以利用这场疫情，重新回到实现可持续发展目标的轨道上来，并在该交付期间加快实现可持续发展。最近，许多国家对其执行《2030 年可持续发展议程》的情况进行了自愿国家审查（VNR），很多公司也在同步审查其 ESG 议程。

记忆

科学研究表明：随着疫情期间温室气体排放量的减少，人们越来越关注削减温室气体排放量的目标：如果在 2020—2030 年以每年 3.5% 的速度减少排放量，那么就能在 21 世纪末，将全球平均气温的升高幅度控制在 2℃ 之内。与此同时，与气候变化或相关自然灾害相比，企业更关注资源稀缺问题。虽然这两个因素都能直接影响企业，而且一个因素往往会导致另一个因素的发生，但企业可能会觉得，他们可以以积极通过核心商业实践（如供应链管理）来解决资源稀缺的问题，而气候变化是他们无法控制的因素。据估计，到 2050 年，人口数量将增加 20 亿，全球对资源的需求将推动与人口增长相关的基础设施改善需求。不管怎么说，这些因素都有助于进一步解释为什么企业和投资者热衷于接受 ESG 原则。此外，企业对导致气候变化的温室气体排放负有很大责任，他们必须接受这一原则，以帮助解决气候变化问题。

"千禧一代"投资者对 ESG 的兴趣

"千禧一代"是出生于 1981—1996 年的年轻人，他们正在进入赚钱的黄金年龄段。大量调查表明，绝大多数高净值"千禧一代"在投资前会考虑该公司的 ESG 记录，或是希望根据自己的价值观来调整投资。这反映了他们不仅想要赚取体面的回报，而且想要为社会公益及其对整个社会和地球的影响做出贡献。

为什么这很重要？因为"千禧一代"是庞大的人口群体，约占世界人口的 25%，他们在现在和未来的劳动力中所占比例更大。此外，这一群体还将继承一大笔财富，因为他们的父母（"婴儿潮一代"）给他们留下了一笔可观的积蓄。

此外，调查显示，财富管理公司在将资产转移到下一代时，通常会损失超过 70% 的资产。这样来看，为"千禧一代"提供 ESG 投资选择的资产管理公司将处于有利地位，他们能够吸引到新的资金，并让受益的"千禧一代"成为自己的客户。

记忆

因此，"千禧一代"将会更积极地参与他们的投资，他们希望自己把握命运，并拥有更强烈的激进主义倾向。他们感兴趣的是，确保他们的财务回报具有积极的环境和社会影响，至少不能和消极的环境和社会影响挂钩。总而言之，虽然 ESG 投资可以创造竞争优势，但资产管理公司必须采取对社会负责的做法，才能在投资行业继续获得业务。

更加系统、定量、客观、与财务有关的方法

随着 ESG 市场越来越重要，金融行业对于哪些 ESG 因素更为相关以及如何将其应用于公司业绩的定义也有所发展。利用来自公司更为有效的数据，结合强化的 ESG 研究和分析能力，金融行业正在制定更系统、更定量、更公正和更适用于财务的方法，以突出核心 ESG 因素。

反过来讲，这也促进了更多的研究，让我们能更好地理解 ESG 投资和结

果数据，并以此支持新的人工智能方法，通过自然语言处理（NLP）和机器学习（ML）过滤非结构化数据，从而推动预测分析（有关更多信息，请参阅本章后面的内容）。在确定投资组合中的风险和机遇时，需要考虑数万家公司发行人和数十万种股票和固定收益证券，以及越来越多的 ESG 评级和指标。

测量特定的 ESG 评级和指标

记忆

ESG 评级用于评估公司在业务管理中整合和应用 ESG 因素的程度，然后在决定购买哪些证券时，将这些评估作为投资过程的一部分。不同的行业提供商制定了不同的方法来为其解决方案评分，但他们都需要从根本上考虑以下问题：

- 确定该公司及其行业面临的最重要 ESG 风险和机遇（本章前文已提到其重要性）。

- 量化该公司遭遇重点风险和机遇的可能性。

- 确定该公司对重点风险和机遇的管理能力。

- 总结该公司的总体情况，及其与所在行业或地理区域内类似公司的对比情况。

这使得我们能够客观考虑公司在行业中可能面临的任何负面外部效应，并强调在中长期内潜在的、不可预见的成本。同样，理解负面外部效应也有助于强调为公司带来中长期机遇的 ESG 因素。本节将重点介绍 ESG 指标，并深入探讨与数据应用相关的一些"好、坏、丑"问题。在第 14 章中，有更多关于评级和指标的信息。

数据质量、评级偏差和标准化

ESG 评级仍在不断变化。请记住，ESG 评级依赖于公司有限的、有时具有误导性的披露数据，而这些公司自己也在学习如何报告 ESG 信息。因此，与传统的证券分析一样，任何数据分析都可能是主观的，因为数据点的选择和权重是定性的。从历史上看，投资者一直在质疑评级机构表现出的固有偏见或证券分析师提供的建议。随着 ESG 评级的进一步发展，它也将面临类似的观察。ESG 数据提供商通常会自行开发信息获取、研究和评分的方法。

因此，由于缺乏客观标准的指标，各提供商发布的单独 ESG 评级之间不具有可比性，这也导致各提供商对一家公司的评级可能会有很大差异。此外，提供商获取和购买该公司发布或公开披露的原始数据的方式也存在差异。数据提供商还会使用统计模型来生成未报告数据的近似值，这些统计模型基于可比公司和既定基准的规范和趋势。可以说，投资者正在将数据提供商的看法纳入他们自己的投资程序。

平心而论，数据提供商在方法上存在这些差异，也是由于他们的客户（购买其服务的资产管理公司和资产所有者）关注的优先事项不同、投资目标不同。这也使得方法标准化变得更加困难。

ESG 评分问题

ESG 数据提供商通过收集和评估有关公司 ESG 实践的信息并对其进行适当评分，在投资程序中发挥了重要作用。这些评级系统的扩展为资产所有者和管理公司提供了一种亲自管理广泛尽职调查的替代方案，从而有助于鼓励 ESG 投资的增长。目前有 100 多家 ESG 数据提供商，其中包括彭博（Bloomberg）、富时（FTSE）、明晟（MSCI）、晨星（Sustainalytics）、路孚特（Refinitiv）和 Vigeo Eiris 等知名提供商，以及标准普尔 Trucost（提供碳数据和"棕色收入"数据）和 ISS（公司治理、气候和负责任投资解决方案）等重点数据提供商。投资者越来越将重要 ESG 因素视为一家公司产生可持续长期业绩能力的关键驱动因素。反过来，ESG 数据对于投资者有效配置资本的能力也变得越来越重要。

尽管数据提供商在发展 ESG 投资方面做出了重大贡献，但资产所有者和管理公司应该了解这些数据的内在局限性，不要过于依赖任何一家数据提供商。

高质量的数据一直是投资分析的命脉。虽然"高质量"有很多解释，但大多数投资者都认为，数据的一致性和可比性是企业数据的关键要素。虽然获取一家公司的 ESG 数据非常必要，但当前的环境为高质量数据的获取施加了各种阻碍。很多协会和监管机构并不总是要求公司报告所有的 ESG 数据，公司可以自行决定哪些 ESG 因素对其业务表现至关重要，以及他们会向投资者披露哪些信息。结果就是，资产所有者和投资管理公司也会自行寻找解决这些问题的方法，这可能会导致出现更多的不一致、不可比和不太重要的信息。

警告

这些自相矛盾的方法对投资者也会产生影响。在选择特定提供商时，投资者其实是在数据获取、重要性、集合和权重方面将自己与该公司的 ESG 投资理念联系在一起。由于这些做法缺乏透明度，这一选择将变得更加复杂。很多数据提供商将其策略视为自己的专利信息。如果资产所有者依赖 ESG 数据提供商的评分，他们就会在没有完全了解该提供商如何确定这些评级的情况下接受该提供商的评估。

ESG 动量的重要性

除了考虑当前的 ESG 评级外，在 ESG 框架内寻找正的阿尔法收益的投资者还可以考虑 ESG 评级的变化，也就是 ESG 动量。各种研究表明，使用这一策略有助于超越既定的基准。正的 ESG 评级动量是指一家公司的 ESG 评级比前一年提高了 10% 以上。相反，当一家公司的 ESG 评级比前一年下降 10% 以上时，就会出现负的 ESG 评级动量。当评级保持不变或在 -10% 至 +10% 的范围内时，就会显示为中性动量。

ESG 动量策略背后的原则是：未来的股票表现与公司 ESG 水平的变化以及未来负债的潜在减少有关。各种研究表明，购买 ESG 评级升高的股票可以带来更好的投资业绩。这一想法同时会带来这样的假设，即 ESG 评分较低的公司有更大的改善潜力，也应该被纳入基金的投资范围。虽然这会带来应该在什么时候投资此类股票的问题，但基金管理公司在传统的投资方式下也会面临同样的挑战。

相反的观点是：投资者应该对那些使用 ESG 新政策的公司持怀疑态度，并把重点放在那些拥有已证实 ESG 记录的公司。此外，数据提供者改变其方法可能会产生虚假的动量信号。为了应对这种情况，投资者可以考虑综合多个数据提供商的动量评分。这将有助于减少差异，并对 ESG 动量有更清晰的了解。

将人工智能和数据学应用于 ESG 分析

一些投资者提到，缺乏高质量信息是采用 ESG 原则的最大挑战。行业团体正在制定 ESG 披露的国际标准和指南，但在缺乏标准的情况下，确保 ESG 披露质量并确认卖方、供应商、客户和交易对手可持续发展的责任就落在了个体公司和投资者身上。但应当如何进行验证呢？

对于大多数公司来说，验证 ESG 意味着要求这些合作伙伴遵守提供商的行为准则。然而，通过使用自然语言处理（NLP，以编程方式从文本中挖掘信息）、图形分析（理解不同实体如何影响彼此的 ESG）和机器学习（ML，预测 ESG 因素在给定条件下将如何影响投资业绩）等技术，人工智能可以在收集、验证和分析 ESG 绩效方面发挥强大作用。此外，通过使用已知的 ESG 公司评级，并定义公司与其所在行业部门之间的相似性，机器学习可以为公司不完整的报告生成缺省值。

很明显，如果不解决基本数据问题，公司就无法准确理解自己的 ESG 指标（无用输入和无用输出）。然而，随着该行业朝着标准化的指标和报告格式发展，投资者将通过人工智能来验证重要性证据、评估投资风险和预测投资回报。最终，机器学习将生成整合 ESG 因素的自动投资决策，就像它在传统投资中所做的那样。因此，了解如何利用人工智能资源来情景化和生成 ESG 数据的投资专业人员将在 ESG 数据标准化方面占据优势地位。

定义 ESG 的策略方针

制定负责任的投资策略并不是一项繁重的任务，这种方法需要具有包容性，以包含所有相关和重要的问题。可以使用现有渠道与利益相关者沟通，并将他们的意见整合到自己的策略内容中。制定 ESG 策略，应吸纳来自内部审查程序、外部服务提供商、利益相关者的调查等渠道的信息。在规划阶段，最重要的是尽可能确保该策略和成果的所有权属于组织内的最高管理层。此外，文化契合度和组织公司治理认同也是有效决策的基本要素，还可以通过遵循整体 ESG 综合行业指导来支持这一规划。当你可以参考这么多最佳行动和同行分析时，没有必要去做无用功。

本部分将对需要整合的关键因素进行概述。有关构建 ESG 战略的详细信息，请参阅第 13 章。

熟悉 ESG 和资产所有者的具体法规

当地法律可能会要求养老基金和其他投资者提供一份投资原则声明，受托人也有可能因其受托责任而考虑具有财务重要性的道德或 ESG 问题。同样，其他司法管辖区也明确要求在其投资分析和决策中将多元化和包容性作为重要的 ESG 因素加以考虑。简而言之，鉴于负责任投资日益被接受，大多数养老基金已经开始采用各种 ESG 投资方法。在许多国家，公司治理和管治规范也能为制定 ESG 策略提供宝贵的经验，并仔细考虑不同公司、行业、地区和资产类别的投资组合业绩。

此外，这里为基金管理公司提供的许多建议，也适用于实施自己 ESG 政策的个别公司。

提示

开展同行评审

很明显，同行实施 ESG 策略的方式是非常宝贵的经验。这是因为特定的行业部门或地理区域可能更适合特定的策略，可以根据公司的具体情况去遵循或排除特定的策略元素。

回顾投资信念报告和核心投资原则

记忆

现在正是确定和回顾投资核心信念和原则的最佳时机，这对于组织来说至关重要。ESG 策略应该以这些信念和策略投资方法为依据，并注意识别和反思组织的文化和价值观，以便其在策略中得到充分的体现。请注意，如果没有明确界定的核心原则，受托人和受托机构的监督和问责机制就很难实施。

制定负责任的投资指导方针

应当认识到利用组织投资流程和理念的负责任投资实践，并考虑策略应当如何与内部和外部管理的资产相关联。此外，还应当分析可能影响指导方针的司法管辖特例和法律要素。

组织应当对被投资公司设置最低的 ESG 标准。这些标准最初可能构成关于 ESG 目标的高级声明，但最终应包括公司需要如何管理特定问题和遵守既定标准的具体细节。不同的指导方针和程序可能因不同的资产类别而异，包括上市股票、债券、私募股权、房地产、对冲基金和资产组合。可以为经常投资的资产类别制定具体的指导方针，使其更适用于新兴资产类别。外部投资管理公司应该制定自己的 ESG 策略，或同意采用资产所有者的策略。最后，有关管理公司进行选择和监测的指导方针，可以在征求建议书（RFP）中加入 ESG 期望以及对 ESG 问题的报告要求。

概述负责任的投资程序

本部分将概述你的组织应该实施哪些 ESG 方法，这些方法可能包括正面和负面筛选、ESG 整合、主题投资和积极股权。我们将进一步阐述具体的可持续发展主题，或概述应当放弃投资的内容，以及这些方法背后的理念。我们也会在这里介绍有关影响力投资的更多信息。最后，对于如何将 ESG 问题整合到不同资产类别的投资分析和流程中，应该有明确的指导方针。

纳入参与活动和积极股权活动

根据组织的不同立场，可以在 ESG 策略中纳入代理投票和参与指导方针，包括可能采用或优先考虑的股权活动普遍指导方针。这些活动可能包括参加年度股东大会（AGM）和代理投票、与被投资公司的持续接触、解决有关股东决议的具体问题，以及申请董事会席位。

本部分还可用于明确职责。例如，ESG 整合应当由内部管理人员负责还是由外部管理人员负责？积极股权活动应当由内部员工管理还是外包？同样重要的是，由谁来监督不同人员在这一方法中开展的一系列活动？

详细说明报告要求

记忆

在今天的环境下，向受益人和其他公众报告 ESG 活动似乎是一种最佳做法（在各类客户的汇总基础上）。然而，前文概述的指导方针还是应当阐明如何、何时以及向谁报告，并确定相关的公布等级。在投资组合管理公司的报告、外部参与和代理投票方面，应该制定明确的期望。最后，应制定审查程序以确保实现各项目标，并对关键业绩指标进行分析，以衡量是否实现了 ESG 预期成果。

第 3 章
"E"是什么？定义 ESG 的环境部分

在本章中你可以学到：

- 公司自然资源使用情况
- 公司运营对环境的影响
- 公司的"绿色"程度及其缓解措施
- 认识物理环境的管治者

投资者越来越重视环境（E）问题对其所投资的公司的经济影响。这些投资者更加关注气候变化、用水、能效、污染、资源稀缺和环境危害等问题，以提高对相关问题的认识，并影响信息披露。未能成功管理环境风险的公司，其受到的负面影响包括成本增加（如清理泄漏的石油）、污染事件造成的声誉损害以及诉讼费用等。

将环境因素整合到公司策略中可以带来机遇。例如，有效利用资源可以降低成本，提供创新的解决方案可以创造竞争优势。这些环境因素衡量了一家公司对生物和非生物自然系统的影响，包括空气、土地、水源和整个生态系统。这些因素还能表明一家公司应当如何通过最佳管理方案来规避环境风险，以及如何把握创造股东价值的机会。

本章概述公司如何通过其价值链直接和间接地管理自然资源。此外，投资者可以通过对这些因素的分析，确定这些公司是否达到了环境管理目标或管理了相关风险。许多环境问题可能因不同经济部门的不同公司而异，但本章更侧重于公司和投资者都需要考虑的重要问题，因为这些问题可能对投资回报和可持续发展产生极大的影响。

概述公司对自然资源的使用

ESG 的环境部分反映了公司如何从保护自然环境的角度考虑其管治责任。ESG 中的"环境"考虑了公司对自然资源的使用及其运营对环境的影响，包括直接运营和整个供应链。因此，一家公司的环境信息披露说明了其为减少利益相关者遭遇重大风险所做的努力。那些未能预料到其做法会对环境产生影响的公司可能面临财务风险，未能采取行动或防范环境"事故"可能会导致其被制裁、起诉和声誉损害，从而降低股东价值。

在以下几部分内容中，我们描述公司在投资时需要考虑的不同环境因素。

二氧化碳还是温室气体？气候变化和碳排放

很多国家的重点环境目标是到 2050 年实现净零排放，这意味着必须通过减少地球净气候平衡，将所有排放的人造温室气体（GHG）从大气中消除。这一目标可以通过快速减少碳排放量来实现，但在无法实现零排放的情况下，首选方法可能是通过碳信用（允许持有者排放定量二氧化碳或温室气体的许可）来进行抵消。然而，依赖碳信用抵消而不是快速脱碳可能会带来风险，企业可以将其排放量保持在稳定的水平，并通过碳信用达到净零排放的目标，但这就否定了实际减少企业自身排放量的必要性。

为了实现国际统一的目标，即全球平均气温较前工业化时期上升幅度控制在 2℃ 以内，科学家认为，我们需要保留大量化石燃料储备。碳定价的出现和技术成本的下降意味着低碳能源将更具吸引力，对化石燃料的需求将会减弱，导致勘探、开采和燃烧化石燃料的公司逐渐消亡。此外，油价的下跌也会降低生产商开采化石燃料资产的意愿，这也会导致碳信用或核证减排量（CER）单位的价格进一步下跌。

从可持续发展和投资业绩的角度来看，这些问题导致资产管理公司从许多化石燃料股票中撤资，并推动对特定股票相对碳排放量的进一步分析，同时呼吁养老基金披露他们的总碳排放量。然而，一些 ESG 投资者认为，简单地将一只股票出售给不关心气候变化的投资者，对整体气候不会产生任何影响。一种更积极的方法是更多接触化石燃料公司的管理层，鼓励这类公司从目前的生产方法转向开发可再生能源基础设施。另外，从特定的能源和公用事业股票撤资可能会导致基准投资业绩发生偏离。

警告

这些方法需要对公司的碳（温室气体排放）战略、碳暴露和使其业务脱碳的长期方法进行评估。目前已经制定了一系列低碳基准，以帮助投资者追踪与碳暴露或潜在风险相关的投资。资产所有者越来越担心，由于气候变化，基于碳氢化合物的资产将会随着时间的推移而"搁浅"。（在这种情况下，"搁浅"指的是由于向低碳经济转型而变得毫无价值的资产。）搁浅资产的概念由总部设在英国的非政府组织（NGO）碳追踪者（CT）首创。该组织支持这一问题的研究和分析（https：//carbontracker. org/terms/Standed - Assets/）。碳追踪者的方法侧重于公司的估值，其中包括对其煤炭、石油和天然气库存的未来价值预测。搁浅资产这一概念令资产所有者感到担忧，由于能源转型将超越养老项目的普遍年限（超过 40 年），他们想知道能源转型将会给低于预期价值的资产带来什么变化。因此，投资者需要充分了解公司报告资产未来价值对其商业模式的影响，以及这可能对其投资价值产生的影响。

提示

此外，金融监管机构已经认识到情景分析对于衡量气候风险的重要性，并根据气候相关财务信息披露工作组（TCFD）的建议，将情景分析纳入金融稳定委员会工作组的工作。有关气候相关财务信息披露工作组如何开发框架来帮助公司和其他组织更有效地披露与气候有关的风险，以及如何利用情景分析来探索可能改变"照常业务"假设的替代方案，更多信息请访问www. tcfdhub. org/scenario - analysis/.

清洁绿色：能源效益

能源效益常常与清洁技术公司联系在一起，这些绿色能源企业希望通过用清洁能源取代碳氢化合物能源来减少能源消耗，或通过整合系统来提高能源利用率。由于能源效益方面的工作和投资有很多替代方案，根据领域或主题对公司进行分类和定义非常困难。世界上一些历史悠久的能源公司已经投入大量资源，希望从依靠煤炭、石油和天然气能源转型成依靠其他能源。

提示

明晟（MSCI）或富时罗素（FTSE Russell）等老牌数据/指数提供商按照行业和部门对公司进行分类和对比的规定，可能会对投资者有用。请访问 www. msci. com/gics 和 www. ftserussell. com/data/industry – classification – benchmark – icb.

国际能源机构（IEA，请参见 www. iea. org/）是能源效益数据、分析和策略建议的全球权威机构，它可以帮助各国政府认识到能源效益的巨大潜力，指导他们制定、实施和量化缓解气候变化、改善能源安全和发展经济的策略，同时实现环境和社会效益。该机构负责追踪 200 多个国家和地区的全球策略进展，并在《世界能源投资》报告中公布全球的能源效益投资。截至 2016 年，能源效益投资占到整个能源市场 1.7 万亿美元投资的 13.6%。

这些投资针对不同的领域，其中约 58% 集中在建筑领域，26% 分配给交通领域，16% 分配给工业领域。受益于替代燃料和可再生能源的服务或基础设施包括，利用风能、太阳能、地热、生物能、波浪和潮汐等可再生能源发电、输电和分配电力的项目（有关这些投资主题的更多信息，详见第 10 章）。

潜在危机：节约用水

世界正在面临全球性的水危机！尽管人们已经逐渐认识到环境可持续发展的重要性，对于即将到来的水危机却关注甚少，这是因为他们并没有将水危机视为一场全球危机（这与气候变化被视为全球问题截然不同），而是将其视为地方危机。此外，观察家们也未能区分水危机相互关联的各个方面，即水资源的获取、污染和稀缺问题。

记忆

然而，一些积极迹象表明，联合国等组织正在对供水和卫生方面具有影响力的公司进行重新界定和评估。为了进一步向前推进，需要在不同利益相关方之间进行全球合作，因为一个地区的水源问题会引发混乱，进而影响到其他地区的经济。当影响到全球供应链时，公司就必须重视这些问题。解决问题既需要公私伙伴关系，也需要获得准确的数据和信息。否则，整体经济就会受到资源减少的影响，公司也将因其负面声誉而受到利益相关者的批评。

水是欧洲的关注焦点。在欧洲，绝大多数投资者都将其视为令人担忧的问题，但这可能是由欧盟发布的水框架指令推动的。此外，世界经济论坛（WEF）指出，水在冲突、健康危机以及大规模移民等全球风险方面都是重要的驱动因素。另外，水安全也是联合国可持续发展目标之一（见第 1 章）。因此，水被认为是一种具有多重影响力的投资，它会影响到小气候、粮食供应、产业链、健康、生产力和整体环境。这从根本上说明了水与其他影响力主题的联系，并与企业和投资界紧密相关。在这些年糟糕的水源管理和废弃物管理之后，各组织正面临着水源管理、技术、分配和保护等一系列问题。

鉴于很多人无法获得安全的卫生设施和饮用水服务，以水为主题的投资面临越来越大的压力。与此同时，90% 的自然灾害是与水有关的危险造成的。然而，大多数公司仍然缺乏节水政策，制定了节水目标的公司更是寥寥无几。唯一的亮点是对于水危机的关注已经逐渐形成趋势，且机构投资者已经注意到这个趋势，现在水是他们最关心的三个 ESG 问题之一。股票指数提供商正在设计更具可持续性的指数，其中明确涵盖供水和卫生行业的公司。CERES（www. ceres. org/）[1] 对一些主要全球指数所做的分析也发现，50% 的零部件公司面临着中度到高度的水风险。

没有后路：空气污染和水污染

污染物排放是空气和水源面临的主要风险。健康的生态系统依赖于复杂的元素网络，这些元素直接或间接地相互作用，破坏任意一种元素都会产生连锁反应，通过空气污染和水污染而导致各种环境问题。新冠肺炎疫情带来的意外好处是全球经济活动的放缓，这减少了空气污染和水污染。然而，美国环境保护局（EPA）却在疫情暴发期间暂停执行环境法律，并表示只要公

---

① CERES 是一个倡导可持续发展领导力的非营利组织。——译者注

司的违规行为是"疫情造成的",就可以污染空气或水源,这一决定可能也会带来意想不到的隐患。

空气污染主要是由人类行为造成的,尤其是在城市。北京的雾霾问题多年来一直非常严重,但由于社会和政府的关注,北京在空气和水质量指标方面取得了重要进展。尽管如此,空气污染还是会对农作物、森林和水道造成破坏。此外,空气污染的影响会导致酸雨的形成,这还会伤害到树木、土壤、河流和野生动物。

同样,人类行为也是造成水污染的主要原因,如塑料微粒的作用。主要的塑料微粒是来自化妆品的微小颗粒,或者是从服装和其他纺织品(如渔网)上脱落的微小纤维。这些塑料微粒专门为商业用途生产,而次级塑料微粒是由塑料瓶等较大的塑料物品分解而来。这些塑料微粒进入河流,然后流入海洋,成为塑料垃圾的主要来源。据估计,1000多条河流涵盖了全球年排放量的80%,每年的排放量在80万—270万吨,城市小型河流通常是污染最严重的河流。

这些例子表明,为了减少空气和水污染问题,公司应该更加注重他们对这些环境领域的影响。新的监管限制是公司在转型中可能遭遇的风险,对于那些污染严重的工厂来说,这会增加他们的成本,或者因为环境污染问题或糟糕环境标准而被吊销运营许可证。

记忆

此外,世界银行的数据表明,大多数国家对从事供水和卫生事业的公司都有着明确的规定,但并不是所有国家都接受或遵循世界卫生组织定义的基本规则。因此,一些有责任提供可持续供水和卫生服务的公司开始自愿接受认证,以实现其在可持续发展和所负责任方面的目标。但这并不适用于整个行业,尤其是在需要采取更多措施的新兴市场和发展中国家。很多公司可能会采取一些有关用水的措施,但这也会增加客户成本,包括低收入群体在内。因此,在评估这一领域的行业时,必须说明公司是否遵守了国内和国际准则。例如,碳披露项目(CDP)正在运行一项全球披露系统,以供投资者、公司、城市、州和地区管理其环境影响。查看碳披露项目评分较高的公司,请访问 www.cdp.net/en/companies/companies – scores.

给予生路：生物多样性

人类活动会给自然世界带来很多负面影响。随着人口的增加和对经济增长的持续追求，这种威胁只会继续增加。与其他可持续发展问题相比，对世界各地生态系统的破坏以及由此造成的生物多样性损失等问题，很少能成为头条新闻，但生物多样性危机却是对人类的直接威胁。

问题的一部分在于，生态系统由于其异质性很难被量化，我们也很难做出正确的反馈。显然，生物多样性的丧失与气候紧急状态直接相关，越来越多的公司、政府和公众也意识到了这一点。例如，保护天然森林中的生态系统是减缓全球变暖的关键解决方案。现在，生物灭绝的速度比历史高出几倍，在地球上的 800 万种动植物中，大约有 100 万种正在受到威胁。然而，企业一直很难评估其活动对生物多样性的影响，这是因为与企业价值链相互作用的生命系统非常复杂。

对生物多样性的投资直接有助于联合国可持续发展目标的全面实现，保护生物多样性和生态系统也可以让我们的地球保持繁荣昌盛。生物多样性融资将传统资本与经济激励相结合，为可持续发展的生物多样性管理提供资金。这包括私人和公共经济资金以及对商业企业的投资，可以带来积极的生物多样性成果。然而，这里的大多数资金来自公共资金，包括国内公共预算、有利于生物多样性的农业补贴和公共资金的国际转移，但这些融资活动并没有在全国范围内进行很好的宣传。此外，发展合作伙伴一直不愿为实现生物多样性管理目标提供援助，因为他们没有收到受援国经费开支和优先事项方面的具体信息。还有，投资者倾向于将这类风险与采矿等行业的风险混为一谈。

记忆

因此，投资者要求提供更多关于生物多样性的信息，以确保管理所有风险。与此同时，越来越多的人意识到，生物多样性的丧失可能导致资产"搁浅"，这也使他们开始升级应对措施。例如，农业用地上的生物多样性问题会削弱其种植农作物的能力，并可能导致土地"搁浅"。金融组织需要支持在生物多样性损失、保护和增强方面的衡量方法，并需要提供更多数据来量化生物多样性风险，以便将其整合到评估工具中。投资者应该将资产配置给以环境可持续方式工作的公司，并在融入生物多样性保护的同时创造有利于生物多样性的技术。公司则需要进一步披露其经济活动对生物多样性的影响。

目前，有一些工具正在开发中，用来对比不同公司应对重要生物多样性风险的方式。这应该能帮助投资者了解公司如何减缓"已知的未知"风险，并对其平衡经济收益和可持续利益的方式进行对比。许多人希望这些指标可以揭示生物多样性的损失，就像二氧化碳排放量工具能够揭示气候变化一样（本章前面介绍了有关二氧化碳的工具）。这些指标将确定生物多样性与经济发展之间的关联，并使投资者能够对生物多样性赋予经济价值。

警告

新冠肺炎疫情加快了对可持续发展投资的关注，更具体地说，是对生物多样性的投资。这场疫情表明，当生物多样性被破坏时，维持人类生活的系统也会受到影响，因为生物多样性的丧失为病原体在动物和人类之间自由传播提供了机会。然而，由于政策制定者和公司过于关注疫情可能造成的后果，包括债务增加、资产负债表受损和利润下降，以至于生物多样性问题被束之高阁。

一叶障目：森林砍伐

美国环保局将森林砍伐定义为"永久清除现有森林"。这种清除可能出于不同的原因，但都会产生具有破坏性的后果。报告表明，80% 的森林砍伐是因为开发大型养牛场和伐木场而造成的。这一问题已经延续了数千年，人类从狩猎采集社会进化到以农业为基础的社会需要更大面积的土地来发展农业和住房。在现代社会，这一需求已转变为一种疫病，导致动植物因其栖息地的丧失而逐渐灭绝，以及下列问题：

• 健康的森林可以吸收二氧化碳，起到碳储存库的作用。因此，森林砍伐会将这些碳释放到大气中，并降低森林在未来充当碳储存库的能力。

• 树木可以通过调节水循环来帮助管理大气中的水含量。在森林砍伐地区，从空气中回流到土壤中的水分较少，导致土壤干燥，无法种植作物。

此外，树木还可以帮助土壤保持水分和表层土，提供丰富的营养物质来维持额外的森林生命。如果没有这些营养物质，土壤就会被侵蚀冲刷，农民不得不离开这一地区，并延续这一恶性循环。

- 由于这些不可持续发展的农业惯例做法而留下的贫瘠土地更容易受到洪水的影响，特别是在沿海地区。这对海草草甸也会产生影响。海草草甸是一组海洋开花植物，是世界上生产力最高的生态系统之一。他们构成了重要的二氧化碳储存库，约占海洋总碳储量的 15%。

- 随着大量森林被砍伐，生活方式依赖森林的原住民社区也会受到威胁。拥有天然热带雨林的国家政府通常会在砍伐森林之前驱逐原住民部落。

记忆

牛肉、大豆、棕榈油、纸浆纸张，这四项主要商品的供应链基本都来自森林砍伐风险较高的地区。在拉丁美洲、东南亚和撒哈拉以南非洲的热带森林地区，这些商品的生产价值每年高达数千亿美元。分析人士表示，在这四种商品中，目前产量的 50%—80% 与过去的森林砍伐有关。这些产量可能因地点而异，但为了避免进一步砍伐森林，同时支持当地的恢复和重建，所有的生产者都需要做出改变。此外，联合国政府间气候变化专门委员会发布的一份关于气候变化和土地的报告显示，11% 的温室气体排放是由于林业和土地使用管理不善造成的，这也包括出于商业目的的森林砍伐行动。

2019 年，因为巴西和玻利维亚的森林砍伐速度过快，亚马逊地区发生了严重火灾。在负责任投资原则和 Ceres 两个组织的管理和协调下，代表着 16.2 万亿美元资产的机构投资者要求各大公司采取紧急行动。投资者认为，森林砍伐和生物多样性的丧失不仅是环境问题，而且还会产生重大的负面经济后果，因此需要对农业供应链进行更有效的管理。此外，很多大型公司也会担心，如果其供应链与这些问题相关，会给他们带来声誉风险，因此他们也承诺将森林砍伐排除在其供应链之外。同时，一些养老基金也在考虑减持在这些国家运营的跨国贸易商的股份。因此，这些贸易商在未来很可能会放弃森林砍伐。

心向未来：废弃物管理

传统的废弃物管理模式正在发生变化。废弃物收集方法、废弃物转化能源的解决方案和创新都是引导我们走向循环经济模式（旨在消除废弃物和持续利用资源的经济体系）的基本要素。对废弃物的关注正影响着所有生产公司，他们都需要考虑如何在生产周期内对其产生的废弃物加强管理。随着人口的增长和城市化进程的加快，废弃物管理公司的工作变得越来越重要。从2020 年到 2027 年，全球废弃物管理预计将以 5.5% 的复合年增长率增长，成为价值 23.4 亿美元的市场（请访问 www. alliedmarketresearch. com/waste - management - market 了解更多信息）。这一市场可细分为市政废弃物、工业废弃物和危险废弃物的收集和清除服务市场。收集服务包括废弃物的储存、处理和分类等，而清除服务侧重于垃圾填埋和回收。

记忆

废弃物管理公司主要是通过管理和减少废弃物来保护环境［一些人将其称为"3R"——减少（Reduce）、利用（Reuse）、循环（Recycle）］。他们的主要目标是以可持续发展为重点，尽可能减少和重复使用废弃材料，从而避免产生更多废弃物，最大限度地减少污染，并支持回收再利用。理想情况下，他们应该在废弃物无法回收时将其转化为能源，并支持废弃物转化技术的发展。最后，他们还需要确保和推进固体废弃物管理，特别是在清除和安全管理有毒或对环境有害的材料（如溶剂和工业废弃物）方面。

然而，新法规和新条例的不断出台将推动新的政策出现，这需要新技术和新产品的配合，特别是在帮助实现净零碳排放和保护生物多样性方面。政府在许多经济合作与发展组织（OECD）成员国中发挥了关键作用，为废弃物管理投资提供支持，包括为企业和专业生产者提供投资拨款、贷款和免税政策。但仍需要对一系列新技术进行重大投资，例如化学品回收、将残留废弃物转化为燃料和化学品，同时也需要新的数据收集系统来监督这些义务的履行情况。

研究公司经营对环境的影响

企业不是在真空中运营的。在一个依赖跨境贸易、复杂供应链和多样化劳动力的全球经济中，企业会不断受到环境问题、产品安全以及与监管机构和当地社区关系的挑战。因此，管理这些因素是在当今经济中保持竞争优势的重要一环。

一家公司需要通过最佳管理方案来规避环境风险，并把握能产生长期股东价值的机遇。如果有的公司是通过将环境和社会问题的成本外化到其经营领域来赚取超额利润，那么当这种情况得到纠正时，投资者可能会为此付出代价，这些成本也将内化到公司的财务报表中。近年来，由于石油泄漏、矿山坍塌和不安全产品对环境的负面影响，股东遭受了相当大的损失。虽然规避此类灾难的解决方案并不只有一个，但确定重大环境影响和减少影响的机制可以帮助降低风险，甚至在其中发现新机遇。

以下各部分将讨论公司对环境影响的两个工作领域：直接运营和供应链。

直接运营

对环境问题的评估可以降低成本，例如，最大限度地减少运营费用（如原材料成本或水和碳的实际成本）。因此，在分析特定行业内公司的相对资源效率时，投资者应当观察资源效率与财务业绩之间的相关性。研究表明，制定了更多可持续发展策略的公司将会比同行表现更好。一种方法是将环境政策纳入其运营策略和职能，包括产品设计、技术选择和质量管理等运营方面。如果企业不能认识到环境问题对运营职能的影响，就可能无法在未来的竞争市场中取得成功，因此运营策略也需要与公司策略保持一致。

一些大型公司正在将可持续发展从底线转变为首要目标。这些公司更加具有可持续性，并通过直接运营来控制相关的变化。例如，加强运营目标方面的独特能力将有助于形成竞争优势。公司可以控制的环境特性决定了具体活动、产品或服务是否会产生排放、废弃物或土地污染。公司可能影响到的其他问题包括通过产品设计确保环保性能或延长使用寿命、最大限度地减少包装中材料资源和能源的使用，以及改善土地使用的生物多样性。

记忆

因此，组织应确保定期进行环境检查，以减少可能影响公司的因素。虽然大型公司有更多资源发展此类活动，但对于中小型企业来说，考虑外部因素对运营的影响同样重要，因为他们可能更容易受到此类问题的影响。此外，这有助于企业在竞争对手之前抓住机遇，在小问题变成大问题之前解决问题，同时制定计划以满足不断变化的需求。

供应链

公司无法一直控制间接环境因素（例如供应链中的环境因素），但可以影响供应商和用户，以减少、最小化或消除所造成的影响。可持续采购已被明确提上日程，而且公司不希望与商业模式存疑的供应商建立联系，因为这会引发媒体的负面报道。许多公司开始践行供应商行为守则，要求供应商在人权、劳工标准、环境和反腐败领域遵守联合国全球契约组织（见第 1 章）的核心原则。供应商有义务敦促其供应商遵守类似的原则。

在许多行业中，围绕可持续发展的绝大多数问题都来自外部，与整个供应链上的供应商有关。特别是对于一些工业部门的公司来说，供应商的运营占公司二氧化碳排放总量的三分之二以上。大型跨国公司最希望在这方面有所改善，因为他们明白供应链的重要性和分量，他们的首要任务就是找到让供应商承担责任的方法。许多公司已经开始采用基于风险的方法，将工作重点放在最具影响力的领域，并认识到为供应商划分职责是一个持续的过程。潜在供应商应根据一些因素进行预先筛选，例如，国家、行业和声誉风险，包括对相关规定的遵守情况。在预先筛选的基础上，进一步评估高风险供应商，然后确定是否需要通过额外的措施来提高可持续发展业绩，这可能包括为公司开发技术系统、为供应商评分、制定公开目标，或是考虑跨行业合作。

然而，最明显的障碍就是监控复杂的供应链，了解如何评估供应商的可持续性，尤其是在缺乏最高管理层或政府机构支持的情况下。使用供应商评分卡进行可持续发展评分的公司，可以在质量和成本相当的供应商之间进行区分和选择，同时评估供应商的环保程度。一些使用公共目标的公司将宣布，他们只会与使用低碳技术或有减少废弃物计划的供应商合作。此外，一些公司要求供应商设定自己的减排目标，并敦促他们使用可再生能源或提供可进行生物降解或可回收的包装材料。最后，通过行业协作（即与供应商、中间商或民间社会形成协作网络），公司将可以帮助改善整体行业情况。

记忆

　　无论采取何种方法，都应当鼓励供应商分享他们遇到的可持续发展问题，以便双方共同制订更好的解决方案。

为公司定义"绿色"

　　报告显示，从 2007—2009 年，环保产品的发布数量增加了 500% 以上。最近的调查发现，三分之二的高级管理层将可持续性视为收入的驱动因素，有一半人预计绿色行动将为公司带来竞争优势。在过去的 10 年里，企业心态发生了惊人的变化，反映了一种不断发展的意识，即环境责任可以促进企业增长和差异化。

　　绿色公司的支持者认为，绿色环保比继续向大气和环境中排放有毒化学物质更有效率。然而，一些质疑者驳斥了一些"绿色公司"的环保主张，认为这是夸大其词，并指控他们正在进行"漂绿"（有关进一步信息，请参阅第 6 章），即一家公司声称自己是绿色公司，而实践证明其并不是绿色公司。

　　要理解绿色公司的优势，你必须理解这个词语的含义。如果一家公司下定决心减少其对环境的负面影响，它可以理所当然地宣称自己正在"走向绿色"。一些典型措施包括开始实施回收和再利用程序计划，以及购买绿色产品和服务。大多数国家都有不同程度的法律要求公司遵守环境法规。对于一些公司来说，走向绿色可能意味着预测未来的监管形势，并走在监管的前列。美国环保局在 2020 年启动了一项行动议程，制定了广泛的计划，以减少碳排放，促进可持续发展，鼓励企业走在"绿色曲线"的前列。（详细信息请查看 www. epa. gov/sites/production/files/2016 – 07/documents/ej_2020_factsheet_6 – 22 – 16. pdf. ）

在以下部分中，我们将定义"绿色"一词对公司的含义：管理外部效应和遵循"3R"（减少、利用、回收）原则。

内化（或管理）外部效应

在为投资者创造财富的同时，经济活动也会产生外部效应或影响，这并不令人意外。大多数外部效应都是负面的，而且会造成相关损失，但这些损失并不完全是由创造它们的企业承担。在特定情况下，负面外部效应有可能对公众造成间接损失，从而对周围地区的人们造成伤害，例如，化学公司或矿山排放的有毒气体。公众或地方政府必须承担清理问题的间接损失，而不是由公司支付清理费用。

内化或管理外部效应意味着将这些损失从外部转移到内部，这通常是通过税收来实现的。当外部效应达到一定程度时，通过征收税款并施加"罚金"来阻止这些活动。相反，政府也可以通过提供补贴来鼓励解决问题，例如，限制外部效应对社区的影响。

然而，监管机构并不总是能够掌握有关外部效应的完整信息，因此很难实施正确的惩罚或补贴。此外，从历史上看，由于缺乏充分认识外部效应所需的信息，外部效应持续存在。因此，随着外部效应变得更加透明，他们应该更容易被内化，从而在 ESG 因素和财务回报之间建立联系。政策变化将要求企业在其商业模式中反映外部效应成本。这给投资者的未来回报带来风险，但他们是否能对此类活动"视而不见"呢？投资者现在开始意识到，未能保护其投资免受环境风险将带来潜在的诉讼成本，他们也可能因为没有在投资决策中考虑到此类风险而成为焦点。

3R：减少、利用、回收

3R 通常指的是学校教授的 3 项基本技能——阅读、写作和算术，无论是儿童还是成人，都很熟悉。然而，可持续发展中的"3R"——减少、利用、回收——可能我们的孩子比我们更加熟悉，因为他们更了解我们到底扔掉了多少垃圾！

随着商品和材料成本的上涨，有效利用资源和减少商业废弃物在经济和环境上都很有意义。此外，将废弃物送往垃圾填埋场的成本正在增加，对运送废弃物的限制也在增加。如果废弃物没有得到适当的处理，或者废弃物在离开工作场所之前没有完成适当的报告工作，公司就容易受到处罚。使用"3R"原则还有助于最大限度地减少垃圾填埋场所需的空间。

提示

一些指数提供商推出了专注于减少、利用、回收的公司指数，例如 Solactive ISS ESG Beyond 塑料废弃物指数，其中就包括专注于塑料废弃物的公司。对这类产品的投资旨在缓解塑料生产造成的废弃物问题。（有关更多信息，请访问 www. solactive. com/beyond – plastic – waste/.)

减少

减少产生的废弃物。减少废弃物是废弃物管理的首选方法，可以达到立即保护环境的目的。可以通过以下操作来减少废弃物：

- 购买长久耐用的商品。

- 寻找无害的产品和包装。

- 重新设计产品，以减少生产中使用的原材料或帮助回收。

再利用

这个世界充斥着各种一次性物品，很少有人愿意清洗一件物品并重复利用。当你在购买新物品时，寻找可以重复使用的产品，而不是只用一次就扔掉的产品，或者你也可以购买或租赁二手物品。你重复使用的物品可能最终会变成废弃物，但通过重复利用，你就减少了产生的废弃物总量。以下是一些你可以做的事情：

- 重复使用瓶子和盒子。

- 购买可重复灌装的容器和耐用的咖啡杯。

- 使用布制餐巾或毛巾。

回收

回收可以减少部分温室气体和水污染物的排放，节省能源，并产生更少的固体废弃物。此外，当产品使用回收材料而不是原始材料制造时，制造过程中使用的能源更少，排放的污染物更少，也减少了原始材料提取和加工造成的污染。总的来说，回收可以做到以下几点：

- 减少部分温室气体和水污染物的排放。

- 节约能源，促进绿色技术的发展。

- 减少对新垃圾填埋场和焚烧炉的需要。

详述公司作为环境管治者的表现

"环境管治"一词被用来描述减少有害活动或污染、购买更可持续的产品、再植树木和退耕还林等活动。管治本身体现了对资源负责任的规划和管理，可以应用于环境、自然、经济或财产。这种行动也可以有不同形式，从地方到全球，从农村到城市。许多环境问题都是全球范围内的问题，这也表明地方行动很难应对这些挑战。然而，参与当地的管治行动和举措可以成为一种催化剂，确保推进整体可持续发展。改善环境影响的企业行动正在增加，但更多的人开始达成共识，我们还需要采取进一步的措施来实现转型。

许多企业并不完全了解在其自身运营背景下促进环境可持续发展的驱动力。如果不了解这些驱动力，它们也许会无法完全实现转型举措，也无法实现预期价值。人们需要做更多的工作来明确其定义及其在不同情况下的框架，以便有效地支持这些重要活动。

　　环境管治是一个增长领域，企业领导人需要采取行动应用环境可持续发展原则。他们需要提高洞察力，更好地了解其行动背后的驱动力，并更好地调整计划，以实现业务价值。以下各节中介绍的行动可能会有所帮助。

管理运营，减少排放并促进可持续发展

　　大多数公司都明白，应当减少对化石燃料的依赖，并从这种新的商业模式创造的机遇中获益。因此，他们希望降低运营成本，提高能源供应的适应性，并吸引更多关注碳风险的投资者。

　　我们可以在制造业中大幅减少温室气体排放。在制造业中，温室气体控制着运营，甚至在分销和零售等供应链中也是如此。事实上，有些公司打算生产更多的可再生能源，超越他们自己的需要，以便将剩余的能源提供给他们当地的市场和社区。这将帮助一些公司在其工厂和现场运营中实现到2030年达成"碳益（carbon - positive）"的目标。

　　生态设计方案正在开发中，特别是针对温室气体密集排放型产品的设计方案。以重新制定产品配方，加入用量更少但性能更高的成分。有趣的是，许多产品大多是在家庭使用环境中造成了温室气体排放。因此，创新和研发在考虑气候变化挑战的同时，也需要将重点放在交付产品上。解决这些问题需要对公司的整体系统进行转型改革，政府需要为变革和企业行动指明正确的方向，以便所有部门都能就特定项目和举措进行合作。（本章前文更详细地讨论过温室气体问题。）

协同合作，为环境问题制订解决方案

警告

　　不幸的是，业务协作一直是企业可持续发展中的最大矛盾。企业在气候变化、资源枯竭和生物多样性损失等复杂问题上进行的无数合作都以失败告终，主要是因为利己主义、缺乏共同目标和缺乏信任。公司已经接受了可持续发展理念，许多公司在自己的领域内制定了高效的持续项目。例如，合理

化生产流程、减少废气排放。然而，在解决系统性问题的协作解决方案方面，进展甚微。

解决不同的环境问题通常要靠合作公司治理。然而，在错综复杂的世界中，围绕环境问题的合作通常很难实现。这是因为不同的参与者想要不同的结果，不同的环境问题以不同的方式相互联系，特定的群体在特定的问题上有不同的影响力。那么，协作能否带来更好的环境呢？

研究表明，解决环境问题的能力在一定程度上与其构造方式和参与者之间的合作模式有关。例如，如果其中一方可能会占到另外一方的便宜，则可以加入第三方，通过"三角合作"来解决冲突，通过同行压力来解决问题。还可以根据问题是暂时的还是持久的进行区分。如果问题是暂时的，就可能通过一位协调人或领导者将所有人团结在一起，更容易成功。环境合作和冲突解决（ECCR）是中立第三方调解者与机构和利益相关方合作的过程，通过使用合作、谈判、结构化对话、调解和其他方法来预防、管理和解决环境冲突。

接下来的 10 年将决定人类文明能否发展成为更具社会可持续性和生态可持续性的社会文明，实现这一目标的重要环节就是更好地了解如何改进和提高私人利益相关方和公共机构之间的合作。我们需要企业、政府、城市和地区继续在森林砍伐等领域发挥领导作用，需要企业承诺采取行动，需要以科学为基础的目标和零排放承诺，需要通过政策改革来营造公平的竞争环境，还需要通过财务披露使市场能够客观应对定价风险，让资本流向更可持续的投资。

第 4 章
"S" 是什么？ 调查 ESG 的社会因素

在本章中你可以学到：

- 公司的社会绩效指标的确定
- 公司的社会意识及其影响
- 社会绩效的定义和测量方式
- 选择权重因素：社会问题与情景分析

ESG 中的 "S" 是什么意思？是可持续发展？还是利益相关者？事实上，"社会"（Social）这一因素就像患上了中间儿童综合征（middle child syndrome）！它正在被人遗忘，因为"环境"（见第 3 章）是每个人都在讨论的"模范儿童"，而"公司治理"（见第 5 章）是每个人都要依赖的"可靠兄弟"。因此，尽管近年来对 ESG 家族的关注有所增加，但整体市场仍难以就"社会"因素在公司评估和投资决策中的作用达成一致。

公司在披露其环境影响和公司治理标准方面已经取得了很多进展，而相对来说，他们的社会影响和业绩衡量就像是被遗忘的孩子！这可以从围绕气候变化问题的紧迫感和 2008 年金融危机之前加强的公司治理控制看出，这两个问题都让"社会"问题相形见绌。

然而，是金子总有发光的机会！在新冠肺炎疫情背景下，"社会"被拉到了聚光灯下（这也是没办法的事情！），并将吸引比以往更多的投资者关注。这场危机的速度、范围和强度在我们有生之年是前所未见的，与"社会"相关的因素现在是全球企业面临的最紧迫问题之一。整个经济部门的未来一片暗淡。这样看来，一家公司的声誉将取决于他们如何以清晰透明的方式与其利益相关者接触和将社会因素与他们联系起来。

投资者发现"社会"是最难分析、衡量和融入投资策略的。社会绩效的定性和相关问题的广泛性导致其很难在行业内建立共识。因此，它通常被视为"环境"和"公司治理"之间的接口，而公司社会报告中缺乏数据和一致性进一步加深了其复杂性。

警告

但是，获取你想要的数据有一定的风险！监管机构、政府、客户和员工将更密切地观察公司的历史及其社会资历，健康安全、人权、劳动标准、多元化、包容性、数据隐私等问题变得更加突出。公司需要利用这个机会向所有利益相关者报告他们的社会活动和进展。这一问题还会带来对第三方评级机构、报告框架和标准的更多审查。

评级机构尤其容易受到质疑，人们认为他们各自的评级之间缺乏相关性。"环境"和"公司治理"问题更容易定义，这些问题有公认的市场数据记录，而且往往与强有力的监管联系在一起。但社会问题并不明显，数据也不够成熟，要说明这些问题对公司业绩的影响是很困难的。更令人困惑的是，这些问题在不同的国家有不同的评估方法。因此，重要的是确定良好社会行动和业绩的定义和衡量标准，以确定每项因素的权重，这样投资者就可以对不同公司进行对比，并在社会问题上采用统一的报告形式。

本章将概述公司在其社会项目中涉及的主要社会活动和指标，思考应如何评估这些因素，确定如何定义和衡量这些因素，并讨论如何在"社会"元素本身和整体 ESG 领域中对具体的社会指标赋予权重。

确认公司的社会绩效因素

广义上，社会指标基本上是表示影响人类幸福的社会趋势和条件的统计指标，通过评估一家公司对其员工和当地社区的生活质量影响，可以展示该公司在社会背景下的行为方式。常见的例子包括事故和死亡率、贫困、不平等、就业率或失业率、供应链劳工标准、预期寿命和教育程度。

客观的社会指标代表独立于个人评价的事实，主观社会指标则是衡量对社会状况的看法、自我报告和评价。主观社会指标包括信任、自信、生活满意度、幸福感和安全感。以下几节概述了构成 ESG 中"社会"基础的具体社会指标，并详细说明了如何使用这些指标来确定公司的社会评级。

客户满意度

记忆

客户满意度是一项既简单又复杂的任务。一般来说，公司通过提供客户所需的产品和服务来创造价值，并通过保持信任和忠诚度来建立长期的关系。此外，为了获得长期的成功，公司必须以高标准进行运营，并向客户提供公平的结果。如果出现问题，他们应该采取行动，并迅速响应客户反馈，以改进他们的沟通、流程和服务。投诉应当进行审查，并报告给公司治理部门，由客户满意度衡量高级管理人员的业绩。同时，相关的员工培训应强调投诉记录的重要性，以改进做法、程序和制度。行为原则需要融入产品开发和销售方式，并建立强有力的风险管理机制，以满足客户的期望和监管要求。未能达到这些目标的公司不太可能保持其收入和盈利能力。

以下总结应该被视为社会对一家公司能够提供客户满意度的基本期望，但投资者可以监测其他指标，以确保公司遵守这些原则：

● 将客户反馈置于决策的中心，以便更有效地识别问题并确定变更的优先级。

● 在提供产品时考虑客户需求，审核推荐产品的适用性，监控销售质量和销售人员激励情况。

● 在整个设计过程中通过客户画像和用户研究室来构建产品。

● 在设计和开发过程中进行测试，以确保市场有明确需求，并根据一致的标准和规定向客户提供咨询和建议。

- 在遵守当地法规的同时，采用全球统一的方法来衡量产品风险。该方法根据当地监管要求而定，能够进行详细的客户风险分析。

- 监控欺诈行为，这些行为会给客户带来风险和担忧，因此公司需要致力于减少其影响，建立欺诈预防系统，通过宣传提高客户的意识。

- 为潜在易受伤害的客户制定程序，并根据情况配备案例管理公司。

- 在企业文化中灌输责任感，激励正确行为，有效管理不良行为。

- 引入以客户为中心的框架，实现数字化转型，并根据实时客户反馈改进指标。

- 使用人工智能（AI）和机器学习（ML）解决方案，能够更快、更清晰地分析数据。虽然这项技术为客户带来了巨大的潜在利益，但公司还是需要围绕潜在的道德风险来实施程序。（我们将在下一节中更详细地讨论这一点。）

- 在年度绩效评估中引入强制性行为目标。在确定评级水平和自由裁量薪酬时，应考虑这些目标和其他行为评级的表现。

数据保护和隐私

简而言之，数据保护是为了保护数据免受未经授权的访问，因此这更应该算作技术问题。数据隐私与授权访问有关，但公司需要确定谁可以拥有访问权限，谁可以定义访问权限，这更像是一个法律问题。当今世界，收集和处理个人数据已经成为重要的收入来源，公司正在研究从数据中获得收入的更多方法，但需要管理数据安全、数据管理和隐私要求的下行风险。由于很难确定某些信息是否符合当地或国际监管机构对个人数据的定义，这种风险有自然增加的趋势。

然而，技术的变化速度以及个人数据的利用方式已经大大超过了数据隐私监管的速度，这意味着人们不知道谁拥有他们的个人数据、这些数据被用来做什么、这些数据是否受到保护。由于新闻报道了很多重大数据泄露事件，监管机构和最终用户都希望对数据使用施以更大的限制。

记忆

全球范围内最重要的监管发展是欧洲通过的《通用数据保护条例（GD-PR）》。这项条例于 2018 年 5 月生效，目的是让欧盟公民对其个人数据拥有更多控制权。此外，《通用数据保护条例》明确具有域外效力，因此任何与欧盟公民做生意的公司都必须遵守这一规定。包括加拿大、阿根廷和巴西在内的许多其他国家以及加利福尼亚州，借鉴了《通用数据保护条例》模式的内容，现在也已经制定了法律或提高了执行要求。这导致大多数公司开始进行"内部整顿"，并确保他们对个人数据的使用符合规定。这必然需要董事会监督、聘请数据保护官（DPO），以及进一步改善公司治理结构，要求员工优先考虑数据隐私以及与客户和供应商的关系。

作为回应，许多公司实施了基于风险的方法，通过覆盖风险最高的重要数据元素来符合规定，主要包括确保数据安全、减少存储的数据量、仅收集完成处理活动所需的数据量，以及仅根据需要保留数据。数据还应使用假名或加密，或兼而有之：

- 假名是通过人工标识符替换识别信息来掩盖数据。

- 加密是将数据转换为代码，只有能够拥有密钥或密码的人员才能读取数据。

此外，日益重要的"大数据"可能会加剧这一问题。"大数据"是指过于庞大而无法使用传统数据处理软件处理的复杂数据集。虽然大数据和相关人工智能技术仍在不断发展，但尚无明确的相关规则来指导公司决策。所以，公司需要自行制定道德原则，以确保做出一致和具有预见性的决策。

记忆

数据隐私属于基本人权范畴，但并不符合许多成功公司的商业模式。这种数据收集、处理和分配频率的日益提高，也增加了在数据管理不善的情况下的潜在声誉、诉讼和监管风险。因此，ESG 投资者将这些问题视为评估投资公司时的重要指标，并主张公司在流程和隐私保护方面应当更加透明。事实上，他们正在推动企业自我监督和自我监管，而不是按照监管法令行事，因为被动态度可能会对长期盈利能力造成更大的损害。与公司长期估值的潜在有利增长相比，主动疏散风险需要付出的成本并不高。

性别和多元化

令人失望的是，尽管全球大多数职业部门都有证据表明存在着性别和族裔不平等，但对这类问题的存在以及在企业中解决这些问题的重要性，人们仍然不甚了解。最近很多公司开始采取监管措施，以发现工作场所中的不平等，特别是男女同工同酬的问题，这引起了更多的讨论和思考。通过强调和报告关键的不平等指标，将问题公之于众，会对有关组织造成声誉损害，并使他们积极做出回应。多份报告显示，这应该有利于公司的业绩。此外，在员工队伍以及在董事会层面上表现出强烈多元化的公司，特别是在种族、民族、性别和性取向方面，更有可能做出更好的商业决策，从而获得高于全国行业平均水平的财务回报。同样的道理，多元化程度较低的公司实现较高回报的可能性也更小。

这种结果可能因国家或行业而异，但越来越多的多元化公司发现，他们能够赢得更多顶尖人才，并提高客户导向、员工满足感和决策能力，这可以提高回报。此外，这促进了其他方面多元化的发展，包括年龄、性取向、残疾（包括神经多样性）和社会差异。这也可以为公司带来竞争优势，因为多元化能使公司文化更具有包容性，并提高工作效率。

投资者越来越强调董事会多元化的重要性，这不仅仅是为了社会，也是为了改善董事会层面的决策者结构。这可以降低从众思维和法律风险，同时改善公司治理。然而，他们还需要积极推动公司披露更多信息，因为用于评估多元化改善的基础数据依然非常欠缺。那些成功实现了多元化的公司还报告称，从长远来看，这有助于降低公司的特定风险。因为他们会在对市场中尚未完全定价的公司进行估值时调整贴现率，这可以降低资本成本。

员工参与度

研究表明，强大的企业文化、积极的工作环境和敬业的员工可以带来最佳业绩。越来越多的人对只关注资本利益而不关注劳工利益的公司治理方法提出质疑：

● 典型的"股东利益"模式强调将公司利润用于股票回购，并将股息返还给投资者，这种模式是否存在更注重价值移除而非价值创造的固有偏见？

● 这种做法是否阻碍了对人力、资本、生产力以及研发的内部长期再投资？

● 这种对资产持有者和高级管理层的强势激励政策，是否会在金融和行业中造成一种自然的短期主义倾向？

大多数欧洲国家明确将员工代表纳入公司监事会，这使他们有权获得信息并参与公司决策。这不是某种形式的社会实验，而是一种认同感，即员工在董事会层面发声，可以增加其信任感和共有权，并在讨论中参考其他视角和信息，以此提高洞察力。这会让员工更有参与感，并促进其更长远的发展。毕竟，与其他利益相关者相比，员工在公司面临更多的长期风险，因此应该在公司治理中拥有更多话语权。报告得出的结论是，对现状更满意的员工，他们工作更努力，留在公司的时间更长，能为公司带来更好的业绩。随着劳动力逐渐由"千禧一代"和"Z世代"组成，他们更倾向于将自己的价值观带入职场，这一点将变得更加重要。

记忆

ESG 投资者的观点是，"剥削"员工、利用当地社区、破坏环境，这些已经不再符合可持续发展趋势，而且有些组织并没有适当关注员工参与度。毕竟，如果一家公司的管理层以这种方式对待其利益相关者，他们很可能也会用同样的方式对待自己的股东！一个组织的成功应该依靠积极敬业的员工，因此，如果雇主想要吸引和留住最优秀的人才，就应该重新确定他们的目标。此外，在职贫困是一些企业部门中的现实问题。在员工艰难度日的时候，很难创造积极的企业文化。因此，一些投资基金主要集中于在个人发展、自主、公平、工作目标和工作环境等领域提升人力资本的公司。

新冠肺炎疫情为企业提供了真正的机遇，以真正提高员工的参与度。由于弹性工作制或"居家工作"将在"新常态"环境中盛行，企业与更加多元化的劳动力进行接触，会带来不同的挑战。这与公司对 ESG 问题的处理方式联系起来，那些将 ESG 策略融入企业文化的公司似乎得到了回报。许多公司需要对监管和投资者群体的压力做出回应，而那些一直积极行动的公司，就可以在经济复苏开始时，在人才争夺战中取得竞争优势。

社区关系

社区关系代表了公司与所在社区建立和保持互惠关系的方式。通过对社区福利的积极关注，公司可以获得长期的社区支持、忠诚度和企业信誉。当企业帮助改善其社区生活质量的时候，他们就会被认为是良好的企业公民。这些项目包括教育、就业和环境项目、城市更新项目、回收和重建项目，还可以包括慈善事业、志愿服务、薪资牺牲和实物捐赠项目。即使是规模较小的企业，也可以通过经济支持或员工参与，赞助当地的运动队或参与其他活动，从而提高社区知名度并打造信誉。

记忆

竞争和社会压力要求改变公司和社区之间的关系。通过将社区作为其核心业务策略的一部分，公司可以吸引并留住顶尖员工，积极定位客户，并提高自己在市场上的地位。这种策略性的社会投资有助于在全球范围内建立统一的品牌形象和市场占有率，并成为企业开展的最重要宣传活动。公司可以通过发展社区关系来推广其品牌，社区也可以从项目中获得帮助——这是双赢的局面。

与此同时，对于一些公司，特别是矿业和开采公司，一些国家（包括澳大利亚、中国、尼日利亚和南非）的法律要求建立强有力的社区关系计划。这些社区发展协议（CDA）是投资者和社区之间签订的合约，根据这些合约，采矿项目的利益应与当地社区和其他利益相关方分享。例如《澳大利亚原住民所有权法案》，该法案强制要求持有采矿许可证的公司与对土地拥有合法权利的原住民社区（原住民所有权持有人）签订社区发展协议。

人权

国际人权法规定，各国政府有义务采取具体行动或避免某些行动，以认可和保护个人或群体的人权和基本自由。这些基本权利建立在尊严、平等、公平、独立和尊重等共同价值观的基础上，是所有人的固有权利，不分族裔、性别、国籍、种族、宗教或任何其他地位，不受歧视。例如生命权和自由权、不受奴役和酷刑的自由权、见解和言论自由权，以及工作权和受教育权。因此，注重人权的框架涵盖了社会问题的多元化和平衡性，往往侧重于特定行业以及他们认为最重要的问题。

提示

投资者最常用的标准是《世界人权宣言》（UNDHR，www. un. org/en/universal – declaration – human – rights/）和最近发布的《联合国工商业与人权指导原则》（UNGP），其中确定了三项指导原则：保护、尊重和补救。

联合国制定了全面的人权法律体系，代表了所有国家都可以根据国际公认权利签署的受国际保护的法典，包括公民、文化、经济、政治和社会权利。投资者还应确保公司在这些问题上采取行动，并支持打击国际公司侵犯人权的行为。作为股东，投资者有权通过在公司年度股东大会（AGM）上提出决议来改变公司行为，终止任何侵犯人权的做法。通常，这一问题经常出现在公司的供应链合作伙伴中，这促使英国在 2006 年《公司法》中要求特定的公司在每个财政年度提交一份报表，并在报表中阐明他们采取的措施，以确保奴隶制和人口贩运不会出现在他们的业务或供应链中。此外，这也要求公司承担责任，如果不能遵守这些规定，可能会影响到他们的声誉、运营效率，并最终影响他们的财务业绩。

提示

投资者要求有关公司提供更可靠、更容易获得的人权记录信息。近年来，越来越多的劳工和人权专家制定了明确关注这类问题的公开评级和排名，旨在通过使用一系列相关指标找出在特定行业或在特定社会问题上处于领先和落后地位的公司。他们有着一系列方法和指标，用于创建其评估体系。

劳工标准

劳工标准是通过国际公约和文书来定义和保护的，包括国际劳工组织（ILO）和联合国建议的标准。人们认为，一家公司的劳动力是一笔宝贵的资产，积极的员工与管理层关系对企业的可持续发展很重要。如果不能建立和支持这种关系，并保持良好的劳动条件，可能会导致一系列额外的商业成本和影响，包括工人生产率低、产出质量低、罢工或其他工人行动、未能与重点客户和国际客户签订合同、收到当地监管机构征收的罚金或罚款，最终会损害公司的声誉。

相反，良好的劳动条件可以提高运营效率和生产率，从而增加收入和利润。此外，许多公司要求其供应商展示符合国际劳工组织基本公约和最佳行动的政策，并参与由认证核查机构进行的第三方审计，以评估其合规性。

警告

劳工标准问题往往出现在某些特定的行业和活动中，很多发展中国家的法律框架不够完善，在这些国家发现了很多问题，并且很多国家在保护和执行工人权利方面的记录也很差。尽管如此，正如人们经常强调的那样，发达国家也存在着此类违法活动，而在这些国家，法律本应当用来保护员工。

国际公司和投资者应确保当地公司的就业政策至少符合当地的法律法规，并建立劳工组织核心公约所承认的保护政策。公司还应确保自身的做法以及供应链中其他公司的做法符合最佳行动要求。投资者还应该检查一家公司是否定期接受审计，以确认其遵守了自己的政策。众所周知，一些公司会创建系统来"隐藏"他们的侵权行为！因此，供应商的竞争力可能与负面劳工行动有直接关联。

与此同时，技术推动了零工经济的出现。零工经济创造了更灵活的就业机会，比如拼车或送餐服务，这些服务按"零工作时间"的合同经营（雇主没有义务向员工提供任何最低工作时间）。这些新的商业模式不适合传统的劳动力框架，虽然工人完成的任务与正式员工（regular employees）相似，但他们被归类为"个体户"或"自由职业者"。这意味着他们不能合法地获得与正式员工相同的权利和福利。因此，尽管零工经济提供了比正规就业更灵活的工作条件，但因其不稳定的工作、不确定的工作时间、低工资和非自愿加班等问题，对劳工权利构成了令人担忧的挑战。

披露不良劳工问题的媒体报道经常成为新闻头条。这里的主要问题是，很多供应链有多个层次，从正规供应商延伸到大量不太正规的供应商。确保良好劳工标准的监测可能非常复杂。公司和投资者应该努力将其供应商进行分类，并确定其中的重大风险以及可能的缓解措施。然而，严峻的现实是，这可能需要几个月的时间来完成，并且需要投入大量的时间、精力和费用。因此，有时可能会出现一种实用的自然排除政策。

在最坏的情况下，本节强调的所有问题都有可能导致现代形式的奴隶制，包括债役（某人被迫免费工作以偿还债务）、儿童奴役、家庭奴役和强迫劳动，受害者可能会受到暴力威胁。再次声明，其中一些做法在发达国家和发展中国家都有存在。

评估公司的社会绩效

企业社会责任（CSR）实际上是一种自愿的自我约束方法，鼓励公司对其利益相关者、公众和自身承担社会责任。通过将企业社会责任作为其业务策略的一部分，公司可以意识到他们对社会不同方面的影响。然而，这个概念非常广泛，有着不同的形式，与公司或行业相关，但应该包含本章前文概述的社会指标。此外，它包括公司对环境的责任，以及有助于可持续发展的道德行为和透明度。

通过企业社会责任计划，企业可以在更大范围内惠及当地社区和社会，同时提升自己的品牌形象。随着越来越多的公司将企业社会责任置于其企业、数字通信和整体战略中心，他们可能会制定相应的企业社会责任政策。另一方面，不遵守社会标准和惯例的公司会让自己面临严重的声誉和其他风险，销售亏损、罚款和诉讼也会对其收入和利润造成打击。

以下各节列出了一些评估公司企业社会责任绩效的工具和信息。

查看结果：成绩

目前还没有独立的客观标准来定义或评估一家公司在实现其社会目标方面的表现，这可能是因为每个项目都像它背后的公司和被帮助的社区一样独一无二。许多公司倾向于使用流行的方法，强调来自高级管理层的"支持"，及其服务与社会影响之间的"一致策略"。然而，与长期拥有企业社会责任记录的公司相比，实现目标进展的透明度、社区对其改进情况的评估以及同行评估，这些可以更清楚地说明其表现成绩。

一般而言，拥有强大影响的企业社会责任计划包含不断丰富的反馈循环、不断改进评估的内容，以及明确定义的关键绩效指标（KPI），这些将提高计划效率并带来更好的结果。

提示

一些可以进一步提供帮助的行业标准工具包括：

● 共益企业（B Corp）认证，使公司实践符合社会目标（https：//bcorporation. uk/about – b – corps）。

● CommunityMark，用于衡量社区参与度的工具（www. laing. com/up-loads/assets/CommunityMarks%20monitoring%20boards%20 – %20FINAL. pdf）。

● 全球报告倡议组织（GRI），为可持续发展报告提供全球标准，包括但不限于社会因素（www. globalreporting. org/standards/）。

● 国际劳工组织（ILO），保障供应链中的人权（www. ilo. org/）。

● 可持续发展会计准则委员会（SASB），衡量可持续发展的财务影响力，包括但不限于社会因素（www. sasb. org/）。

入乡随俗：基于国家或地区的差异

国际标准和目标，如联合国可持续发展目标，可以指导国家和组织更好实现可持续发展和企业责任（www. un. org/sustainabledevelopment/sustainable – development – goals/，见第 1 章）。其中一些目标清楚地表明，公司需要考虑的社会影响范围在不同的司法管辖区有很大的不同。在更广泛的国家或地区范围内进行考虑，对发展中国家的评估应当不同于对发达国家的评估，因为发展中国家往往没有有效的法律或监管程序，或是没有在适当的项目中系统地执行这些法律和监管程序。

此外，参与点也可能不同。例如，一家大型跨国公司可以从其总部或某些区域办事处直接支持社会活动，或通过其在发展中国家的供应商间接提供这种支持。对这些项目执行情况的评估可能还需要所在组织和指标的不同衡量标准。

提示

从投资者的角度来看，这些报告表明存在着不同的侧重点：不同国家或地区的公司或多或少都在专注于 ESG 内部的社会活动。有证据表明，比起其他地区的公司，欧洲公司更多地参与了社会责任项目。

确定社会绩效的衡量标准

研究表明，对社会负责的企业项目与企业成功具有一致性，因此对项目绩效的衡量（也就是本节主题）已经变得至关重要。这种衡量使组织能够更好地选择支持项目，提高其企业社会责任项目的效率，并招募利益相关者来支持这些项目。

警告

然而，大多数社会衡量标准评估总是针对最容易评估的标准，而不是评估最重要的标准。在目前的环境下，大多数衡量标准都集中在公司容易获取并准备披露的数据上。最终受到表扬的将是那些正在开发与社会问题相关项目的公司，而不是评估行动的成果。这种情况给公司带来了大量无用信息，对于评估公司的社会绩效没有任何意义。此外，找到重要影响的客观衡量标准也非常困难，因此，大多数评估更倾向于衡量过程，而不是具体结果。

缺乏统一的社会衡量标准增加了成本，也没能找到真正的社会领头人，因为很多人根本不知道什么是好的社会标准！因此，在为投资者提供用于衡量公司业绩的有效统一指标方面，社会评估远远落后于它的 ESG "兄弟"。不过，在新冠肺炎疫情之后，企业将更加注重他们的"目的"。他们应当如何为客户提供价值、为员工投资、公平对待供应商、支持其所在社区，以及为投资者创造长期价值？社会和投资者都想让公司承担责任，并将这一分析纳入他们的 ESG 研究。以下是需要考虑的一些重要方面：

- 客户反馈是否已移至决策中心，以便公司更有效地识别问题并确定行动的优先级？

- 是否采取了积极的行动来保障员工福利，公司的行动对员工的忠诚度和认可度有什么影响？

- 如何处理休假和裁员，执行管理层在分担责任方面树立了怎样的榜样？

- 公司对整体社会影响力做出了什么贡献，他们是否发挥了自己的能力或利用设施来帮助整个社会？

协调社会和经济责任

证据表明，制定有用的报告系统需要更多的分析，以验证企业项目与社会需求的一致性。评论人士认为，这需要形成全球会计准则来提高可比性。因此，整合社会问题的必要性是显而易见的。例如，如果一家公司存在糟糕的劳工问题和侵犯人权的行为，那么它的供应链也可能不太安全。员工离职率提高，积极性和生产率下降，这些都有可能会损害运营绩效。通过成功地管理社会问题，公司可以获得环境资源，建立人力资本以保障生产劳动力，加强其供应链，并从市场竞争优势中整体受益。

此外，越来越多的人意识到，良好的社会绩效可以改善与当地社区的关系。然而，公司应该记住，当他们开展社会项目时，他们应该确保社会和经济责任协调一致，并与关键利益相关者就这种平衡达成一致。这样一来，公司就可以通过增加销售额和客户忠诚度的方式从经济上受益，同时承担社会责任。研究表明，对于社会责任感有所改善的企业，消费者也会增加其推荐度。因此，公司可以将自己定位为具有社会责任感的、良好的企业公民，从而为其业务带来更大的价值。

记忆

这些都表明，企业可以将其宗旨与成功挂钩。要求企业将为社会创造价值作为主要目标来经营业务，似乎还有很长的路要走，但这可能会在未来创造出更大的价值。

员工与社区的长期变化

聘用熟练工人是一家公司成功的关键因素之一。为了应对技能缺口，公司必须在员工培训和再培训方面投入更多资金。根据世界经济论坛（WEF）的数据，到 2022 年，超过一半的员工将需要进行大规模的再培训。在特定地区，这个问题可能会更加严重。

此外，研究表明，优先考虑价值观、创造社会影响、建立更具多元化和包容性文化的公司，更能够提高员工的参与度和生产率，并且在吸引和留住技术人才方面具有优势。归根结底，公司需要衡量他们对新环境的适应程度，而这一点的衡量标准将是他们是否吸引了合适的员工，以及此后如何使用这些员工。

提示

世界经济论坛的主题是"技能造就你的未来"，重点在于投资培训、教育和技能，以优化人力资源管理，帮助组织吸引和培养最优秀的人才。新的工具和技术正在改变工作、劳动力和工作场所的性质，公司需要及时利用这个千载难逢的机遇。有关更多信息，请查看 www. weforum. org/focus/skills – for – your – future.

记忆

新冠肺炎疫情危机强调了社会因素，这些因素提升了众多投资者的关注度，促进了公司如何与客户、员工、供应商和一般利益相关者沟通的额外分析。投资者将更充分地理解利益相关者管理在其投资过程中的意义，这将在未来对公司的盈利能力和投资回报产生影响。

确定权重因素

投资者没有把重点放在公司过去的社会绩效上（就像环境绩效那样，见第 3 章），因为公司没有像对待其他 ESG 因素那样，对社会问题采用统一的报告方式。例如，对环境因素的关注导致投资者为碳排放和清洁能源使用等主题创建了系统和报告方法。尽管社会因素一直是公司及其投资者衡量和监控 ESG 最棘手的部分，但随着与社会问题相关的数据越来越容易获取和完善，投资者也将会系统化评估社会因素和其他财务因素。

此外，与社会有关的监管驱动因素也支持这一替代方法，例如英国和澳大利亚的《现代奴隶制法案》或联合国可持续发展目标（见第 1 章）的采用。然而，尽管我们已经取得了一些积极进展，但距离将社会问题系统地纳入投资决策过程，我们还有很长的路要走。尽管如此，更多的投资者正在考虑如何整合他们对特定公司和行业的"环境""社会"或"公司治理"问题的相对权重。即使是"社会"因素内部，也需要根据具体的社会指标赋予不同的权重，这可能是由行业部门或地区的特定考虑因素驱动的。以下几节将深入探讨这些权重因素（更多信息请参见第 8 章）。

做出选择：不同的社会问题

社会问题涵盖广泛的主题：消费者保护、产品安全、劳动法遵守和工作安全、保持多样性、反腐败以及在整个供应链中尊重人权。从本质上说，这些是更加确定、更具有判断性的指标。投资者会发现将其整合到金融分析和模型中非常具有挑战性，因为这些指标很难量化。

让事情更复杂的是，不同的国家对社会问题的评价不同。例如，一些国家更加强调尊重人权和拒绝使用童工，而另一些国家可能会将工作场所多元化的问题放在价值链的更高位置。这种差异还可能因其投资的地区不同而扩大。

记忆

因此，投资者更难强调社会问题对风险和长期投资的财务影响。要改变这种看法，有必要对"社会角度的"公司做出明确定义和衡量标准。此外，还有必要确定不同社会问题的权重，以便投资者能够更好地从社会角度评估特定的公司和行业。通过定性分析来分析社会因素已经变得更加常见，但投资者还是更强调量化社会因素，将其纳入财务预测和公司估值模型，并与其他财务因素保持一致。一些社会问题易于量化（例如，两性薪酬差距），但也需要了解公司管理和解决问题的方法，这也可以通过利益相关者的参与来实现。通过将社会问题纳入基本分析，投资者可以通过现有的量化方法，使用与其他金融问题相同的方式分析社会因素。（更多详细信息，请参阅第 15 章和 www. unpri. org/listed – equity/esg – integration – in – quantitative – strate-gies/13. article. ）

打破常规：情景分析

社会因素可以通过一系列技术进行整合，包括收入、运营利润率、资本支出、贴现率和情景分析。一种常见的方法是让投资者预测收入，比如考虑该行业的增长速度，以及某一公司是否会获得或失去市场份额。社会因素也可以整合这类预测，以能够反映投资机遇或风险水平的数额，来提高或降低公司的收入增长率。

社会因素也可以用来估计对资产未来预期现金流的影响，例如强制长期或永久关闭政策（比如新冠肺炎疫情封锁），从而通过调整未来现金流的贴现率来改变其净现值（NPV）。其影响可能是净现值减少，出现减值费用，从而导致账面价值的相应下降。资产重新估值可能导致未来收益减少、资产负债表规模缩小、额外的运营和投资成本，以及公司公允价值降低。

影响资产账面价值的另一个例子是，当地社区的抗议活动可能导致矿山停工甚至关闭，从而减少矿业公司未来的现金流。如果投资者认为未来的现金流将明显低于当前的估计，他们可以在矿山的账面价值和矿业公司的损益表中计入减值费用。

另外，在理解 ESG 因素对公司公允价值的影响时，一种不太常见的方法是进行情景分析，即计算 ESG 综合公司估值，并将其与初始估值进行比较。量化策略和智能贝塔提供商倾向于评估两种情景之间的差异，用来计算影响公司的社会因素的重要性和规模。这与某些公司更为相关，因为社会因素更加针对特定行业，而且往往会在较长时间内出现在财务衡量标准中。

这些挑战有助于解释调查所表明的事实，即环境和公司治理因素能比社会因素带来更大的长期回报。不幸的是，社会因素对下行风险的预期似乎比上行收益更高。

记忆

另一方面，研究表明，社会标准较高的公司似乎会对通货膨胀或经济疲软等事件做出更强烈的反应，从而降低公司的系统性风险。此外，研究还表明，"社会"因素将显著降低所有三类风险——公司的特殊风险、总体风险和系统风险——而且社会因素是 ESG 中唯一能降低系统风险的因素。结论是，如果管理得当，社会因素可以有效降低企业风险。因此，"社会"可以帮助投资者建立一种对市场变化波动较小的投资组合。

技术资料

在现代投资组合理论中，系统风险被定义为所有公司都在面临的、无法通过分散投资减少的风险。研究表明，处于 ESG 中"社会"范围内的因素与处于"环境"和"公司治理"范围内的因素一样常见（对一些公司来说更是如此），这些因素会导致商业风险，并最终对公司声誉造成持久损害。

将社会因素纳入投资组合以创建 ESG 综合评分的一些方法包括：

- 在不考虑数据透明度等问题的情况下，使三个因素的权重相等。

- 基于历史数据的权重优化。

- 特定行业权重。

研究表明，在短期内，同等权重和优化方法都表现得更好，因为它们更适用于公司治理问题。然而，随时间推移而改变权重的特定行业加权方法可以展示出最强劲的财务业绩。

　　ESG 中的"社会"对企业生产率和投资回报的影响从未像现在这样重要。然而，从大量与 ESG 相关的投资产品来看，研究显示，与绝大多数基于环境和公司治理评级的产品相比，基于社会评级的产品以投资者为主要受众的比例要小得多。此外，有人建议，《联合国工商业与人权指导原则》在商业和人权问题上应该告知分析师、评价者和投资者"社会"问题的衡量标准。

第 5 章
"G" 是什么? 解码 ESG 的公司治理环节

在本章中你可以学到:

- 什么是"良好"的公司治理
- 公司治理价值的评价
- "公司治理"如何支配"环境""社会"因素
- 公司治理活动区域差异的探析

公司治理 G (Governance) 主要描述公司用来平衡其不同利益相关者竞争需求的制度,这些利益相关者包括股东、员工、客户、供应商、金融家和社区。通过这一过程,它可以提供一种结构,通过涵盖组织行为的所有方面来实现公司的目标,包括规划、风险管理、绩效衡量和公司披露。总而言之,它保障了适当的监督,旨在确保长期、可持续的价值创造,并考虑到所有的利益相关方。

公司治理本身一直是一个重要的话题,它在整体 ESG 范围中还具有额外的意义。因此,在"环境""社会"和"公司治理"三个因素中,"公司治理"可以说是与业绩相关度最高的因素,因为它控制着公司的总体目标战略和如何降低风险。如果不从"公司治理"开始,就无法识别或处理其他问题。如果出现危机情况,要解决这些问题更是难上加难。因此,ESG 中的"公司治理"被认为是尽职调查过程中的强制性要素,一些投资者越来越强调将其作为投资方法的核心组成部分。此外,与环境或社会数据不同,公司治理数据经历过长时间的积累，关于什么是良好公司治理的规范和标准也已得到广泛讨论和接受。

综上所述，公司治理只关注股东利益最大化的时代已经过去。例如，英国在 2018 年修订了《公司治理准则》，要求董事会确立公司的宗旨、价值观和战略。这将确保公司考虑为所有的利益相关者创造长期价值。

本章将概述投资者如何确定什么是"良好"的公司治理，他们如何评估公司治理价值，公司治理如何与 ESG 中的"环境"和"社会"因素相互作用和影响，以及这些因素在不同地区之间的差异。当然，这一切都是以 2020 年新冠肺炎疫情为背景，同时也回顾了公司治理如何有助于管理当前的危机和未来的类似情景。毕竟，公司治理可以被视为一种领导力，而领导力在危机时期是必不可少的。

最佳方案：定义"良好"的公司治理

2001 年和 2002 年，安然（Enron）和世通（WorldCom）这两家大型公司的倒闭以及随之而来的丑闻［随后，包括安达信（Arthur Andersen）、环球电讯（Global Crossing）和泰科（Tyco）在内的知名公司相继倒闭］都是由公司治理失败引发的。定义公司治理的共同起点在于以下四个重要方面：董事会、管理层、内部审计师和外部审计师。在这一结构中，有许多实现良好公司治理的关键原则，包括董事会质量、独立性和出席率、高管薪酬和激励、所有权、审计和会计标准、贪污和腐败、商业道德，这些内容都将在本章中进行讨论。这些原则需要响应公司当前和未来的要求，还需要在决策时谨慎应用，并确保考虑到所有利益相关方的最佳利益。这些因素进一步促进了全球公司治理的演变。

记忆

正如将在本节中发现的，"良好"的公司治理要求公司尊重所有利益相关者的需求，包括股东、员工、客户和供应商，同时认识到所有社会或环境问题，并对自己的行为负责。这些公司治理因素使公司能够衡量其结构和实践的质量和实力。每家公司在保持自己的地位方面做得怎样还有待验证，但已经有独立的观察者试图对每家公司的能力进行评分和排名（有关这一点的更多信息，请参见第 14 章）。公司治理因素表明了国家和公司的规则和程序，使投资者能够筛选适用的做法，就像他们筛选环境和社会因素一样（见第 3 章和第 4 章所述）。

良好公司治理的益处

对公司治理因素的研究表明，相较于具有良好公司治理排名的公司，平均水平的公司更容易出现管理不善的情况，并且随着时间的推移，这些平均水平的公司可能会出现失去商业机遇的风险。然而，良好公司治理更像是提高资本回报率（ROCE）的保险政策，而不是保证方式，尽管财务实力雄厚的公司与具有良好公司治理的公司之间存在明显的相关性。鉴于良好公司治理的重要性，投资者正在进一步考虑"公司治理"因素。此外，为了降低公司治理风险，投资者还需要"参与"进来，与公司的经理和董事就业务战略和执行（包括可持续发展问题和政策）进行讨论。这也可以延伸到在股东大会上对某些关键决定进行投票。因此，聚焦公司活动对公司所有利益相关者影响的投资者参与和管理，已经越来越成为良好公司治理的组成部分。

虽然公司治理对于投资者确认公司的方向和财务活力非常重要，但公司也需要通过环境意识和道德行为来展示良好的企业公民意识。良好的公司治理有着清晰的规则和管理，股东、董事和员工都有统一的激励措施。反过来，这也有助于公司与投资者和社区建立信任。与此同时，投资者已经确认，他们愿意为公司治理情况良好的公司的股票支付额外费用。

例如，在美国，领先的机构投资者不断要求公司董事会澄清其公司宗旨和对社会的贡献。这最终导致商业圆桌会议（Business Roundtable）在 2019 年 8 月发表了关于公司宗旨的声明，宣布他们不仅会对股东负责，而且对所有利益相关方做出承诺。他们的成员是 181 家美国大型公司的首席执行官。一个关键的问题是：在压力之下，他们会兑现自己的承诺吗？（声明请参见 https：//opportunity. businessroundtable. org/ourcommitment/. ）

　　此外，糟糕的公司治理使人们怀疑公司对利益相关者的可靠性、诚实性和责任感，这会对公司的财务健康造成影响。例如 2015 年 9 月大众汽车发生的丑闻事件，他们通过人为操控发动机排放设备伪造污染测试结果，导致该公司在事件宣布后的几天里损失了近一半的股票价值。此外，导致安然和世通破产的欺诈行为带来了 2002 年的《萨班斯—奥克斯利法案》。这对公司提出了更严格的记录保存要求，并对违反这些要求的公司引入严格的刑事处罚制度，以恢复人们对上市公司的信心。

警告

　　更"常见"的不良公司治理行为包括：公司没有与审计师充分合作，导致公布不合规的财务文件；高管薪酬方案不佳，未能与股东利益保持一致；董事会结构糟糕、业绩不佳，股东很难投票罢免那些对公司没有做出什么贡献的成员。此外，必须强调的是，在国家未能建立国际认可公司治理标准的情况下，这些区域内的公司可能会被"关联有罪"，难以吸引外国和机构投资。

实践和价值观

　　在过去的 20 年里，大量丑闻报道导致公司因管理不善而倒闭，公司治理似乎更频繁地出现在新闻中。这促使世界各地的监管机构出台了很多规定，以监测和控制对股东和利益相关者造成损害的公司过失行为。在考虑追求利润最大化的最佳行动和价值观时，这种监督本质上是"帮助公司自救"。这给企业界敲响了警钟，要求他们"齐心协力"。然而很明显，这些教训并没有阻止企业权力的滥用（德国的 Wirecard 公司就是最新实例，这家公司因为会计欺诈而垮台），这也表明对商业道德的监控是一项持续要求。

　　因此，公司被要求提供越来越多的非财务信息，特别是关于其 ESG 影响的信息。这些要求包括特定类型的信息披露（如董事会组成和高管薪酬）以及对公司 ESG 业绩进行定期报告（如企业社会责任报告或可持续发展报告），已经从少数先进公司采取的临时行动演变为世界上多数大型公司的常规做法。虽然这类报告没有法定的框架，但许多公司已经实施了全球报告倡议组织（GRI，见第 1 章和第 15 章）制定的标准，其中涵盖了从人权到环境合规、反腐败努力和客户隐私等广泛问题。可持续发展问题的大量存在使得人们开始尝试对这些问题进行归类。

记忆

这凸显了通过平衡不同利益相关者的需求来指导和控制公司，有助于解决利益相关者之间的利益冲突，并确保组织拥有提高透明度和问责原则所需的流程、程序和政策。这种控制需要与公司的要求相平衡，以实现利润最大化，同时防止公司在追求利润的过程中投机取巧。因此，公司需要按照促进道德行为的标准规范和程序进行管理和指导。

利益相关者导向

利益相关者导向通常被定义为让所有受公司未来成败影响的各方受益，从本质上讲，就是与所有利益相关者保持积极的长期关系，了解他们的需求，并使利益相关者的要求与公司的需求不断保持一致，以符合公司的最佳利益。股东参与方式的根本性改变，创造了当前的环境，并成为 21 世纪上市公司及其投资者的主导话题。上市公司已经开始与主要股东和利益相关者进行前所未有的主动接触。机构投资者也加强了他们的参与度，将大量资源投入公司治理问题、公司外联以及关于投票和投票政策的提案分析上。

此外，股东维权水平仍处于历史新高，对目标公司及其董事会施加了相当大的压力。投资者在公司的战略决策、资本配置和整体企业社会责任方面正在寻求更大的话语权。

许多由股东驱动的运动正在迫使公司战略（通过衍生战略）或资本分配战略（通过股份回购计划）做出改变，这表明董事会正在听取股东的意见。由于股东是公司的最终所有者，这是董事会应该做的。然而，其他利益相关者表达了担忧，因为积极投资者的目标过于关注公司资本的短期使用，如股票回购或特别股息。长期利益相关者要求董事会同时考虑资本的长期和短期使用，以确定适当的资本分配，满足公司的商业战略需求。ESG 的考虑自然会迫使公司转向一种更长期的方法，并将整体利益相关者包括在内。

言行一致： 评估公司治理价值观

公司治理已成为可持续投资的关键重点，特别是在新冠肺炎疫情之后企业复苏之际。它们对疫情的反应促使人们重新关注最佳行动，并强调有效的公司治理和对公司宗旨和价值观的审查。尽管对道德和环境问题的关注仍将继续，但围绕公平透明的具体商业问题将重新受到重视，这在过去一直是认证基金管理公司管理能力的重点。（例如这个问题：新冠肺炎疫情正在摧毁经济，而且危机程度和持续时间仍然具有不确定性，公司应该一直支付股息吗？）公司需要在前所未见的情况下做出决策，利益相关者将不断审查和核实董事会做出的任何决定和决议。然而，对于公司来说"不该一刀切"，每个公司都需要根据自己的需要和情况确定适当的原则和价值观。以下各节将说明如何评估其中的一些原则和价值观。

记忆

所有公司都应坚持以下核心原则：

- 特别来说，董事会层面的决策应考虑所有利益相关者的利益，包括员工、客户、供应商和公司所在社区，以实现长期价值的创造。

- 董事会和管理层应该与长期股东接触，了解他们担心的问题和潜在影响公司长期价值创造的问题。

- 敦促与董事会和管理层接触并影响决策的股东披露相关信息，并为公司及其股东的长期利益承担一定的责任。

- 作为责任的一部分，股东应该接受这样一个事实，即董事会在决定如何以最有利于股东和创造长期价值的方式分配资金时，必须不断权衡资本的短期和长期使用方式。

董事会职责

公司董事会应当最终负责公司业务的管理，并直接对特定决策负责，包括与公司审计师联系和制定高管薪酬。通过其监督职能，董事会负责挑选首席执行官（CEO），审查他们的业绩，并确保他们能奠定"高层基调"，确立诚信和遵守法律的义务。反过来，这也为企业文化奠定基础，并传达给整个组织的员工。此外，投资者期待董事会能够支持 ESG 问题，并期待公司能够对企业社会责任（CSR）采取措施。

董事会需要积极参与制定公司的长期策略，并需要经常评估计划的实施情况，以确保创造长期价值。随后，董事会和高级管理层应共同就公司实现这些目标的风险偏好达成一致，并认识到其中涉及的任何重大风险。这可以通过建立风险监督结构、将责任分配给委员会，并监督指定负责风险管理的高级管理人员来实现。

此外，随着 ESG 问题的风险变得更加明显，董事会对这些风险将如何影响业务的理解也变得越来越重要。由此产生的影响可能具有财务重要性，并延伸到经济部门的各个业务领域。董事受托责任的重点之一是"注意义务"，即他们在做出商业决策之前需要充分了解这些问题。因此，聘请对公司面临的重大 ESG 问题具有经验的董事有助于他们履行这一义务。然而，有必要就相关 ESG 问题对整个董事会进行培训，以便他们能够认识和评估风险，并与相关的利益相关者和股东接触。情景分析是评估关键环境和社会风险对企业策略影响的有效工具（在第 4 章中介绍）。

董事会应当审查所有财务报表，以确保它们准确反映公司的财务状况和现有业务，并确保充分披露能够展示过去业绩或未来计划的其他重要信息。为了实现这一目标，公司的内部控制程序需要能够识别和阻止欺诈活动，并包括对年度预算和业务计划的监督和批准，以及对资本分配过程的投入，以确保短期和长期资金之间的平衡。同时，风险监督职能还应关注企业适应力，包括企业连续性、网络安全、危机管理和人身安全等主题。公司的合规计划也需要继续完善，董事会应该了解出现的任何合规问题。

提示

董事们需要评估公司的企业风险管理（ERM）流程是否足够灵活，并始终将 ESG 问题认定为当前和正在出现的风险。作为起点，公司可以查看将 ESG 问题纳入公司机构风险管理过程的指导意见。该指导意见由全美反舞弊性财务报告委员会（COSO，www.coso.org/Pages/guidance.aspx）和世界企业业永续发展委员会（WBCSD，www.wbcsd.org/）制定。

董事会构成

越来越多的人开始关注公司董事会的相对多元化问题（即女性、少数族裔和其他具有不同文化背景的成员组合），这可以避免"从众思维"。多元化还可以促进整体社会的表现，这可以改善董事会业绩，并鼓励创造长期股东利益。全球最大的资产管理公司之一贝莱德明确表示，寻求其支持的董事会必须关注董事会多元化问题，代际多元化将被视为 ESG 因素整合程度的一项指标。

记忆

这些指标应当包括正直、坚强、慎重判断、客观和代表所有利益相关者福利的能力等一般特征，同时认为董事应独立行事，不存在可能削弱其运用独立判断能力的关系。因此，根据适当的规章制度或董事会决定，董事会的绝大多数董事都应该是独立的。此外，应审查和限制保持长期独立的董事会成员的任期，因为人们可能认为这些董事到后来已经不再是独立董事。

审计委员会结构

传统上，审计委员会的作用是监督和监测财务报告过程、审计过程、公司的内部控制系统以及法律法规的遵守情况。然而，随着投资者坚持要求更深入地了解组织与 ESG 问题相关的策略、影响和依赖关系，他们可能会期待像审计委员会这样的独立组织可以将 ESG 监督作为其监测公司定期风险和监管公司合规活动的固定内容。虽然董事会应该参与对影响公司策略的 ESG 风险识别，但监督应该由特定委员会正式进行。鉴于审计委员会负责监督组织的担保和披露程序，他们可能最适合承担这一职能。

记忆

审计委员会应确保执行管理层可以识别和评估任何重大的 ESG 威胁、政策和判断，以系统性识别 ESG 风险并确定改进措施，包括特定风险（如气候变化和多元化）和宏观趋势分析。然后，董事会应该建立制度，与审计委员会在 ESG 风险监督方面进行合作，并在重大问题上提供符合投资者期望的信息披露。

由于 ESG 风险是跨行业建立的，这可能会带来公司需要应对的系统性风险。审计委员会必须了解如何通过风险识别、优先级确定和缓解流程等常规方法来监督 ESG 风险。反过来，他们需要对 ESG 监督进行周密安排，并向投资者和其他利益相关者披露相关信息。然而，在许多司法管辖区，没有任何监管机构明确要求组织提供 ESG 披露信息。因此，也没有统一的标准或结构指导组织应当如何向利益相关者提供此类信息。

一些可持续发展标准制定和报告举措正在完善 ESG 披露的标准化和一致性，例如全球报告倡议组织（GRI）、可持续发展会计准则委员会（SASB）和气候相关财务信息披露工作组（TCFD）。此外，一些法律法规通过资本市场监管机构或证券交易所上市要求强制要求企业进行某种形式的 ESG 披露。这样的标准越来越受到欢迎，绝大多数公司都在向市场提供某种形式的可持续发展信息披露。了解这些举措的更多信息，请参阅第 1 章。

鉴于审计委员会对财务报告过程的监督，他们最有能力主动与管理层进行接触，在适当的讨论中向管理层提出质疑，并就如何向投资者提供信息提出建议。例如：

- 他们熟悉如何通过内部控制和合规监督向财务、财政、投资者关系、运营、供应链甚至第三方索取信息。

- 他们的风险评估和管理职责能帮助了解公司是否正在通过机构风险管理的视角单独或主动地考虑 ESG 问题，是否涵盖了与组织和投资者有关的所有风险。

- 他们应当围绕公司中的 ESG 因素建立内部公司治理结构，完善角色、职责、数据管理、报告和披露。

- 他们还有责任选择和留任外部审计师。因此，他们需要分析目前过剩的外部市场 ESG 评估商（提供评分、排名和分析），并确定与哪些公司合作来"展示"公司的 ESG 概况。然而，这还应当包括为 ESG 风险造成的与公司行为准则相关的任何合规问题建立程序。

记忆

最终，审计委员会应将其对财务报告和审计过程的常规职责反映到 ESG 报告和监督过程中来。他们应该确信，管理层编制的 ESG 报告和相关披露准确呈现了公司的 ESG "资质"，并确保内部 ESG 报告人员有足够的资源和支持来履行其职责。这一过程应考虑 ESG 法规和潜在的诉讼，并估计因违反 ESG 规定而可能产生的任何处罚。根据公司类型，这可能包括中断运营的极端天气事件、工伤或死亡、数据隐私或安全漏洞。最关键的因素是防范风险，比如市场贬值、资产损失、利润减少或因 ESG 责任造成的声誉损害等。然而，这也可以用来确定公司如何充分整合和接受新兴的 ESG 趋势，以利用 ESG 机遇。

贪污和腐败问题

尽管 ESG 的 "公司治理" 在很大程度上被认为是董事会的监督职责，从董事会结构和责任到具体的可持续发展目标，但贪污和腐败仍然是最大的商业风险之一。联合国认为，这是 "实现可持续发展目标的最大障碍之一"。许多机构投资者都在担心企业腐败及其对投资回报和经济增长的影响。根据联合国的数据，腐败的形式多种多样，包括贿赂、贪污、洗钱和逃税，每年给全球经济造成的损失超过 3 万亿美元。

记忆

贪污和腐败风险往往在发展中经济体内更为普遍，在这些经济体中，法治可能较为薄弱，执法力度也非常欠缺，但这实际上是一个全球性的问题。例如，在许多发达国家，这个问题在房地产和建筑行业一直存在。然而，虽然腐败并不是低收入国家独有的问题，但它却对穷人和最脆弱的经济体造成了巨大的影响，减少了他们获得教育、医疗和司法服务的机会。世界银行和世界经济论坛（WEF）都在提醒人们，正是那些来自富裕地区的公司的所作所为，才让这个世界出现了这么多的腐败事件！

投资者明白，贪污和腐败是他们在投资组合中需要考虑的 ESG 因素，他们也知道公司治理结构中存在着地域性的困难问题。投资者已经注意到某些密切联系，并认识到许多发达国家其实在纵容他们公司和公民的贪污和腐败行为，无论是那些接受贿赂所得的金融机构，还是为欺诈交易提供便利的中介机构。腐败可能会将全球商业成本提高10%，并将发展中国家采购合同的成本提高近四分之一！

记忆

　　ESG 的尽职调查不仅应着眼于风险预防和揭露贪污腐败等控制措施的有效性，还应着眼于如何与公司的商业模式以及针对行为不端的"激励措施"进行整合。此外，标准制定还应考虑到通过销售产品获得更多收入为企业带来的优势，这样就可以在购买过程中降低或削减因为腐败行为而"逃逸"的资金。因此，许多公司将分配给这些措施的预算视为投资，而不是支出。此外，建立这些政策和程序的公司正在通过满足联合国全球契约组织有关反腐败的第 10 项原则为未来建立可持续发展的业务，并更好地履行第 16 项可持续发展目标。（有关这些原则，请查看 www.unglobalcompact.org/what – is – gc/mission/principles/principle – 10 和 www.un.org/ruleoflaw/sdg – 16/.）

　　最终，这将帮助公司减少对其品牌、声誉和股价的损害，减少可能被排除在新商业机遇之外的可能性，减少支付巨额罚款的责任，并减少管理层处理调查或诉讼的时间。此外，如果投资者卷入腐败事件，特别是如果这一丑闻是因为投资组合公司管理不善的话，他们可能会面临声誉受损和资产回报率下降的风险。

提示

　　鉴于腐败问题给在世界各地开展业务的公司带来了巨大的法律和经济风险，美国司法部（DOJ）和美国证券交易委员会（SEC）正在增加对违反《反海外腐败法（FCPA）》的调查、调解和起诉数量，以开展国际反腐败斗争。《反海外腐败法》包含反贿赂禁令和会计要求，后者旨在阻止隐藏欺诈性薪酬的会计行为，并确保股东和美国证券交易委员会准确了解公司的财务状况。为防止违规行为，美国证券交易委员会和美国司法部可以对违法人员判处巨额罚款和监禁。请查看 www.justice.gov/criminal – fraud/foreign – cor-rupt – practices – act 和 www.sec.gov/spotlight/foreign – corrupt – practices – act. shtml 了解更多有关《反海外腐败法》的信息。

高管薪酬

　　一般来说，高管薪酬应符合高级管理层、公司和股东的利益，以推动公司的长期价值创造和成功。因此，它应该包含基于绩效的组成部分，并与是否实现公司战略计划目标挂钩。如果目标没有实现，这些部分就应当被舍弃。高管薪酬是公司治理问题和机构股东与公司之间紧张关系的主要原因之一。人们认为高管薪酬应该激励长期业绩，然而这需要优化财务业绩，促进可持续发展行为，并且不能产生损害投资者长期利益的系统性风险。

企业已经开始研究将 ESG 因素纳入激励计划的替代方法，但还没有标准方法可以将 ESG 指标与高管薪酬联系起来。此外，不同部门和行业的公司会受到不同市场力量或约束的影响，因此不同的 ESG 因素有着不同的重要性。例如，虽然环境问题与对环境有重大影响力的公司特别相关，但其他行业可能更关注社区关系或是确保劳动力的健康和安全。因为 ESG 因素难以衡量，或者缺乏证据表明 ESG 因素对公司整体业绩的确切影响，这些因素可能并不完全适用。因此，将 ESG 因素纳入高管薪酬方案并不存在"一刀切"的方法。

可持续价值创造对每家公司都有不同的定义，因此有必要确定影响运营长期生存能力的适当 ESG 指标，并推行具有独特可持续发展定义的评估。这些因素可能包括特定行业的法规、区域经济条件、获取资源和资本的途径、环境或政治条件、劳动力构成和增长机会。与外部可持续发展指数相关的 ESG 指标并不受欢迎，因为它们不一定与公司的具体情况相关。例如，荷兰皇家壳牌公司（Royal Dutch Shell）推出了一项计划，将高管薪酬与 2020 年起净碳足迹的 3—5 年目标挂钩。作为重要的先例，这一计划可以鼓励其同行和其他行业参与者考虑类似的计划。

记忆

更广泛地说，将 ESG 和企业社会责任目标纳入高管薪酬，不应只将激励措施与股东挂钩，而应广泛关注重要的利益相关者群体。这也是对公司价值目标的承诺，以及对公司价值的承诺。因此，公司应当推行明确的指导方针，说明如何确定重要的 ESG 指标，并与可持续股东回报、公司策略和高管薪酬相关联。ESG 目标还应纳入符合业务的适当时间范围，并构成整体薪酬方案的有效组成部分。不言而喻，这也应当契合适当的公司治理结构（或与现有的薪酬方法并行），并符合道德规范，保证 ESG 目标严格缜密并具有挑战性，以有效激励公司取得卓越业绩。

游说活动

一般而言，游说可以被描述为通过说服或以利益代表的形式，试图合法影响政府官员或监管机构成员的行动、政策或决定的行为。在最坏的情况下，政治捐款和游说费用可能会被用于对公共政策和监管体系施加不当影响。尽管如此，大多数公司并没有正式的游说监督制度，也没有完全披露游说经费的去向。在某些情况下，公司可能在法律允许的范围内进行着实际上是腐败行为的活动！

尤其是在美国，公司通过直接游说、智库和第三方行业协会，对联邦和州一级的公共政策决议拥有相当大的影响力。研究表明，在过去的 20 年里，商业利益集团在联邦游说上花费了超过 300 亿美元，却没有出现能让公民检查企业影响力范围的有效制度。信息披露数据库只提供季度支出总额，而在提到与可持续发展目标第 16.6 项子目标（这一目标"旨在各级建立有效、负责任和透明的机构"）有关的不受欢迎或不透明的政策时，行业协会的游说则为公司提供了"政治掩护"。（查看 www.un.org/sustainabledevelopment/peace-justice/并点击"第 16 项目标"标签。）

记忆

过多的游说可能导致公司利益凌驾于公共利益之上的不公平行为，而缺乏问责制也可能导致公司支持那些妨碍可持续发展目标行动的公共政策立场，比如可持续发展目标第 13 项（气候行动，请查看 https：//sdgs.un.org/goals/goal13）。然而，如果一家公司的游说活动被曝光，并与其既定目标发生冲突，或将其牵涉到公众争议中，则该公司可能会面临声誉或运营风险。因此，影响深远的游说披露可以建立更强大的公众问责制，并防止腐败出现。这最终有助于增加对员工和机构的信任度，同时向公司领导人说明关键的 ESG 问题。

政治捐款

政治捐款是竞选活动赞助的最常见来源，而捐款就是为了影响联邦选举而给予、借出或预付任何有价值的物品。然而，董事会应该通过考虑政治捐款的目的、好处、风险和界限来反思自己对政治捐款的立场。毕竟，就其定义来说，捐赠是一种不期待回报的礼物。任何政治捐款都应该有助于政治进程，而不是以任何方式与直接商业利益挂钩！

因此，由于利益相关者对公司政治参与的担忧、对公司目标的潜在错误认识以及可能出现贿赂行为的风险，许多公司禁止所有政治捐款是合情合理的。他们从游说（见上一节）和其他形式的政治活动中获益更多，这一结论进一步加强了这一趋势。这些活动更加合法，允许更高程度的管理和控制，并能够更简单地衡量回报。

原则上，公司不应当进行政治捐款。然而，如果公司进行了政治捐款，那他们就应该代表企业职责，向政党提供赞助，以支持真正的民主程序。因此，公司可以在新兴或脆弱的民主国家进行政治捐款，比如在这些国家，该公司拥有领先的市场份额，而且国际社会一致认为提供资金可以加强民主进程。公司应当确保没有任何迹象表明其将因此获得任何直接的商业利益，并且在所有情况下都应当对捐款进行适当披露。

此外，许多公司正受到股东和公司治理支持者的挑战，要求其披露有关政治捐款的信息。因此，尽管没有任何规定迫使公司披露政治捐款，但很多公司已经开始自愿披露，以表明他们拥有最佳的公司治理模式。

董事会还应当考虑将其政治捐款披露与其同行进行比较，以监督其披露行动是否与竞争对手有所不同。如果确实如此，他们应当分析这一策略背后的动机，并判定是否还有其他符合董事会、公司及其股东和其他利益相关者的最佳利益的方法。

例如，大型资产管理公司贝莱德认为，公司可以从事某些政治活动，他们希望根据公司的价值观和战略影响公共政策。但他们也认为，董事会和管理层有责任确定此类公司活动的适当披露水平。一些公司认为，参与政治进程对他们的成功至关重要，因为他们的增长依赖于改善公共基础设施的前瞻性法律和监管。如果没有来自商业部门的信息，政策制定者可能会错失利用技术的机会，或造成意想不到的后果。因此，这些公司认为，他们提供的捐款可以帮助政策制定者。

举报人计划

"举报"一词是指将有关不法行为的信息告知他人，也可以称为"披露"或"揭发"。员工可以举报他们认为涉及非法行为和不道德行为的成员或组织。公司或员工的不当行为会对公司治理构成挑战，主要是因为这些行为会破坏正面的企业文化形象以及合乎道德规范的商业行为，并阻碍经济增长。因此，举报人政策被视为良好公司治理的一个标志。

员工是组织内首先目睹不当行为的人，他们提供的信息可以防止问题升级，避免损害组织的声誉。然而，如果组织内没有建立起开放和支持举报人的文化，员工可能会因为担心后果而不愿披露信息。他们主要会担心两个问题，一是遭到报复，二是即使他们披露了信息，公司也不会采取任何行动。

技术资料

2016 年巴克莱银行（Barclays Bank）的举报案就是一个醒目的例子。纽约州金融服务部（DFS）在处理举报人信息披露的过程中，发现巴克莱银行违反了当地的银行法和自身程序，随后被罚款 1500 万美元。这些举报人信息没有由该行的调查和举报人团队进行处理，而是交给了高级管理层，因为当时的首席执行官要求找到该信息的举报人。纽约州金融服务部通过调查发现，这不仅使银行面临风险，也让员工开始犹豫是否要提出他们关心的问题。这位首席执行官本人也因试图违规寻找举报人而被英国监管机构罚款642430 英镑，他的奖金被削减了 50 万英镑。

记忆

因此，情况正在发生变化，没有良好举报政策的公司可能会失去发现内部不当行为的机会，并为自己招致诉讼，从而增加投资者的风险。作为雇主，最好能创造一个开放、清晰、安全的工作环境，让员工能够畅所欲言。尽管法律没有要求雇主制定举报政策，但这种政策的存在表明，雇主有责任倾听员工关心的事情。通过制定透明的政策和程序，组织可以表明自己欢迎员工与管理层共享信息，这也是有效公司合规计划的重要组成部分。先进的企业领导层也在制定类似的程序，以解决员工文化方面的关键问题，如欺凌、性别不平等、性骚扰以及其他个人行为和道德问题。

引领前路：强调"公司治理"对"环境"和"社会"的决定作用

正如你将在本节所了解的，公司治理永远不能脱离环境和社会问题。出色的公司治理需要理解问题或法规的内涵，而不仅仅是掌握法律文字。因此，公司应当在潜在违规行为发生之前发现问题、确保透明度并与监管机构进行讨论，而不仅仅是为了"完成任务"，然后提交报告，理解 ESG 中的"公司治理"问题至关重要。归根结底，公司治理方法将决定他们如何应对与公司有关的环境和社会问题，并涵盖文化、经济和政治问题。公司治理可以扩大公司的权威、政策和程序，以解决可持续发展问题，并创造出一种让众人乐于接受的文化。

同样，当可持续发展渗透到公司治理中时，高层管理人员将对环境和社会绩效更加负责，例如能源、水源和排放问题，机会均等，健康和安全，以及与幸福有关的话题。可持续发展公司治理可以影响环境和社会绩效的方式包括：制定一套全面的政策、指令和标准来指导行动，创建一个协调全公司环境和社会战略活动的可持续发展办公室，以及任命一个董事委员会来主要负责审查以上事项。

公司治理是 ESG 的首要原则

早在环境和社会问题开始占据中心舞台之前，良好公司治理就深深植根于许多公司的文化之中。同样，在最近几年 ESG 投资兴趣出现爆发式增长之前，基金管理公司和投资者就已经将公司治理质量纳入他们的投资决策。管治投资者在高质量公司治理中的影响力仍然至关重要，他们需要了解管理层、其长期规划和高管薪酬结构。

技术资料

负责任投资原则（PRI）对英国公司治理和英国管理法规变化的建议证明了我们应该更加重视 ESG 问题。此外，英国《管治守则》（*UK Stewardship*

Code）明确规定，环境和社会问题是长期投资价值的重要驱动因素，也是投资者对客户和受益人负有受托责任的一部分。

研究表明，外部 ESG 评级能够衡量一家公司高达 80% 的环境和社会影响，却无法涵盖 20% 的公司治理问题，哪怕公司治理可能是"环境—社会—公司治理"三巨头中最重要的一环。例如，在太平洋天然气和电力公司（PG&E）与气候变化有关的破产案中，其外部 ESG 评级就未能充分衡量 ESG 的公司治理部分。虽然该评级强调了一家公用事业公司预期出现的气候变化因素，但它未能全面评估这些风险的内部管理问题。与此同时，业内同行表示，该公司的 ESG 内部风险管理流程也不够强大。

记忆

此外，报告显示，绝大多数投资公司认为公司治理是 ESG 中对投资决策影响最大的因素，因此外部 ESG 评级实体和行业同行对 ESG 公司治理的不同评估可能更具相关性。但现实似乎是，公司并不总会对危险信号采取行动，即使当他们直视危险信号时也是如此。另外，投资研究公司明晟（MSCI）研究了 ESG 因素对不同行业公司的业绩影响，以确定公司治理因素是否是公司业绩的最重要驱动因素，以及环境、社会和公司治理因素的权重是否对长期业绩有影响。他们的研究结果表明，公司治理在短期内（一年）确实对公司业绩有更大的影响。然而，从更长的时间段来看，ESG 这三个因素对业绩都至关重要。研究还表明，每个行业中"环境""社会"和"公司治理"因素的权重在很长一段时间内都会对 ESG 指数绩效产生很大影响。

例如，公司治理被认为是银行面临的主要 ESG 风险。公司治理质量对银行来说至关重要，因为其杠杆率更高，而且银行通常比其他行业对信心更敏感，特别是在资金安排方面。违反公司治理原则通常会带来一些直接影响，例如罚款，但也可能导致声誉损害、特许经营权流失、业务损失或客户撤资。然而，在公开披露的文件中，许多银行都把 ESG 的公司治理因素当作事后考虑因素，而更关注可能并没有那么重要的环境问题。除此之外，银行业还存在着其他公司治理缺陷，导致客户对这些缺陷造成的声誉损害感到失望。这不仅影响了客户的盈利能力和资产流动性，而且影响了银行的盈利能力。

政府的作用

在公司、投资者和评级机构采取行动的同时，政府、政策制定者和监管机构也在推动变革，将 ESG 纳入考虑范围。请看以下实例：

- 英国政府推出了一项"绿色金融战略"，要求到 2022 年，所有上市公司和大型资产所有者都必须披露其活动对环境的影响。这一做法符合气候相关财务信息披露工作组（TCFD）的要求。该工作组旨在促进披露气候相关的风险（和机遇），以便评估投资风险，并最终评估金融部门的风险，从而使投资者能够就被投资公司如何管理与气候变化相关的风险和机遇做出更明智的决策。英国政府是这一目标的早期采用者，他们的政策是将私营部门的资金流与清洁、环境可持续和具有适应力的增长联系起来。所有上市公司都必须完全公开其行为对气候的影响。参见 www. gov. uk/government/publica-tions/green – finance – strategy 和 www. fsb – tcfd. org/了解更多信息。

- 欧盟（EU）分类法是一种分类工具，包括经济活动和绩效水平清单，其中规定了一项服务应当具有何种环境绩效阈值才能影响欧洲的环境目标。《分类法条例》是在《可持续金融披露条例（SFDR）》于 2019 年 12 月生效后通过的。该条例认为，良好的公司治理是良好企业可持续发展的先决条件。在该条例整合的第一阶段，主要是审核能够显著促进气候变化缓解或适应的活动。一项行动只有在不对其他环境目标造成重大损害，并符合经济合作与发展组织《跨国企业指南》和联合国《工商业与人权指导原则》规定的最低保障措施的情况下，才符合分类法的规定。

该分类法是金融监管机构的一项重大努力，旨在根据可持续发展目标而不是财务目标强制披露信息，并把欧盟范围内的可持续发展目标转变为投资者和企业可以使用的工具。分类信息的披露将帮助企业和发行人获得绿色融资，以实现高排放行业的脱碳和低碳行业的发展（更多信息见第 15 章）。

最初，欧洲减缓气候变化的目标是承诺到 2050 年实现净零碳排放。该分类法将得到监管部门的支持，到 2020 年底，作为欧盟委员会精确法律要求的一部分，监管部门将发布经济行动和绩效水平清单。金融市场参与者和企业需要在 2021 年 12 月 31 日之前完成首套分类披露信息，包括对气候变化的缓解和适应做出重大贡献的活动。在欧洲拥有基金的投资者将有义务根据分类法进行披露，说明该基金如何有助于实现环境目标。详情见 https：//ec. europa. eu/info/business – economy – euro/banking – and – finance/sustainable – finance/eu – taxonomy – sustainable – activities_en.

放眼全球：强调公司治理活动的区域差异

无论是学术研究还是行业研究，都倾向于从国家和公司层面来看待公司治理。人们认为，公司治理质量因国家而异，而不是因公司而异。因此，了解每个国家执行的与公司治理相关的法律和监管要求是至关重要的。本节将关注三个地区的公司治理：新兴市场、北美洲和欧洲。

记忆

此外，国家层面的公司治理法律法规在为执行 ESG 的"环境"和"社会"有关政策创造良好环境方面发挥着重要作用。经济研究表明，拥有开放、诚实和透明经济的国家表现优于那些没有此类经济环境的国家。正因如此，评估各国创造有利于高质量公司治理环境的能力至关重要，而实施国家公司治理是下一代负责任的投资。因此，投资组合建设应从"公司治理"开始，将其作为未来环境和社会改善的领先指标。

遗憾的是，目前关于国家层面的公司治理信息还没有被标准化，而且基本是定性信息。目前大多数公司治理信息都是由公司层面提供的，通常包括利益相关者、企业社会责任和类似分析。虽然许多非政府组织（NGOs）对国家进行了重要的研究，包括经济统计数据（GDP、贸易平衡）和社会福利（童工、环境质量），但他们没能提供对最适合良好公司治理的法律、监管和经济基础设施的有效建议。

投资者通过公共机构的产权、披露标准和其他特征，可以审查一个市场的公共机构质量，以确定就其资本而言，他们对市场的信任程度如何。不出所料，形成投资环境的法律、法规和政策占据了中心位置，并形成了企业运营的制度框架。更好的框架为所有利益相关方提供了更多的融资渠道、更低的资金成本和更优惠的待遇。许多研究强调，这些渠道可以在公司、部门和国家层面运作。然而，当一个国家的整体公司治理体系薄弱时，自愿和市场公司治理机制的作用也会相对更小。

投资者还应了解国际公司治理网络（ICGN）的使命，即推进公司治理和投资者管治的有效标准，以发展全球有效市场和可持续经济。国际公司治理网络是一个投资者主导的组织，其政策立场是通过影响政策、提供投资者对公司治理和管治的可靠意见来源、联系同行以加强对话，以及通过教育促进对话来实现的（参见 www. icgn. org/about）。

新兴市场

新兴市场的强大经济增长预期以及不断发展的实体和法律基础设施，使其在全球经济中发挥着越来越重要的作用。报告显示，这些国家加起来占到了全球国内生产总值（GDP）的近 40%。对一些投资者来说，新兴市场提供了诱人的前景，但也涉及国家和公司层面的多种风险。这些风险迫使投资者对不同市场的公司层面的公司治理因素有更清晰的认识。

在新兴市场，公司所有权相对集中、家族企业和国有企业的主导地位、小型股东利益受损的可能性，这些都为投资者带来独特的挑战（但现在的企业，尤其是家族企业，基本都希望企业能获得长远的成功，家族企业不应当再被视为负面因素，但很多西方偏见依然如此认为）。在 21 世纪，对于由经济风暴和公司治理失误引发的企业丑闻，一些新兴市场在填补公司治理漏洞方面的行动比其他国家更快。在没有必要保障措施的情况下，控股股东将通过控制公司资源，以牺牲少数股东的利益来实现自己的目标。

在这些宏观背景下，公司治理准则和法规提出了一些有价值的措施，以提高资本市场的信心。法律法规和上市规则提供了与董事会实践、股东权利、披露、投票机制以及环境和社会风险有关的授权。虽然公司治理准则通常使用"遵循或解释"原则，但事实证明，它们成功为市场带来了更好的公司治理行动。在监管方面，大多数新兴市场经济体一直保持着进步，不仅能通过公司治理准则和法规来制定自己的标准，而且还能通过监督定期审查进一步改进这些标准。事实上，过去 3 年，大多数主要新兴市场经济体都已经修订过准则。最近的活动表明，公司治理已成为这些国家的政策优先事项，并使公司拥有更好的披露标准、更高的董事会独立性和更多的股东保护政策。

然而，官僚作风、贪污腐败、缺乏透明度以及本国司法机构对法律的遵守程度可能会影响公司自身的公司治理行动，同时也使其面临重大风险。1997 年的亚洲金融危机对于过度借贷的经济体和企业来说是一个重大转折点，部分原因就是公司治理松懈。2008—2009 年的全球金融危机强调了过度负债和无效监督的危险。近期，新兴市场经济体一直希望能进入主要市场指数和吸引更多资本。然而，公司治理措施是其必须满足的条件之一。这些金融市场的可及性、竞争力和透明度，加上其监管系统的实力，正是指数提供者（index providers）需要考虑的一些方面。

提示

对国家层级公共公司治理进行评估可能有助于确定与投资个别公司有关的风险类型的预期。请参见：

● 国际组织创建的指数，如世界银行的全球公司治理指标（https：//databank. worldbank. org/source/worldwide – governance – indicators）或国际透明组织的全球清廉指数（www. transparency. org/en/cpi），这些指数可以作为有用的指标。

● 作为其《营商环境报告》的一部分（http：//documents1. world-bank. org/curated/en/68876 1571934946384/pdf/Doing – Business – 2020 – Comparing – Business – Regulation – in – 190 – Economies. pdf），世界银行已经建立了"保护中小投资者"评分，该评分包括评估股东提起诉讼的能力、董事责任和对中小投资者的透明度。

记忆

政治风险也是问题之一，因为在某些情况下，政治决定可能危及相对薄弱的机构。即使投资者认为最佳公司治理因素应当是针对公司的，其面临的挑战依然是权衡国家因素（country factors）。最终，通过有效投票，以及通过与公司和监管机构的持续接触，投资者能够而且应该在影响新兴市场的公司治理行动方面发挥作用。

北美洲

评论人士认为，鉴于美国的法律、证券和会计规则的多层次特性，本来旨在通过透明的方式保护股东的利益的美国，在其公司治理框架方面也是举步维艰。人们认为，这个制度缺乏严格的执行力，以至其更有利于执行管理层而不是股东，而且在某些情况下甚至允许使用"毒丸策略"（通常是公司董事会反对收购时使用的防御性策略）迫使投标人与董事会谈判，而不是与股东谈判。这最终导致美国和加拿大进行了一系列监管改革：

● 美国证券交易委员会（SEC）对其委托书征集规则进行了修订，旨在确保代理投票咨询业务的客户［如机构股东服务公司（ISS）和 Glass Lewis 等公司，他们会为投资者提供关于在公司年度会议上投票表决的委托书提案的研究、数据和建议］能够合理而及时地获得更透明、更准确和更完整的信息，以便做出投票决定。他们还批准了新的人力资本管理（HCM）披露要求，说明上市公司应当如何管理员工队伍，尤其是进行人才管理。然而，他们允许公司基于重要性的概念决定需要披露哪些重要信息。

● 在加拿大，《商业公司法》即将生效，将董事会的强制性意见、管理层的多元化披露、薪酬、法定多数投票以及公司向股东发送信息的方法编辑成一部法典。有关信息请参阅 https：//laws - lois. justice. gc. ca/eng/acts/C - 44/for information。

记忆

公司宗旨可能正在从股东至上主义转变为利益相关者资本主义，美国商业圆桌会议关于公司宗旨的声明（见 https：//opportunity. businessroundtable. org/ourcommitment/）也加强了这一转变。从本质上讲，利益相关者资本主义是一种公司治理理论，它与整体利益相关者群体的利益有关，而不仅仅是公司的股东利益。利益相关者没有确定的定义，但通常被认为包括客户、员工、供应商、债权人、社区和环境。在经历了全球疫情和"黑人的命也是命"运动的大选年，所有人都坚定认为应当纳入更广泛的利益相关者。

欧洲

公司治理一直是欧洲大陆和英国的重要议程。欧盟委员会对公司董事会中的性别失衡感到担忧，并提出了一项指令，旨在使上市公司董事会中的女性比例达到 40%。欧盟委员会还希望通过欧盟非财务报告指令（NFRD）提高上市公司（员工人数超过 500 人）报告非财务信息的透明度。有关非财务报告指令的一个重点是，资产管理公司需要这些数据作为欧洲投资组合公司强制报告非财务信息的关键来源，欧洲的资产管理公司将需要使用这些数据来履行自己在金融服务业可持续发展披露新规定中的责任。

此外，欧盟多年来一直在支持对成员国之间在公司董事会职责、收购、会计和机构投资者监管等领域的法律政策进行的比较研究。一些国家成功设立立法举措，促进了在各自领域实现某种形式的统一。关于公司治理和可持续发展之间关系的未来公司治理议程也是这一领域的前沿和中心议题，最终报告已于 2020 年 7 月 29 日发布。

最近，定义企业宗旨的概念在欧洲也成为一项重要趋势。在法国，预计会有更多的公司需要说明其"存在理由"（公司目的），并且这可能会成为一项法律要求。"存在理由"向利益相关者解释了公司存在的意义，并将 ESG 置于企业战略的中心。气候变化和向低碳经济转型也是欧洲利益相关方主要关心的问题。

此外，董事会将必须理解并与投资者讨论 ESG 数据（及其对关键问题的影响）。近年来，专注于 ESG 的 CAC 40 董事委员会的数量翻了一番。（CAC 40 是法国股市的基准指数。）这是一项重大改善，因为股东大会上提出的四分之一问题和股东提交的一半决议都和 ESG 有关。与此同时，在西班牙，投资者将开始对非财务报告行使投票权，监管机构还将在 2020 年将促进 ESG 因素的公司治理原则推广到私营公司。

第 6 章
关注企业的"漂绿"行为

在本章中你可以学到：

- "漂绿"（greenwashing）的基本知识
- "漂冠"（crownwashing）对投资者的风险

"漂绿"有着很多不同的定义，但本质上来说都是这样一种行为，即一家公司对其自身或其产品的环境友好程度或社会负责程度做出了不受支持或误导性的声明。在许多情况下，其中的部分环境声明应该是属实的，但进行漂绿行为的公司通常会夸大他们的声明或其产品或服务的好处，试图误导消费者和其他利益相关者。

本章将介绍企业的漂绿行为和一些需要思考的问题，并讨论这些行为如何转化成金融产品和投资中的漂绿行为。本章的最后还概述了 2020 年全球新冠肺炎疫情应对措施中产生的"漂冠"行为，这一行为与"漂绿"具有相似的特征。

邻家草不绿："漂绿"概述

记忆

从产品的角度来看，漂绿通常有两种形式：

- 公司花费很多时间、精力和金钱来宣传其产品是环保的，而不是把产品打造成环保的。

● 公司宣传他们的产品是由更环保的替代材料制成的，而实际上这些材料比传统材料有着更大的碳排放量。

此外，当企业公布其环保营销活动的信息时，就能证明其是否存在漂绿的情况，有些企业在营销活动上的花费可能会超过他们为任何环保行动付出的费用。

以下内容深入探讨了漂绿的基本知识，包括其流行程度以及如何与之斗争。

追踪"漂绿"的发展

2019 年 8 月 19 日，美国商业圆桌会议宣布了一项关于公司宗旨的新声明，181 名首席执行官签署了这份声明，并承诺他们将领导公司造福于所有利益相关者，包括客户、员工、供应商、社区和股东。可以访问 https：//opportunity. businessroundtable. org/ourcommitment/阅读这份声明。对于这些大型公司来说，这是一个颇具开创性的声明，而且他们也因此丰富了自己的 ESG 资历。

然而，最近上述公司至少有一家决定削减其兼职员工的保险，这可能会对员工的经济状况造成负面影响。（尽管这些员工现在不太可能离开公司，这也不会降低公司的生产率，但此举与声明中造福所有利益相关者的精神背道而驰！）因此，即使公司签署了公司重大责任倡议，人们仍然怀疑他们能否更尽责、运作更可持续。那么，投资者将会认为公司的这些行动是对其社区、员工和环境的积极承诺，还是会认为这是漂绿的实例？

在以前，坚持 ESG 原则是"可有可无"的事情，但现在已经成为很多公司的必备条件，这让公司面临着"行善"的持续压力。因此，企业试图通过夸大自己的环保资质来规避公众批评，无论是否会带来更多的业务或投资。这导致人们更加重视问责机制，各种标准也越来越多。有关漂绿的一个例子是，公司宣称他们的产品来自回收材料或具有节能效益，而监管机构谴责资产管理公司在市场营销中将他们并非"绿色"的产品和服务包装成"绿色"产品和服务。

记忆

今天，漂绿似乎变得更加普遍，虽然很难证明这一点，因为无论是在公司层面还是从投资者角度，都没有关于良好企业行为的准确定义。因此，对于什么是 ESG 友好型措施，以及什么是合格投资，都存在着很大的模糊性。企业和基金管理公司意识到，如果他们的产品或服务被认为是环保的或可持续发展的，他们就可以从中赚取利润。然而，要确定他们是否真的"言行一致"，就需要深入了解企业文化、环境影响、劳资关系、管理质量、供应链行动和风险状况。投资者和其他利益相关者对公司行为的期望正在发生变化，并且变得更加苛刻。企业虽然正在做出回应，但并不总能改善其在社会或环境问题上的表现。因此，分析师应该像以前进行公司财务报表的基础分析一样，仔细审查公司的 ESG 声明。

阐明细节

对于基金管理公司来说，重要的是坦率而透明地对待 ESG 投资方法中的公司纳入和排除，以及在偏离原定路线时的周转余地。作为回报，投资者应当在投资前谨慎地查看所有投资招股说明，特别是有关 ESG 基金的招股说明，以全面了解基金的投资方式。"细节决定成败"，双方都有责任确保细节符合自己的目标。

对许多基金招股说明的回顾表明，一些基金管理公司采用了很多 ESG 投资策略。虽然这种方法从根本上来说并没有错，但投资者可能会发现，例如，如果他们没有检查基金的排除性投资行为，就可能给投资回报带来额外的风险。此外，如果一只基金的目标是进行影响力投资，那么投资者就需要通过持有该基金来影响指标和业绩标准，比如创造就业机会和提高多元化程度。

对于哪些非财务因素对一家公司的业绩有重要影响，业内并没有达成普遍共识。一些基金依赖于外部提供商提供的严格 ESG 量化评分，另一些基金则依赖由内部量化衡量方法确定的专有 ESG 衡量标准，并与从公司管理层收集的信息相结合。因此，各种 ESG 因素的权重可能因基金而异。此外，投资者应该意识到，不同的基金管理公司会对不同的公司采取不同的筛选和排除方法。如果他们会根据生产商和经销商来排除武器公司，他们也应该同时排除销售弹药和枪支的零售网点吗？

为了发现存在漂绿情况的产品，投资者可以提出以下要求：

- 确定公司关于 ESG 投资的正式承诺或宗旨声明。

- 了解公司是否设有 ESG 投资专业人员，包括投资组合管理公司和分析师。

- 与资产管理公司的 ESG 团队会面，评估其行事程序。

- 从风险角度询问公司在安全分析中权衡 ESG 数据和分析的能力。

- 分析公司在股东代理投票方面的政策和记录，并与公司管理层和董事直接接触。

在行业就 ESG 投资的标准定义和行动达成一致之前，财务顾问通常有责任审查和理解包括 ESG 因素在内的所有营销策略变量。与此同时，特许金融分析师协会（CFA Institute，www.cfainstitute.org/en/ethics – standards/codes/esg – standards）得到了投资界的广泛支持，他们主张制定标准以减少误解，并使投资者目标与提供产品更好地保持一致。这可以让投资者和客户能够仔细评估投资产品是否符合他们的需求，但这并不是为了确定公司发行人的披露义务，不是为了确定证券或投资产品的推荐条件，也不是为了确定特定战略或方法的最佳行动方案。

使用通俗的语言

ESG 投资面临的最大挑战之一是缺乏统一定义。"负责任""可持续"和"绿色"等术语可以交替使用，对不同的人有着不同的含义，而大量基金包含着上述条款，这就是为什么投资者很难确切明白一只基金的真正目的。虽然事后看来很明显，但一些基金的程序与 ESG 并没有什么关系。

鉴于业界在很久之前就已经意识到这一问题，英国投资协会（IA）在

提示

2019 年 11 月发布报告概述了负责任的投资框架，旨在对其中一些术语进行标准化。英国投资协会简述了 ESG 投资中使用的一些关键短语的定义，如"ESG 整合""排除""可持续发展焦点""影响力投资"和"管治"等。这帮助 ESG 投资的同质化迈出了第一步，在未来应该会有更多进展。更多详细信息，请参阅 www.theia. org/sites/default/files/2019 – 11/20191118 – iaresponsibleinvestmentframework. pdf.

记忆

根据英国投资协会的负责任投资框架，可以从 3 个不同层次进行 ESG 投资：

• 排除情况：这一层次是根据预先确定的标准，将某些公司和部门的投资排除在基金或投资组合之外。

• 可持续发展：这一层次是哲学框架，是指投资于符合可持续发展标准或交付特定可持续发展成果的公司。这可以包括正面筛选，即投资于基于 ESG 评级的"业内最佳"企业，或可持续发展投资，即投资于以特定可持续发展主题为目标的公司，如减缓气候变化、防止污染的可持续发展解决方案，以及与联合国可持续发展目标（SDGs，见第 1 章）相关的方法。

• 影响力投资：这一层次是指投资于产生积极显著社会或环境影响力的公司。

欧盟委员会将其可持续金融计划与"保护欧盟消费者和投资者不受漂绿金融产品的侵害"联系在一起。了解更多信息，请访问 www. e3g. org/wp – content/uploads/E3G – A – Vision – for – Sustainable – Finance – in – Europe – Chapter 4 – Inclusion. pdf.

欧盟委员会还开发了一种分类系统，或称为"分类法"，用于识别在环境上可持续发展的经济活动，以及有助于这一识别的标签和标准。他们认为漂绿主要是散户投资者的考虑因素，然而，正如本章前面讨论的那样，漂绿行为远不止于此。了解更多信息，请访问 https：//ec. europa. eu/info/business – economy – euro/banking – and – finance/sustainable – finance/eu – taxono-my – sustainable – activities_en.

创建系统

ESG 投资面临的另一个主要挑战是 ESG 评级提供商在基金和公司 ESG 评级方面缺乏一致性。ESG 数据点过多，评级机构之间缺乏同质性，他们在标准、权重和其他方法上存在差异，导致许多评级机构得分之间的相关性普遍较低。这种低相关性也会给依赖公司 ESG 评级的投资管理公司带来问题，因为根据不同数据提供商提供的数据，他们的筛选结果可能会发生根本性的变化。

由于这种不一致，许多基金现在会对 ESG 数据进行分解，并使用自己的权重。然而，对于投资者来说，更重要的是要了解基金使用的是哪种方法，以及他们自己权重的标准是什么。最终，这将造成更大的不确定性，即特定基金中可能存在哪些投资组合成分，我们又应当如何重新平衡这些成分。

关于负责任投资原则的故事

联合国支持的负责任投资原则（UNPRI，见 www. unpri. org/）投资者倡议的设立旨在提高 ESG 标准。这一倡议在近年提高了要求，以保持最高的负责任投资原则评级。资产所有者发现，围绕基金管理公司的选择、任命和监控的要求大幅增加，需要确保至少 50% 的持有资产已经整合 ESG 原则，以及将变革纳入基金管理公司的选择流程。具有讽刺意味的是，负责任投资原则不得不将其 2000 名签署成员中的 10% 列入观察名单，因为他们在前一年未能达到既定目标。虽然这些签署成员中有三分之二已经改善了他们的标准，或是在当年年底前达到他们的标准，但其中四分之一管理着超过 1 万亿美元资产的成员并没有做出改善，甚至拒绝达到负责任投资原则的目标！

现在来看，不论基金之前的 ESG 业绩如何，大多数基金管理公司在做出承诺之后都获得了大量的资金。但研究表明，基金管理公司在签署该倡议之后的 ESG 评分基本保持不变。因此，他们必然没有通过改变 ESG 投资组合来纳入 ESG 因素。

另外，研究也发现，与同行相比，负责任投资原则成员在环境问题上保持沉默的可能性增加了三分之一，他们的投资随后也遭遇了更多的环境争议！

上述文本框中"关于负责任投资原则的故事"说明了一些问题，这些问题适用于受联合国支持的"负责任投资原则（PRI）"投资者倡议签署成员。该倡议旨在提高 ESG 标准。

记忆

投资文档应当概述在整个投资过程中针对特定 ESG 问题的系统方法，这应当有助于提高回报和降低风险。此外，ESG 投资应当可以根据所需的 ESG 特征搜索和收录公司，而不是仅仅将不受欢迎的商业活动公司排除在外。（一些投资者认为，仅使用排除条款的投资策略不应被贴上可持续发展的标签。但其他投资者认为，基于道德决定，某些排除条款是可以接受的。）如果投资者需要限制他们的投资范围，他们可能会面临业绩不佳甚至更糟的风险，因为他们没有选择可能最为有效的投资组合。

当你感觉一切安全时："漂冠"

"新冠"及相关词汇在 2020 年闯入了我们的生活，迅速成为实现品牌知名度和企业关怀的新途径，许多公司都加入了这一"流行趋势"。那些曾经被称为污染者、逃税者、外包商的公司现在正号召我们"保持健康"。无论真诚与否，所有公司都在通过自己的企业公关团队塑造自身新的形象，让自己成为热衷公共事业的实体，在疫情期间挺身而出帮助其他人，同时努力确保自己的利润不会受到比现在更严重的影响。

那些记性不好的人可能会忘记，正是这些公司在赚取利益的同时导致自然资源的不可持续利用、公共服务的薄弱以及生活水平的下降，这些问题在疫情期间显得尤为突出。以下几节讨论"漂冠"的两个方面：公司方面和投资者方面。

来自企业的"漂冠"

是的，"漂冠"开始了！正如温斯顿·丘吉尔的名言一样："永远不要浪费一次危机！"公关机器正在超速运转，所有公司都在强调他们是如何帮助抵抗危机的，同时确保他们不会因为恶化危机而受到指责！社交媒体正在捕捉每条音频和镜头，用柔和的灯光将这些公司打造成良好的企业公民。

与此同时，这些公司正在请求政府援助，希望利用这场危机推动对其有利的立法并减少监管，即使这些监管比以前更有必要。大量消费品的涌入助长了人们对新冠病毒的恐惧。这凸显了严峻的现实：资本主义想要大显身手，没有什么比全球疫情更安全的时期了！

然而，尽管新冠肺炎疫情已经将这些问题及其所依据的 ESG 问题推到了大众思考的前沿，但可持续发展仍然在确立自己的核心商业策略地位，许多关键绩效指标（如排放、海洋塑料、水资源短缺和社会参与度）仍然有错误之处。在新冠肺炎疫情之前，这些问题的潜在后果似乎非常模糊，让许多公司无法理解。一些人认为，支持可持续发展的最佳行动是"可有可无"的，这并不是其竞争力和未来成功的关键要素。许多组织仍然在短期内寻求股东利益最大化，而没有考虑到他们公司的长期健康状况及其向"利益相关者资本主义（Stakeholder Capitalism）"的转变。他们很可能就是那些因"漂冠"而陷入困境的公司，当他们开始在"口头上"支持短期机会时，就已经注定了他们将要失败。

来自投资者的"漂冠"

公司的 ESG 目标是一方面，但对 ESG 原则的投资将带来另一些成果。怀疑者曾预测，当形势变得艰难时，投资者对 ESG 的兴趣将会减弱，而坚定的支持者认为，符合道德标准和具有可持续发展性的公司将被证明更具适应力。这些支持者的结论已经被证明是正确的，因为绿色债券和 ESG 股票指数的表现要优于基准指数。

然而，其中一些事实可能隐含着"漂冠"的受害者，因为对于大多数专注于 ESG 的交易所交易基金（ETF）来说，它们在投资者流动资金中所占份额最大，本质上是被动工具，并且严重倾向于那些在疫情中具有适应力的公司，比如制药和科技公司。事实上，鉴于许多交易所交易基金都是基于排除规则选择股票，它们可以通过排除那些近期表现不佳、不符合 ESG 原则的公司来间接地避开业绩不佳的情况！

投资者需要密切观察他们买入的基金，因为不同指数中的 ESG 评分非常主观，而且并不是所有指数都是为了相同的目标创建的。有时，ESG 交易所交易基金包含的股票显然与他们向投资者出售的方式相矛盾。这是因为基金的设计初衷通常是密切跟踪大盘行情，而不是"淘汰化石燃料"。这些基金是为那些希望将 ESG 因素整合到核心投资中而不偏离基准指数整体轮廓的投资者而设计的。

警告

虽然 ESG 投资已经变得更加流行，并且非常适合那种将资金投资于预期更能适应长期变化的公司，但这里也需要给投资者提供一份"买主警告"（"买家注意事项"）。归根结底，我们很难知道当前的新冠肺炎疫情危机将如何发展，或者它将对可持续发展问题产生什么影响。目前我们与 ESG 问题的共同敌人积极建立联系，这表明未来可能会发生积极的变化。但有人认为，目前的政府和企业都专注于对抗经济放缓，并将在不久的将来从可持续发展项目中分流出来。同时，一些资产管理公司和"领头人"对 ESG 作为"避风港"投资的支持，现在已经变成了"漂冠"行为，请注意进行适当的风险管理！

此外，我们还需要为所有利益相关方仔细考虑疫情后的"重建更好未来"口号。有观点认为，这是一个千载难逢的机会，我们可以重塑全球经济，使之更具环境可持续性和社会包容性。然而，疫情后的经济压力可能会导致人们更加关注让经济回到正轨，而不考虑这可能在短期内带来的环境后果。这种平衡非常困难，但这一千载难逢的机会需要将全球团结起来，而这种团结可能永远不会到来。

通过各类工具投资ESG

第 2 部分通览

- 评估使用 ESG 评级和指标背后的实际投资结果。
- 识别投资组合构建和管理背后的股票和固定收益型投资的使用。
- 强调用于构建可持续投资组合的衍生品和另类投资。
- 观察欧洲、北美洲和亚洲的 ESG 投资额增长情况。

第 7 章
ESG 投资方法

在本章中你可以学到：

- 社会责任投资的调查
- 影响力投资的考察
- 什么是基于信仰的投资

在本书的第 1 部分，你可以了解 ESG 投资为什么是投资组合中的重要因素。本书的这一部分侧重介绍不同投资者可能采用的不同 ESG 投资方法，及其用以实施策略的工具类型。

本章特别强调，在将道德、环境和社会因素纳入投资基金管理时，许多术语被交替使用，比如道德投资、绿色投资和社会责任投资。这些术语的定义有很多重叠，其中一些术语对不同行业的参与者具有特殊的意义。随着近年来投资的增长，这些行业术语激增。然而，这些术语存在着明显的差异，这将影响到客户投资组合的结构，并影响到符合社会或环境影响力目标的投资。

了解社会责任投资

正如第 1 章所述，通过识别技术评估以外的潜在风险和机遇，ESG 因素的整合可以用于强化传统的财务分析。虽然这些因素之间有很多重叠，但 ESG 评估的主要目的仍然在于财务业绩。

本节的主题是社会责任投资（SRI），它比 ESG 更进一步，可以积极排除或选择符合特定道德准则的投资。这种排除或选择背后潜在的动机可能是个人价值观、政治意识形态或宗教信仰。与影响评估的 ESG 分析不同，社会责任投资使用 ESG 因素对投资领域进行负面或正面筛选。行业代表对社会责任投资的定义如下：

- 英国社会投资论坛（SIF）将社会责任投资定义为：将投资者的财务目标与其对社会正义、经济发展、和平或健康环境的承诺相结合的投资。

- 欧洲可持续和负责任投资论坛（Eurosif）将社会责任投资定义为：将投资者的财务目标与其对社会、环境和道德（SEE）问题的关注结合起来的投资。

考虑社会责任投资的动机因素

提示

不论定义是否相同，社会责任投资似乎都包含三项共同动机：

- 避免投资者参与他们反对的活动。

- 激励公司改善其对社会、环境或经济的影响。

- 打造优异的投资业绩。

第一项动机一直在推动社会责任投资的发展，但最近另外两个因素开始变得越发重要，现在已经成为许多社会责任投资者的主要动机。然而，选择不同的社会责任投资策略来应对不同的投资者动机，可能会因为关注点的不同而产生不同的结果，但在每种策略中都能看到每种动机的身影。

因此，关键要将社会责任投资视为一种长期投资方法，将良好的 ESG 实践融入投资组合中的证券研究、分析和选择过程。它将基本面分析和参与度与 ESG 因素评估相结合，以确定具有可持续业务目标的公司（正面筛选），同时规避做法存疑的公司（负面筛选），以便在造福社会的同时更好地获取长期回报。结果就是，社会责任投资将通过资本投资促进公司行动，而不是追求利润最大化。

社会责任投资策略往往遵循当时的政治和社会动态，这是投资者要认识到的一个重要因素。如果一项策略侧重于特定的环境、道德或社会价值，那么当该价值对于未来的投资者不再重要时，该投资可能会受到影响。

此外，鉴于人们越来越关注包含社会意识的投资，投资者可以使用大量基金和集合投资工具，包括共同基金和交易所交易基金（ETF），从而使投资者能够在一项投资中投资于多个行业的多家公司。然而，投资者需要仔细阅读基金招股说明，以了解基金管理公司所采用的理念，确保该投资能够达成自己的预期目标。

需要强调的是，社会责任投资和影响力投资是有区别的，前者注重根据明确的道德准则来积极排除或选择投资，后者旨在帮助组织完成项目、制订计划，或是开展积极行动来造福社会。（我们将在后面的"评估影响力投资"一节中介绍影响力投资。）推动社会责任投资的因素主要与投资者希望解决气候变化、可再生能源的使用、水资源管理等环境和社会问题有关。与此同时，如果投资者仍然在使用排除筛选法（对于欧洲的管理资产而言，这仍然是最主要的策略），那么"烟草"可能是投资者筛选公司时最先排除的因素。

将业内最佳策略与排除策略进行比较

要确定哪些公司最有可能产生积极的影响，方法之一是采用业内最佳（BIC）策略。这种方法可以让投资者选择在特定行业领域 ESG 评分最高的公司，也可以让投资者选择给定的标准或目标，并将最终给出的评级与不同的行业标准权重联系起来。业内最佳投资组合通常包括同时符合社会责任投资/ESG 评估和传统财务评估的公司。然而，一些业内最佳投资组合与非社会责任投资组合没有明显的区别，因此投资者正在积极寻找可以使用业内最佳方法的基准或指数。简而言之，公司在 ESG 评分方面获得最佳相对业绩并不能保证公司能够为社会带来积极的影响。

最原始的社会责任投资策略就是排除策略，侧重于规避"罪恶股票"，如与酒精、色情、烟草和武器的生产或销售有关的公司。如果公司、行业或国家被认为涉及有问题或不道德的活动时，这种方法将系统性地将其排除在可接受的投资范围之外。这一策略可以应用于单独基金或授权级别投资，但现在正逐步应用于资产管理公司或所有者级别，并包括整体资产的产品范围。

然而，一些投资者认为，为了使排除策略更有意义，可以在实施这一策略的时候尝试采取一些参与和管治政策，这意味着投资者应当持有一些被排除公司的股票，以便在公司中行使投票权。积极的投资者能够以此兑现其承诺，即在其投资公司中创造积极的影响和更好的可持续能力。如果投资者出售这些公司的股票，那么这些公司可能会以不受控制且不可持续的方式继续运营，投资者就无法为公司带来正面影响。然而，如果投资者决定实施这一策略，他们还必须权衡可能出现的声誉风险。因此，对某些公司而言，撤资可能仍然是最佳选择。

权衡社会责任投资决策的潜在回报

记忆

一些投资者认为，将 ESG 因素整合到社会责任投资过程中将导致较低的回报。但越来越多的迹象表明，社会责任投资可能会带来更大的回报。原因很明确：最有可能在未来高效运营的公司是那些具有高度社会责任感的公司，他们以客观和先进的方式进行交易，拥有一支能够应对短期风险的管理团队，同时确保企业能够适应长期的转型变化。

相对地，请不要期望社会责任投资指数的回报能在短期内保持不变。对于不同的经济周期或市场状况，这一指数在短期内的表现可能会存在差异。例如，社会责任投资新兴市场指数在中国的配置基本是低于非社会责任投资指数的。如果股市出现强劲的涨跌，可能会导致这两个指数或投资组合之间的投资回报率（ROI）出现偏差。

此外，还有人担心 ESG 股票可能缺乏多元化因素。许多符合社会责任投资标准的公司都是大盘股，这可能会限制投资组合的多元化。这意味着投资者在小盘股、中盘股和新兴市场公司中的机会较少，甚至可能将整个板块排除在外，这会增加在某一行业过于集中的风险。对此持反对意见的是，将 ESG 纳入社会责任投资过程能使投资者筛选出行事方式不可持续的公司。这将排除那些预期业绩低于竞争对手的公司，虽然投资领域规模较小，但质量更高。这表明，投资组合有效性的损失可以用其他更高效的公司投资特征来抵消。

另外，也有人担心排除达不到 ESG 投资门槛的公司限制了资产管理经理的可投资公司范围，会对投资回报率产生影响。许多规模较小的资产管理公司有能力产生持久的阿尔法业绩（也就是不断地在投资组合中发现超额回报），但没有完全将可持续投资策略或 ESG 因素纳入其流程。与此同时，规模较大的传统资产管理公司则开始逐渐将社会责任投资原则纳入其投资过程，以提升其回报。

不论如何，现在越来越需要增加有关社会责任投资的建议，以满足预期需求，使金融专业人员更熟悉如何对客户宣传社会责任投资机遇。相应地，尽管基金费用近年有所下降，但社会责任投资策略的咨询费用肯定会高于被动型管理基金。基金管理公司需要收取更高的费用来抵消他们监控公司活动的支出，并确保基金标准得以维持。较高的费用可能会对业绩产生重大影响。

不过总体来说，社会责任投资的发展确实产生了影响，让一些机构投资者开始采用负责任或有影响力的投资策略，许多准主权机构开始采用明确的社会责任投资政策：

- 加拿大养老金计划将 ESG 因素完全纳入其投资决策方法。

- 挪威主权财富基金（Norges）通过实施排除筛选方法和积极的企业参与措施，用来强化被投资公司的行动。

- 美国的政策实施通常比欧洲要慢，然而，福特基金会显然是个例外。该基金会承诺向美国投资 10 亿美元，用于具有使命感的影响力投资。

- 作为全球最大资产管理公司的负责人，贝莱德创始人拉里·芬克（Larry Fink）在 2020 年致公司首席执行官的年度信函中公开要求各公司展示其为社会做出的积极贡献。

- 摩根士丹利（Morgan Stanley）成立了负责任投资研究所，其任务就是将社会责任投资策略纳入其业务的所有部门。

- 许多传统资产管理公司已经推出影响力投资基金，包括阿波罗（Apollo）、贝恩资本（Bain Capital）、KKR、TPG 和威灵顿（Wellington）。

然而，投资者需要区分那些作为资产收集工具的策略以及那些带来重大影响力的策略。在极端情况下，第 6 章介绍了有关"漂绿"的问题及其需要监控的内容。除此以外，对基金的社会责任投资或影响力资质进行尽职调查，可能会展现该基金在该领域的记录或经历，并说明该基金是否只是在追随潮流。

评估影响力投资

根据本节所述，对影响力投资的需求源于持续存在的重大社会挑战（例如人口变化、不平等、社会排斥和不可持续发展），同时，现有的政府、慈善机构、非政府组织（NGO）和公益组织也未能成功应对这些挑战。

与社会责任投资或 ESG 投资不同，影响力投资不仅仅是规避"罪恶股票"或者"做坏事"，还是积极利用资本来解决社会和环境问题，同时为投资者创造经济回报。这需要明确的目标，投资公司必须主动跟踪、衡量和报告其社会和环境影响。当获得成功时，影响力投资将从主流投资者那里释放出大量资本。

定义和追踪"影响力"

尽管最近在确定联合国可持续发展目标（SDG，见第 1 章）的推动下，人们对这些目标的兴趣与日俱增，但对于这些投资具体涵盖的影响力，目前仍未达成一致。全球影响力投资网络（GIIN）和全球可持续投资联盟（GSIA）等行业代表对管理资产规模的估计相差甚远，同样说明了这一问题。可持续发展目标通常被认为是投资者正在创建的影响框架的一部分，将其作为规划图，可以帮助定位投资机遇或协调当前的投资方法。它们体现出投资者所做的贡献，为社会面临的更大问题提供解决方案，并促进行业的协调统一。

影响力投资是一种投资于计划、组织和基金的方法，既追求经济回报，也追求可定量的社会和环境影响。追求经济回报和影响的投资者借用了会计术语"双重底线"，来表达对这两个方面的衡量和报告。影响力投资普遍通过封闭式私募股权基金和风险投资基金进行，而且债务基金越来越受欢迎，这在最近的影响力投资者中更是如此。一些传统的私募股权公司设立了专门的基金，引入了数十亿美元的新资本，并吸引了机构投资者。此外，这种兴趣不仅来自"常规客户"（比如基金会和以健康或信仰为基础的组织，这些组织经常考虑有关影响力的问题），包括企业和养老基金在内的主流机构投资者也表现出了真正的参与热情。

技术资料

在英国，私人社会影响力投资（SII）市场在 2019 年达到顶峰。然而，疫情对社会影响力投资市场活动的打击比其他投资市场更为严重。与前一年同期相比，2020 年上半年，英国宣布完成的交易数量下降了 25%。无论如何，在疫情之后，随着影响力投资者开始支持经济复苏计划，预计会出现更多的交易活动。

记忆

难以追踪的"影响力"仍然阻碍着市场的发展，目前对积极影响仍没有准确定义。这些定义各不相同，因为投资者倾向于根据具体目标用自己的独特指标来追踪结果，这些指标在投资的不同时期也可能各不相同。以下是衡量影响力的一些方法：

- 预期收益法，根据预计成本评估预期收益，以确定什么投资产生的影响最大。

- 变革理论法，概述了实现社会影响的预测过程，使用工具来映射输入、活动、输出、结果和最终影响之间的联系（逻辑模型）。

- 任务调整法，根据项目任务和最终目标来衡量项目的执行情况，使用记分卡仔细审查和管理财务、业务绩效、组织效率和社会价值方面的关键绩效指标。

- 实验和准实验法，代表事后评估，使用随机对照试验，将中介的影响与中介未参与的情况进行比较并得出结论。

衡量社会和环境成果目标

投资于回报和影响力非常复杂，许多针对社会和环境挑战的项目成本相对较高，对投资者来说没有直接或明确的财务回报。因此，投资者通常期望在回报和影响力之间做出妥协。另外，还应该对影响力投资的国际最佳行动模式进行分类和分析。根据过去项目的经验，可以创建合理的方法，以帮助识别能够产生具体财务回报和社会环境影响力的市场机遇。同时，还应从过去的项目中吸取实际的经验教训，以确定如何有效地利用最佳机遇。

警告

对于影响力评估，很难对既现实又具体的项目进行分类。将重点放在过于复杂的项目上可能会适得其反，因为这可能需要花费多年时间，而且需要在实体中拥有控股权才能产生有意义的影响力。因此，与其追求多方面的目标，不如强调能够在相对较短的时间内实现的成功概率更高的项目。此外，从长远来看，确定可由第三方实体认证和审计并符合 ISO（国际标准化组织）标准的影响力目标也非常重要。（示例可在本文中找到：www. responsible – investor. com/articles/the – world – s – official – standards – body – has – begun – writing – sustainable – finance – rules.）

为了扩大影响力投资的规模，产品必须能够满足众多机构的要求，包括吸收大量资本的能力，提供足够的流动性，实施严格的风险管理措施，同时产生可衡量的回报和影响。这些通常是由针对蓝筹股证券（主要是债券）的投资策略提供的。然而，这将导致资金流入更难产生积极影响的投资领域，因为债券持有人和少数股东很难直接影响到大型公司的高管。此外，蓝筹股证券集中在成熟市场，而对影响力资本的最大需求是在新兴市场或不太成熟的地区。

相反，研究表明，专注于固定收益确实有机会扩大影响力投资，特别是将重点放在新兴市场，主要服务于资金不足的发展中国家中小型企业（SME），找出低效市场中的机遇，并以此发现更好的套利机会。

计算影响力指标

虽然商业界有一些公认的工具，比如用于评估潜在投资经济收益的内部收益率，但没有同种类型的工具来计算社会和环境回报。对回报的预测通常是一种猜测。例如，报告 ESG 问题现在已成为多数大中型公司的标准做法，但这通常仅限于承诺和流程信息，很少产生实际影响。影响力投资被认为是 ESG 整合阶段和风险管理阶段之后的"负责任投资第三阶段"。

尽管如此，衡量产品和服务的积极影响仍然是一个相对较新的问题，各种方法和规程仍在制定之中。这些数据的计算方法存在着一系列挑战，包括公司报告的界限、影响数据"重复计算"的能力、在统一的时间范围内提交报告，以及正确评估或猜测产品和服务水平的影响等问题。首先要做的就是克服这些阻碍。考虑到有 130 多项影响力需要衡量，我们需要对方法进行标准化，并证实数据质量及其可比性。

虽然这一领域已经进行了广泛的研究，但影响力评估通常包括投资者认为适用于当前社会或环境问题的一些明确的衡量标准。影响力基金和传统资产管理公司都在制定年度报告，监测此类指标在投资期间的发展。例如在这一领域进行研究的影响力管理项目，该项目是由成立于 2002 年的影响力投资公司桥梁基金管理公司（Bridges Fund Management）推动的，是各方利益相关者的合作成果，由贝莱德、爱马仕投资管理公司和 PGGM 等大型机构投资者资助。他们考虑了影响力的五个维度：内容、数量、人员、贡献和风险。另一个例子是哈佛商学院的影响力加权会计项目，该项目旨在推动创建反映公司财务、社会和环境业绩的财务会计框架（请访问 www. hbs. edu/im-pact – weighted – accounts/）。

此外，新经济基金会（NEF）还开发了基于成本效益分析、社会会计和社会审计的框架，目的是通过将社会目标转化为财务和非财务行动来获取社会价值。社会投资回报（SROI）分析是对组织正在创造的社会、环境和经济价值进行理解、衡量和报告的过程。社会投资回报通过建立收益净现值与投资净现值之比，来衡量相对于实现收益需要付出的成本价值。这为探索组织的社会影响提供了进一步的框架，在这个框架中，有形货币化发挥着重要的作用，但并不是唯一决定因素。

提示

可在以下网址查看有关社会投资回报如何帮助组织更好地了解和定量其社会、环境和经济价值的信息：www. nefconsulting. com/our－services/evalua-tion－impact－assessment/prove－and－improve－toolkits/sroi/.

关注基于信仰的投资

从许多方面看，本节所说的基于信仰的投资其实是社会责任投资和影响力投资的先驱。因此，管理资产的指数性增长以及对 ESG 原则和框架的兴趣，使得人们对基于信仰的策略的认识不断提高。

回顾金融的宗教原则

希望投资方式符合基督教价值观的投资者，通常会考虑避免投资那些使用非基督教方法的公司，例如，支持堕胎的公司、制造争议武器的公司。此外，他们往往倾向于那些在工会的帮助下，支持人权、环境责任和公平就业行动的公司。

基于信仰的投资者最关注的三项可持续发展目标包括：体面工作和经济增长（目标 8）、负担得起的清洁能源（目标 7）和减少不平等（目标10）。这些可持续发展目标作为影响力投资者的首要主题，出现在全球影响力投资网络的旗舰研究报告中。该报告总结了对影响力投资者进行的大型行业调查。基于信仰的投资者和影响力投资者集中于相同的可持续发展目标之间，这种和谐意味着这些实体有机会就共同的社会和环境目标进行合作。

如果影响力投资者可以帮助基于信仰的投资者调动更多资本，并实现积极而具体的社会和环境影响结果，那么他们就更容易合作。现在，有很多实体以支持基督教价值观的名义提供投资援助，一些共同基金公司及其他基金公司则致力于为那些被动型投资者提供相关数据。

事实上，基于信仰的投资者往往更容易在交易中发现潜在的阿尔法收益，因为他们比其他投资者更早参与气候变化等问题，并认为这些问题在道德上是不可接受的。在 ESG 投资者发现此类投资有着重大问题之前，基于信仰的投资者可能已经将涉及这些问题的实体排除在他们的投资组合之外，或者已经开始参与相关活动。

与此同时，以伊斯兰宗教为原则的投资者通常会避开所谓的"罪恶股票"，比如从酒精、色情或赌博行业中获利的公司发行的股票，与猪肉有关的业务投资也被禁止。他们还禁止投资为其基金支付利息的公司，或是从利息支付中获得大部分收入的公司。因此，许多伊斯兰投资者也试图规避背负沉重债务贷款（并因此支付巨额利息）的公司。

考查排除性筛选和撤资

基于信仰的投资者是负面筛选和撤资策略的先驱者，他们刻意并且公开地从其投资组合中排除那些做法违背其信仰的公司。例如，在 20 世纪 70 年代和 80 年代，这些投资者从陶氏化学公司（Dow Chemical）撤资，以抗议其生产橙剂（Agent Orange）[①]。他们还从南非公司撤资，以回应南非政府对种族隔离的支持。

到今天仍然如此，由于基于信仰的投资者和 ESG 投资者的"无害"原则，他们在构建投资组合时，就专门排除了某些商品或服务会对社会或环境造成危害的公司。如前文所述，这些行业一般包括烟草或酒精生产行业等。一些大型知名基金（如挪威主权财富基金）有着自己的排除列表，其中排除

---

① 橙剂：一种化学合成除草剂（落叶剂），曾被用于战争，主要通过空中喷洒实现敌方粮食作物减产。已有受害者就橙剂对自身及家人造成的严重伤害甚至死亡提起诉讼。类似的化学合成制剂还有紫剂（Agent Purple）、绿剂（Agent Green）等。——译者注

了那些与"不可容忍的温室气体排放"有关的公司，例如那些参与油砂生产的公司。

此外，在考虑是否将负面筛选纳入投资策略（以及哪些行业或股票需要排除）时，投资者还需要确定他们正在考虑的投资组合数量。在基金结构中，这可能只适用于基金的被动投资，或者是其没有直接控制权的投资。在其他情况下，这种投资可能与基金结构中所有潜在的主动型管理公司需要符合规定的资产有关。

记忆

正面筛选是一种相对较新但逐渐流行的投资方法，它通过使用 ESG 评级来识别业内最佳股票，积极为投资组合寻找价值观一致的投资。负面筛选仅仅是一种排除过程，用以清除不合适的股票，正面筛选则允许投资者将那些积极参与 ESG 因素的股票添加到其投资组合中。

通过代理投票倡导价值观

股东权益倡导者呼吁投资者以"部分所有者"的身份，对在社会或环境方面负责任的公司政策和做法施加影响。通过与公司管理层进行讨论和召开会议，股东可以直接支持良好的公司治理行为和对社会负责的方法。投资者还应该考虑提交股东提案，并在公司的年度股东大会上进行表决。许多基于信仰的投资者都是积极的参与者，可以推动企业社会责任的发展。

然而，对于那些希望让公司承担责任的投资者来说，因所处司法管辖区不同，在提交申请方面可以有着最低门槛水平。这些门槛类型包括公司的最低货币持有量、持有量百分比，或支持该提议的最低股东人数。相关要求一般会在当地监管机构的网站上提供，例如：www. sec. gov/news/press - release/2020 - 220.

投资者还应对管理层或其他投资者在公司年会前提交的提案积极进行投票表决，或确保他们的代理投票将由会议代表提交。与行使民主投票权类似，投资者应仔细审查他们的年度代理材料，以考虑他们应该如何对特定提案进行投票。从历史上看，公司年会一直是一种"例行公事"，目的是恢复任期届满的特定董事会成员的职务，或者确认为账目提供担保的审计公司。

然而，随着行动主义人士的增加，这些问题正受到质疑。如果你对一家公司的业绩心存疑虑，尤其是高管薪酬等话题，公司年会通常是表达意见的主要机会。

ESG 整合的核心问题是与基础资产管理人员的接触，以确认他们是否会随着时间的推移改进其 ESG 整合行动，并确保资产管理人员与基础公司管理团队接触，通过支持良好的公司治理、环境政策和社会实践来影响他们的行为。了解更多信息，请访问 https：//partners‐cap. com/publications/a‐framework‐for‐responsible‐investing.

另外，许多大型股东还会聘请外部投资咨询服务，这类服务除了提供投资建议外，还将与第三方资产管理公司联系，仔细审查并敦促各方采取措施，以帮助投资者影响 ESG 相关投资标准，并与公司管理层进行接触。主要的咨询公司有 Glass Lewis 和 ISS。鉴于一些咨询公司在股东投票中扮演的角色越来越重要，监管机构已经开始对其活动进行限制，尤其是在美国。

第 8 章
分析基于股权的工具

在本章中你可以学到：

- 将 ESG 纳入股票和其他权益工具
- 关于股票定量策略的探讨
- 股票的智能贝塔策略
- 对特定 ESG 主题的关注

典型的股票型投资基金可能是主动管理的（由投资管理公司决定投资什么），也可能是被动管理的（基金倾向于遵循市场指数，投资管理公司没有进行主动决策）。这种方法同样适用于 ESG 基金：

- 一些基金管理公司基于给定数量的股票来确定他们的 ESG 范围，这自然会增加投资组合中的主动风险（由于主动进行管理决策而在投资组合中出现的风险）。

- 其他基金经理则采取较为被动的方法，遵循某一特定指数及其证券组合，其中一些可能会排除特定的股票（例如与化石燃料、烟草和与武器相关的股票）。换句话说，首先由指数公司选择投资组合，然后由基金管理公司遵循这一选择。

本章将调查各种基于股权的策略应当如何应用于日益增长的 ESG 风险需求。这包括如何将 ESG 因素纳入现有基金和策略，包括调整基于指数、基于部门、基于主题的方法，以及如何将这些因素纳入智能贝塔或定量策略。

将 ESG 策略纳入投资决策

人们越来越注意到 ESG 整合的好处，也出现了越来越多的应用类型。那么我们所说的 "ESG 整合" 是什么意思？很高兴听到这个问题。ESG 整合是指系统而明确地将重要 ESG 因素纳入投资研究、分析和决策。这是将 ESG 分析与筛选和主题投资（将在本章后面介绍）一起纳入投资决策的三种主要方法之一，三项 ESG 程序都可以同时进行应用。

以下各节介绍了一些基础知识，讨论了主动和被动投资方法，并说明在给定策略中发现的 ESG 评分和风险。

基本要素：了解整体过程

记忆

大多数投资者一般是按照以下四项步骤开始 ESG 整合过程：

● 定性分析：从不同来源收集包括公司报告和研究在内的相关情报，并确定影响公司的重要因素。我说的重要因素，是指最有可能影响公司财务状况并因此对投资者最关键的具有财务重要性的问题。

● 定量分析：在现有投资组合或更广泛的范围内，衡量重要财务因素的影响，并相应修改评估模型。

● 投资决策：利用这种分析来决定是否购买（增加权重）、持有（维持权重），还是出售（减少权重）。

● 积极股权/管治：使用前述分析为公司参与和代理投票决策提供信息。这些信息可用于未来的监测和投资分析，并为随后的投资决策提供建议。

在这一过程之后，从 ESG 因素的角度对重大问题的评估可以确定以下内容：

● 财务因素和财务重要 ESG 因素。

- 重要财务因素和 ESG 因素对公司、行业、经济和国家业绩的潜在影响。

- 购买、持有、削减或撤资等投资决策。

采用这种方法可能涉及对投资者流程的改变，这需要培养相应的技能，以确定 ESG 问题（见第 3、第 4 和第 5 章）将如何影响单独公司的业绩。投资者尤其需要培养这些技能，以识别和整合影响公司和投资业绩的重要 ESG 问题，同时减少那些对公司不太重要的 ESG 问题分析。投资者应当从多个来源（包括公司报告、文件和 ESG 研究提供商）收集 ESG 信息，以确定对公司或行业最重要的 ESG 问题，并且逐渐培养这一技能和经验。

为了在股票层面实现整合，投资者通常会在其财务模型中调整财务报表的预测和估值贴现率，以反映重要 ESG 因素以及其他与行业相关的 ESG 问题。鉴于可以使用重要 ESG 因素对公司进行评分，投资者可以通过增持或减持与这些因素匹配的单独证券来构建投资组合。这平衡了"增加投资组合的 ESG 评分"和"减少投资组合相对于基准的追踪误差"这两项潜在的对立因素，从而使投资者可以整合 ESG 因素的影响。因此，ESG 指标被添加到传统的财务指标、税收和其他基本信息中，以评估上市公司的价值。

然而，ESG 的许多早期投资者使用了更简单的方法，也就是采用负面筛选，有效地排除了某些类型的股票，如酒精、烟草和化石燃料。另外，投资者还通过关注特定主题或行业来扩展这一方法，无论是排除个别股票，或是从正面筛选的角度来选择表现出积极 ESG 评分的股票、行业或主题。（这些方法将在后面的"构建整合 ESG 因素的股票投资组合"一节中讨论。）这在欧洲尤其明显，因为欧洲管理的 ESG 相关资产数量最多。这在很大程度上是因为公司基本没有报告过或明确识别出可能影响其财务业绩的重要 ESG 数据，因此实现这一目标的唯一途径是让投资者主动与公司进行接触。

记忆

从积极的方面来看，全行业正在努力提高 ESG 数据和报告要求的标准化程度，这应该会大大改善数据的获取。随着标准化水平的不断提高，应该会有更多的机构投资者开始遵循重要 ESG 因素的整合方法。美国已经做到了这一点，将 ESG 整合到上市股权投资的分析中是美国最常见的 ESG 方法。虽然美国的 ESG 整合程度更高，但这并不是因为美国公司能够报告更多重要的 ESG 因素，ESG 数据提供商仍然需要提高其数据获取的标准化程度。

使用主动策略

ESG 投资的发展会受到自下而上的资产所有者压力和自上而下的政策举措推动。越来越多的投资者现在正专注于通过风险收益约束实现 ESG 业绩的最大化，而不是传统上通过优先考虑风险来调整收益的方法。换句话说，大多数投资者现在更关注在其自身的风险回报限制下实现 ESG 业绩的最大化，而不是仅仅关注根据承担风险程度而产生的投资回报（对冲基金和投资者通常将此称为夏普比率）。

市场参与者表示，主动型基金管理公司在传统上通过从基本面自下而上的方法，专注于与基础投资业绩最相关的问题，因此他们有能力探索和评估具有财务重要性的 ESG 问题。此外，主动的管理方法侧重于让股东与管理层进行统一接触。由于主动型基金管理公司对公司比较了解，应该可以与管理层就重要的 ESG 数据点进行讨论，提供能够积极影响公司行为并为投资者带来可持续长期价值的增值方案。

由于 ESG 问题与业务问题密不可分，单一的数据来源并不足以决定投资的优缺点。许多主动 ESG 策略选择创建一支由基本股票和信用研究分析师组成的团队，加上内部 ESG 团队的专业知识支持，由自己评估重要的 ESG 因素，而不仅仅是依赖外部的 ESG 数据提供商。这些不同的数据来源可以提供更大的灵活性，以及集中处理与投资主题有关的最重要问题的能力。积极股权行动还应包括与公司进行沟通，以加强其 ESG 政策和实践。正式数据之外的沟通可能比数据本身更有意义，因为每个数据提供商评估公司 ESG 实践的方法都略有不同。

此外，ESG 分析和主动基本面分析同样重要。对业绩至关重要的问题正在不断改变，因此投资者对企业参与和分析的方法也应当继续发展。如果分析师直接参与到公司及其部门的业务环境、程序和行业要求中，他们应该能掌握不断发展的 ESG 问题，并提高衡量和建立基本投资过程的可信度。此外，他们应该能够在 ESG 评估发生变化时调整分配，以反映这些变化。这种对不断变化的动态做出即时反应的能力，可以使主动的管理公司发现在使用被动 ESG 策略情况下可能错过的机遇或风险。这在当前的环境中可能更为重要，公司也正在努力满足不断变化的披露要求和投资者预期。

分析不同 ESG 评分的影响

越来越多的证据表明，优先考虑 ESG 问题的公司在各种指标上都能实现优异的长期业绩，包括销售增长、净资产收益率（ROE），甚至是阿尔法业绩（衡量市场表现优异的指标）。通过将 ESG 整合到其长期战略中，通过利益相关者方法来创造价值的公司能够吸引最优秀的人才、发展忠实的客户群、形成健全的公司治理系统、保持适度的风险，并通过投资于可持续创新项目来推动盈利增长。股东应该受益，但不能以牺牲员工、客户、供应商或社区的利益为代价。同时，由于这些公司拥有强大的业务基础和创造优异市场业绩的能力，围绕 ESG 因素展开业务可能是潜在的可持续竞争优势来源，而通过检验重要 ESG 评分对股票收益的影响也证实了这一观点。

重要 ESG 评分只识别和评估那些对公司财务具有重要意义的问题，与 ESG 总分相比，它能提高对财务业绩的预测。这一发现对于 ESG 总分（ESG 问题单项分数的总和）尤其适用，而不是 ESG 评分的变化（ESG 评分在总分中的相对变化），这符合 ESG 绩效的长期价值创造属性：

- ESG 总分被认为是预测长期业务绩效的更准确指标。

- ESG 评分的变化受短期事件的影响，并相应地对短期绩效产生更大的影响。

这一分析可以用来验证这样的观点，即目前的市场错误地估计了长期内的重要 ESG 因素。用定性的方法在评估中纳入重要 ESG 数据，投资者可能会从这种错误估计中受益。只要这些信息不够透明，那些提供这些信息的分析师就有竞争优势。考虑到市场适应的速度很慢，这种错误估计可能会持续一段时间。此外，如果将这些信息与企业可持续发展评估问卷中提供的数据结合起来，它们在财务回报的预测能力方面甚至比其他公共信息所更为重要，尤其是对环境风险较大的行业部门公司而言。

保持警觉：注意风险和问题披露

投资管理公司需要学会衡量和理解风险，以便对其进行管理。风险管理是投资管理的本质，分析 ESG 风险因素以及更传统的统计和定量风险因素，有助于加深对潜在下行风险的理解。相应地，现在投资于不断发展的投资研究以整合 ESG 框架的基金，将在未来更可能获得成功。此外，分析更传统的定量风险衡量标准，如追踪误差或贝塔因素（证券或投资组合相对于整个市场的波动性），以及更定性的 ESG 风险衡量标准，可以确保评估的多维视角。

随着 ESG 数据分析的质量和可用性不断提高，了解这些数据的资产管理公司可以使用这些数据为其投资评估进一步提供信息。ESG 数据可以提供新的视角，以发现隐藏在资产负债表和财务比率中的任何风险，并确定新的投资机遇。此外，专有的 ESG 评分和排名技术提供的信息可以帮助投资者构建企业 ESG 业绩的散点图，强制性 ESG 披露责任范围的日益扩大也推动了这一进展。

例如，根据欧盟的《非财务报告指令》（2017 年 1 月发布，但目前正在修订），员工超过 500 人的欧盟上市公司需要在其年度报告中披露一系列关于员工、环境和社会问题、尊重人权和腐败的信息。此外，碳排放披露项目（CDP）、气候相关财务信息披露工作组（TCFD）和科学减碳（SBT）倡议组织等自愿性标准和框架正在鼓励更标准化的报告，这应该会带来更合理的 ESG 评分。

提示

同时，作为使用最广泛的报告标准，全球报告倡议组织标准（GRI）可以确定哪些问题对于公司报告具有重大意义，最终使投资者可以比较公司的 ESG 业绩，并允许公司将指导方针纳入财务报告。此外，可持续发展会计准则委员会（SASB，www. sasb. org/）从投资者的角度，可以认识到哪些可持续发展指标预期会对公司的财务状况或经营业绩产生重大影响。可持续发展会计准则委员会为每个行业和部门确定的重要定义已经成为许多市场参与者的参考点。（有关全球报告倡议组织和可持续发展会计准则委员会的更多信息，请参阅第 1 章。）

调查 ESG 评分较高的公司表现

投资者以前一直担心，在投资于 ESG 行动力较强的公司时，可持续投资需要在风险和回报之间进行权衡。这种方法虽然风险较低，但回报也相对较低。近年来，随着投资者可以获得更多以 ESG 为重点的投资工具，以及投资于 ESG 基金的创纪录资产数量，这可能会成为一个更严重的问题。然而，分析表明，在最近几年以及新冠肺炎疫情期间，基于 ESG 的基金表现良好。

一种解释是，ESG 评分较高的公司已经成功地实现了更好的公司治理，降低了运营风险，并由于更好的员工关系和更可靠的供应链而实现了更大的灵活性，从而将其商业声誉面临的风险降至最低。因此，它们往往具有更高的质量，表现出较低的波动性，市值更大，更成熟，收益和股息收益率更高。这些因素使得这些公司能够更好地保护自己的收益，比 ESG 评分较低的公司具有更广泛的接受度。

另一种相反的解释是，ESG 基金的优异表现可能并不在于其持有的股票，而是在于其尚未持有的股票。积极管理的 ESG 基金有着严格的选择标准，积极与投资组合中的公司进行接触，并避开评级较低的 ESG 公司和行业。此类基金往往会减持或完全排除航空公司、烟草制造商，以及煤炭、石油和天然气能源等行业的股票，从而避免这类股票为其整体回报带来负面影响。

简而言之，买入"业内最佳"的股票，卖出"业内最差"的股票，应该可以在最近几年产生超额年化收益。从历史上看，这可以用特定行业根据宏观指标的周期性表现而进行周期性轮换来解释。然而，近年来似乎出现了一种范式的转变，最初是源于对气候变化的担忧，但最近由于疫情的影响而加剧。

记忆

　　对 ESG 中不同组成部分的回报驱动因素的进一步研究表明，"E"部分（环境，见第 3 章）表现出正面的超额回报，"业内最佳"股票的表现优异，而"业内最差"股票的表现不佳。然而，"S"（社会）和"G"（公司治理）部分似乎从"业内最差"股票的糟糕表现中产生了正面的超额回报（有关社会和公司治理因素的更多信息，请参阅第 4 章和第 5 章）。此外，"社会"部分在最近几年似乎变得更加突出，在疫情之后可能会受到更多的关注。计算 ESG 评级需要混合采用定性、定量和基于参与度的方法，确定每个行业的 ESG 重大风险和机遇，根据关键指标的相关性为其分配权重，然后将 ESG 定量评级与分析师的财务建议相结合。

从容应对：使用被动策略

记忆

　　近年来出现了两项突出的投资动态：被动管理资产的增加，以及可持续投资的增长。以 ESG 为特征的指数型基金在数量和资产上都有所增长，这与上述两项发展趋势如出一辙。尽管大多数可持续投资的资产仍投资于主动管理的 ESG 基金，但在过去 5 年中，流入被动管理 ESG 基金的资金净额有 4 年超过了流入主动型基金的资金净额。投资者经常使用被动指数基金和交易所交易基金（ETF）等被动策略，总的来说，这是由于它们自 2009 年金融危机以来表现良好，以及投资者对低成本市场贝塔收益的需求。与此同时，被动策略向 ESG 指数的转型，使负责任的投资需求在全球交易所交易基金市场的份额进一步提升，这一趋势可能会进一步增加。基金管理公司现在正利用指数基准作为工具，对投资者的选择进行定位，并重新引导投资流动。

　　以下各部分将讨论将 ESG 纳入投资决策的被动策略利弊。

优点

　　虽然许多 ESG 投资者使用主动的股票选择方法，但被动（基于指数的）方法也很适合由 ESG 驱动的投资组合。指数对 ESG 问题的选择标准可以涵盖许多不同的方法，包括 ESG 质量、可持续性，以及对主题和部门的排除。被动策略以较低的成本实现了金融市场的大众化，其特点符合被动的 ESG 目标，并且其方法都是由数据驱动的。

如果选择了适当的指数，无论是 ESG 指数还是非 ESG 指数，资产管理公司就可以通过以下途径提供被动管理的 ESG 基金，例如：

- 购买 ESG 指数许可证，提供组成公司的初始投资范围，并设计一只基金来复制指数。

- 购买 ESG 指数许可证，采用排除筛选、ESG 集成、主题筛选（本章将介绍所有这些内容）等 ESG 方法完善公司选择，并根据规定将投资范围缩小到更小的公司。

- 选择指数成分后，对其进行加权。可通过遵循指数规则来做到这一点，例如按市值、同等权重或根据特定规则"倾向"特定公司进行减持或增持。

鉴于被动投资基金是以指数为基础的，它们有一些共同的特点，对那些希望利用其投资来为 ESG 的积极影响做出贡献的投资者具有吸引力：

- 被动投资基金非常简单，它们所基于的指数是透明的、基于规则的，因此易于理解。

- 当基础投资组合在复制指数时，投资组合中的公司将随着指数成分的修改而改变。

- 被动投资基金可以创建业绩基准，并帮助评估 ESG 和非 ESG 领域的业绩。与积极管理的基金相比，它需要较少的维护，因此其费用和运营支出往往较低。

- 然而，投资者应注意，在 ESG 框架中，通过交易所交易基金和指数基金进行被动投资的"低成本"特征有很大不同。

被动型基金和交易所交易基金的净总费用率通常比非 ESG 领域要高，被动型 ESG 产品的费用范围非常广泛，而股票型交易所交易基金的费用率中值在 40—50 个基点之间。投资公司需要对 ESG 基金进行额外的尽职调查或筛选，来证明这笔额外费用是合理的，但在实践中，他们通常依赖 ESG 提供商评级和第三方数据。不管怎么说，市场对更高费用率的接受，表明了市场对 ESG 尽职调查分析要求的认可。跟踪整体指数的被动型基金管理公司可以利用 ESG 整合来增持 ESG 评分较高的公司，并减持同行公司。此外，一些被动管理公司特意将化石燃料公司等有争议的公司排除在外，与传统基准的行业权重有所不同。

缺点

警告

被动管理基金的批评者认为，这些基金向 ESG 转型只是再次说明了标准普尔 500 等传统指数并不能反映真实的经济、回报规模和流动性，也没有考虑到公司治理等因素。因此，任何继承这类指数的基金都与真正的可持续发展目标不一致。此外，被动策略通常是通过利用单独的第三方数据来源进行 ESG 研究，而这些数据严重依赖于公司的自愿披露，这可能会对 ESG 数据的质量和披露等方面造成限制。由于需要对数据的未来发展趋势进行分析，这意味着投资者可能会缺少完整的风险回报分析，并导致对投资组合优化和行业权重的错误分配。此外，不同的第三方 ESG 评级提供商对同一公司的看法往往相互矛盾，这对于被动基金管理公司来说很难理解，因为他们不知道这些提供商为公司评分时所作的分析、标准或假设的来源。

这种情况因被动指数的持股数量而进一步恶化，导致被动基金管理公司既缺乏对公司基本面的深入了解，也不知道应当如何实施积极股权策略来改善公司的 ESG 政策和行动，例如确保公司的参与度、提交股东决议和制定代理投票指导方针。许多观察人士呼吁，进入可持续投资领域的被动基金管理公司应当致力于改善企业的 ESG 行动。特别是在代理投票记录方面，最大的指数基金管理公司（贝莱德、先锋领航和道富银行，这些公司总共持有约 80% 的指数基金资产）曾因定期投票支持管理层和反对 ESG 股东决议而受到批评。考虑到这些公司所持股份的规模，他们的支持往往对确保此类股东决议至关重要。

相反，针对类似指数特征的担忧与基于狭义主题或以行业为重点的指数（如清洁能源）的被动基金的相关性较小，这些指数将通过筛选确保基金中的所有公司都能为特定主题做出贡献。对于可持续投资者需要解决的 ESG 问题，在环境问题方面包括清洁技术、用水和节约、可持续自然资源和农业等，社会问题则包括人权、性别和种族平等，以及有关工作场所的问题。此外，与其专注于确定 ESG 风险的方法，不如制定新一代 ESG 基准，以产生具体的影响，比如帮助实现《巴黎协定》规定的气候转型目标。

最后，虽然主动型基金管理公司更专注于选择投资组合，但许多机构投资者更喜欢通过符合其战略资产配置（SAA）政策的优化基准投资组合来使用 ESG 投资。例如，他们通常根据市值指数定义战略资产配置投资组合，并通过计算投资组合和战略投资组合之间的误差来观察他们的投资。因此，他们可以接受最大水平的追踪误差，并促使一些管理公司通过在给定的 ESG 超额评分下减少与上限加权指数相关的跟踪误差来构建基于 ESG 的优化投资组合。

提示

这种将 ESG 指数化的方法为投资者有效提供了具有竞争力的解决方案，可以与传统的市场上限被动策略在价格上进行竞争。因此，ESG 指数追踪基金可以为被动投资者提供一个可行的、成本效益高的解决方案。这些投资者作为指数基金的持有者，正在寻求一个实用的解决方案，以规避一些上市公司不可持续的行动。

回顾 ESG 股票的相对回报和业绩

基于最近的业绩指标，研究人员和市场认为，ESG 投资者不必为了追求有竞争力的市场回报而在业绩上妥协。基于 ESG 评分的积极筛选策略（无论是由 ESG 评分提供商在外部创建，还是由专业分析师在内部创建）可以提高被动和主动传统投资组合和智能贝塔投资组合的 ESG 质量，而不会降低风险调整后的回报。然而，许多投资者不再专注于根据 ESG 标准提高财务业绩，而是专注于在风险回报的限制下提高 ESG 业绩。

技术资料

很多市场参与者回顾了 ESG 投资组合在 2020 年股市暴跌（由对新冠肺炎疫情的担忧引发）前后的表现。在此期间，ESG 评级较高的美国大型公司的标准普尔 500 ESG 指数的表现，要比标准普尔指数高出 0.6%。同样，MSCI 新兴市场 ESG 领先指数和更侧重亚洲的 AC 亚洲 ESG 领先指数的表现分别比其母指数高出 0.5% 和 3.83%。事实上，根据贝莱德的计算，在全球具有代表性的可持续指数中，88% 的可持续指数在同一时期的表现优于不可持续指数。这并不是一个新现象，因为贝莱德还表示，在 2015 年至 2016 年以及 2018 年的市场低迷期间，也出现了类似的优异表现。

当然，考虑到这些股票配置的大量资金，一些投资者可能会将对高评级 ESG 股票的需求视为潜在泡沫。此类股票目前的优异表现是否会导致其估值过高，是否会进而导致其长期业绩不佳？这使得一些投资者开始分析目前 ESG 评级并不太高的股票，这些股票正在通过强大的可持续商业行动来提高自己的评级。

对 ESG 优异表现的另一个解释是，很多 ESG 基金通过排除或降低权重政策对化石燃料股票进行筛选，使其较少持有化石燃料资产，并在油价和能源类股下跌时保护了自己的投资组合。一些分析师认为，这些因素只是其优异表现的一小部分，并提出，除了投资者买入的强劲势头可以支撑其价格之外，更好的供应链管理和公司治理也提高了其有效性。为了保持较高的 ESG 评级，公司还需要在供应链审计、员工实践和环境管理等问题上保持较高的公司披露水平。公司通常会使用报告框架，如全球报告倡议组织（GRI）或可持续发展会计准则委员会（SASB，详情见第 1 章）提供的报告框架。这种做法还可以帮助企业改进自己的流程，并将其业绩与同行进行比较。

记忆

然而，投资者应该意识到，ESG 筛选可能会增加对大型、盈利和保守公司的风险暴露，也可能会增加对某些行业、部门或地理偏见的风险暴露。总结来看，ESG 基金的历史业绩数据少于其他市场，研究人员仍然在根据可持续投资数据寻找结论。随着时间的推移，构成可持续投资策略的分类或定义可能会不断变化，并使情况变得更加复杂（以前的排除重点是"罪恶股票"，现在的排除重点更可能是"化石燃料"），也使评估和对比更加困难。这给研究人员留下了很大的探索空间，可以开发算法来优化投资组合的 ESG 配置，同时在给定范围内管理不同的风险因素。

验证定量策略

股票市场材料数据量的大幅增加，以及分析师和研究人员计算能力的同步增加，使得定量交易策略得以发展和增长。同样，随着物质 ESG 数据的获取途径增加，人们越来越重视 ESG 投资组合和股票的定量策略。正如本章前面提到的，定量方法是纳入 ESG 策略时需要考虑的四个常见步骤之一，可以与整合、筛选或主题策略结合使用。

定量投资的一种方法是针对给定的风险因素，帮助投资者规避本章前面提到的行业、部门或地理偏见的意外风险。这些策略的目标是管理高效、盈利、现金流强劲的公司之间的交集，同时表现出给定的 ESG 因素。

为了确定目标公司的 ESG 属性，定量策略逐渐开始纳入非财务业绩指标，这些指标可以使用自然语言处理（NLP）等人工智能技术，从公司可持续发展报告或外部 ESG 数据提供商处收集。此外，实施 ESG 整合的定量管理公司构建的模型，将 ESG 因素与其他因素（如增长、动量、规模、价值和波动性）结合在一起。ESG 数据和评级被整合到投资程序中，这可能导致个别股票的权重向上或向下进行调整。

投资者通常不太了解将 ESG 标准纳入其投资组合的影响，也不了解投资组合的风险和收益特征将如何被修改，因此可能会在投资风格或因素上出现偏差。定量技术可以用于评估和控制这些结果，以使投资者能够维持其财务和可持续发展目标。

此外，随着全球报告倡议组织和可持续发展会计准则委员会（见第 1 章）等非财务披露和报告倡议组织的增加，公司 ESG 的透明度也在增加，为定量技术提供了更好的数据。定量策略的潜在好处是，它不存在人为判断或随意的买卖决策，因为其决策是由模型决定。这可以在投资过程中消除任何预定的偏见，无论是有意的还是无意的（尽管有些人会认为，在构建模型时做出决策的方式存在固有偏见）。在处理气候变化、多元化和包容性等情绪话题时，自然偏见可能会蔓延到投资过程。越来越多基于 ESG 定量策略的研究表明，ESG 合规性和阿尔法业绩并不是相互排斥的结果。

以下各节通过定量方法来确定 ESG 因素的使用方式。定量方法包括构建股票投资组合、调整特定指数的权重，以及确定哪些 ESG 因素更为重要。

构建整合 ESG 因素的股票投资组合

ESG 信息确定了许多传统财务指标无法识别的风险因素。定量 ESG 分析师可以收集和分析社交媒体信息，以说明公司的无形资产价值，并将其分配给公司。ESG 情报既是一个风险因素，也是与回报有关的投资主题，可以为受这些因素影响的股票提供价值。它们可以与动量、价值、质量、增长和波动性等传统主题因素一起纳入投资，而且由于它们与传统因素的相关性较低，它们还可以提供多样化的收益。这样看来，随着 ESG 数据变得更加可靠、统计准确和具有可比性，更多的投资者将使用统计技术来确定 ESG 因素与价格变动之间的相关性，这可能会在他们的投资组合构建中产生阿尔法收益或降低重大风险。

记忆

在 ESG 投资组合的构建方面，有四种关键方法：

• ESG 整合：投资者根据重大 ESG 问题的强度或其 ESG 总评级（也称为有利于公司满足某些可持续标准的"正面偏向"）调整组成公司的权重，从而增加或减少对特定 ESG 因素的风险暴露。这种方法还包括投资于 ESG 评级较高的"业内最佳"公司，或排除 ESG 评级较低的"业内最差"公司。（ESG 整合在本章前面已经讨论过。）

• 排除性筛选：投资者简单地将参与不可接受、不道德或有争议活动的特定公司或部门排除在外。

• 依据主题的排除性/纳入性筛选：投资者根据公司在特定行业的风险因素（如化石燃料、武器制造商、赌博和酒类产品）来明确排除公司或纳入公司（如第 1 章所述，那些专注于污染预防或遵循联合国可持续发展目标的公司）。

● 基于规范的排除：这与常规排除政策的不同之处在于，它侧重于排除那些违反或不遵守经济合作与发展组织（OECD）或联合国定义的国际准则或行为标准（如《联合国人权宣言》）的公司。

以此作为起点，基金管理公司可以采用不同的策略，例如基于相对回报（相对于基准指数）或总回报的业绩。这两种策略都假设在较长的持有期内，股票市场的某些板块可以实现比其他板块更高的风险调整后回报。此外，研究表明，金融市场在确定重要 ESG 因素的评分方面效率低下，短期内不一定能很好地评估不同水平的 ESG 业绩，在长期内更是如此。当然，ESG 评分较高的公司被纳入此类投资组合的机会更大，因为许多基金管理公司希望确保其投资组合的 ESG 评分与基准指数的 ESG 评分相当。因此，基金管理公司会从正面筛选股票，也会从负面筛选股票，以确定自身的纳入和排除策略。

如果基金管理公司没有自己的 ESG 内部评级，他们将需要使用来自 ESG 评级机构的大型样本数据来建立模型，以提取所需的信息，或者将特定评级机构的各项分数汇总成总分，这可以帮助他们分析不同提供商使用的不同方法。研究表明，阿尔法（一种将投资的积极回报与市场指数回报进行对比衡量的指标）和 ESG 投资目标的组合，会使投资者对积极风险的接受程度更高。考虑到未来预计与 ESG 因素相关的管理资产百分比，投资者和管理人员可能需要审查就其可持续发展和风险回报目标而言，当前市场基准（标准市值加权指数）是否是最合适的基准。

提示

投资者还应在其投资组合构建中了解 ESG 整合的适当时间范围：

● 高度活跃的投资组合管理公司可以建立具有相对较高换手率（产生更高成本）的重点股票投资组合，专注于隔离和缓解短期事件风险。因此，他们也会更关心不断发生的潜在 ESG 问题。

● 投资组合管理公司可以构建具有长期投资视野、广泛而多元化的投资组合，如指数化或长期持股投资者，在选择和整合 ESG 标准时，需要关注长期风险，通过分散投资来降低事件风险。

此外，研究发现，ESG 评级较高的公司不仅在业绩上优于 ESG 评级较低的公司，而且他们也表现出较低的股票特定事件发生率，从而导致较低的系统风险水平。

调整股票指数的构成权重

对于指数提供商提供的众多 ESG 指数，其目标都是帮助投资者衡量与 ESG 相关的投资组合业绩。这些指数通常旨在提供与基础领域类似的风险／回报特征，同时从增强的指数层面展现 ESG 业绩的额外收益。例如：

- 其中一些指数使用不同的方法，根据指数提供商的 ESG 评级修改公司权重，从而在行业中进行重新加权，以确保每个指数中的行业权重与基准领域匹配。

- 其他指数可能更关注 ESG 评分最高的股票，以及特定区域内市值最大股票的等权重业绩。

记忆

然而，投资者最终需要考虑的是对投资业绩至关重要的 ESG 问题，以及其他 ESG 指标是否能提供与给定 ESG 因素的特定数据相关的数值。

与专注于 ESG 评级本身相比，通过购买那些 ESG 评级有所改善的公司的股票，并纳入 ESG "动量"，可以改善业绩。此外，与单独使用 ESG 数据相比，将 ESG 评分与传统财务指标相结合，也可以产生更积极的结果。尽管如此，相对于基于标准指数的股票，基于 ESG 的股票选择可能会带来规模、行业或地理偏差方面的风险。指数提供商对 ESG 评级使用的方法可能会进一步加剧这一问题。不同的方法可能会导致各公司的 ESG 评分明显不同，这也会导致特定行业或地区的指数构成、各项 ESG 的指数权重都有所不同。

确定定量策略中最重要的 ESG 因素

Amundi 和 MSCI 等金融机构的研究强调，在分析 ESG 趋势和业绩时，并非所有 ESG 数据都"符合目的"：

- 对于解释风险和回报而言，最相关的数据来自基于特定行业重要财务评分的 ESG 评级。同样，不同的 ESG 问题的重要性可能因行业而异，这使得可持续发展会计准则委员开始对公司披露方法提供支持，因为公司披露方法需要来自特定行业的指标。

- ESG 问题不一定会影响所有股票，它对市场上"业内最佳"和"业内最差"公司的影响完全不同。此外，投资者对 ESG 产品需求的不断增加，使得对"同类最佳"股票的投资越来越多，这自然会提高这些股票的价格和业绩，而针对"同类最差"股票的排除政策会导致这类公司股票价格的下跌和业绩的下滑。

- 研究强调，时间（持有期）、规模（投资领域）和范围（投资策略），是投资者在衡量 ESG 筛选对其投资组合的回报、波动性和缩减影响时必须考虑的另外三个因素。

记忆

鉴于不同的 ESG 问题对不同的行业都具有重要意义，投资者可以根据相应问题的潜在风险，选择全球行业分类标准（GICS）中来自各项子行业的问题，并赋予不同权重。在计算一家公司的 ESG 评级时，经常会考虑以下问题：

- 环境（"E"部分）：碳排放、水源稀缺、有毒排放和废弃物（见第3章）。

- 社会（"S"部分）：劳工管理、健康和安全、人力资本管理、隐私和数据安全（见第4章）。

- 公司治理（"G"部分）：公司治理、商业道德、腐败和不稳定、反竞争行为（见第5章）。

在考虑哪些 ESG 部门的影响最大时，重要的是要记住，一些关键问题是相互关联的，可以注意寻找与事件相关的风险，如欺诈或石油泄漏，这些风险往往会在短期内影响公司的股价。与此同时，其他关键问题集中在长期风险上，如碳排放，这些风险可能会在更长时间内影响公司的股价。当然，一些关键问题也可以同时表现出短期和长期风险的特点。

随着时间的推移，环境问题往往更容易受到长期风险的影响。社会问题通常表现出短期和长期风险混合的特征，公司治理问题则具有最高的短期风险，因为这一问题更容易引发事件风险。在决定如何应用这些信息时，主动型投资组合管理公司可能希望专注于缓解短期事件风险，这取决于其交易的活跃程度及其时间范围。相反，那些正在建立具有长期投资前景的多样化投资组合的管理公司可能更关注长期风险的影响。

下面几个部分总结了"环境""社会"和"公司治理"因素之间的明显差异。

环境问题

三个关键的环境问题（碳排放、水源稀缺和有毒排放）都是由长期风险驱动的，在单独公司的业绩中，"业内最佳"和"业内最差"的公司之间存在明确的长期差异。这类公司之间的短期事件风险倾向一般没有显著差异。

社会问题

关键的社会问题有着不同的结果，劳工管理（包括劳工冲突）表现出强烈的短期事件风险和长期风险特征。然而，对于业内最佳公司来说，这种情况比较少见。

健康和安全问题在业内最佳公司中也表现出类似的特征，但对于短期事件风险来说，评分较高的公司和评分较低的公司之间几乎没有什么区别。

虽然出现过一些重点案例，但从历史上看，公司在隐私和数据安全管理方面的差异并没有带来积极的业绩，评分较高的公司也没能比评分较低的公司避免更多的负面事件。

公司治理问题

与公司治理相关的问题在长期和短期风险方面通常都有着最强的表现。然而，商业道德和反竞争行为表现出更强的短期事件风险特征，而长期风险可以忽略不计。在商业道德方面，评分较低的公司比评分较高的公司更有可能经历严重的股价损失，在腐败问题上，这种差异则不那么引人注目。然而，公司治理，特别是在腐败问题方面，通常会表现出更大的长期风险特征和较小的短期事件风险差异。

总体而言，在关键公司治理问题上，与评分较低的公司相比，公司治理能力较强的公司表现出更好的盈利能力，股票特定风险和系统风险更低。

融会贯通

在这些关键问题中，碳排放（"环境"部分）最有意义，其次是健康和安全以及劳工管理（"社会"部分）和腐败问题（"公司治理"部分）。这些"最显著"的关键问题表明，长期风险在 ESG 各因素之间的分布比短期事件风险更均匀，后者往往更集中在"公司治理"部分。这就解释了为什么在较短的时间内，公司治理问题对股价风险最为重要。

记忆

在确定了每个部分中的关键 ESG 问题之后，重要的是考虑如何将单个因素整合到一个投资组合中。假设投资者选择了具有不同 ESG 问题的股票，并根据给定的部门或行业分类对其进行加权，从而构成整体 ESG 综合评分或评级，随着时间的推移，这种方法可以对财务业绩产生重大影响。将"环境""社会"和"公司治理"部分随机组合在一起，不如在预先确定的基础上采取动态方法，根据行业相关问题、重要性和适当的权重进行调整，这应该能使投资者发现新出现的风险和机遇，并整合相关的 ESG 因素。

识别"智能贝塔"策略

全球资产管理行业最显著的两个趋势是 ESG 投资和智能贝塔策略的增长。智能贝塔可以被定义为一种基于规则的投资策略，介于主动管理和传统被动管理（市值加权）之间。因此，智能贝塔可以被视为本章前面提到的构建 ESG 投资组合方法的覆盖策略，因为智能贝塔策略通常用于寻找特定的因素风险。

　　智能贝塔策略的增长是由低成本和潜在回报推动的，其成本通常低于主动型管理基金，但业绩优于传统的被动产品。考虑到近年来智能贝塔和 ESG 的相对重要性都有所增加，随着投资者将这些策略结合在一起，预计会形成进一步的增长。一些市场评论员表示，到 2025 年，被动策略（包括智能贝塔和市值加权方法）的使用将达到全球管理资产的约 25%。

记忆

　　目前，智能贝塔 ESG 并不是主流，但研究表明，其采用率正在上升，欧洲的采用率甚至比美国和亚洲更高，规模较大的投资者比规模较小的投资者采用率更高。目前，已经确定了三种将智能贝塔与 ESG 相结合的方法：

　　● 将负面筛选（例如排除涉及烟草或有争议的武器公司）扩展到智能贝塔战略。这种直截了当的方法最受欢迎，可以通过委托、专用基金或内部管理的投资组合来实现。

　　● 使用通过内部定量测试（本章前面已经介绍过）计算得出的 ESG 指标。许多投资者使用这种方法来为传统的因素策略增加财务价值，以改善其内部智能贝塔指数的风险/回报表现。

　　● 融合 ESG 信息和智能贝塔策略。使用这种方法的投资者较少，他们会根据特定的 ESG 指标（如气候变化）来调整投资组合。

　　这些方法存在的问题仍然是 ESG 数据和披露的记录不够长，而另一些人认为，机器学习（ML）的持续发展可以确定 ESG 业绩和股票回报之间的关联性，这可能会在未来增加智能贝塔 ESG 策略的纳入。

　　将 ESG 数据与公认的风险溢价因素（高风险资产的回报预计超过无风险资产的回报）相结合是智能贝塔的良好发展，一些投资者开始将 ESG 本身视为投资的既定因素。此外，现在已经对智能贝塔 ESG 进行了大量的研究、测试和规划，很可能在不久的将来真正实现智能贝塔 ESG 策略。投资者欣赏基于规则的智能贝塔为 ESG 整合带来的透明度，让人们更清楚地了解正在使用的 ESG 因素，并针对具体的 ESG 风险。其他人认为，在 ESG 整合环境中，ESG 指标比总体评分更能提供有用的信息。随着时间的推移，智能贝塔的定量关注点将帮助创建更高质量的 ESG 数据。

警告

然而，将 ESG 信息纳入智能贝塔策略可能会导致因素偏差，因为一些投资者发现 ESG 与价值股票负相关，与质量正相关。此外，一些投资者认为，主动管理（本章前面已经介绍过）提供了一个更好的参与平台，其投资组合的集中度更高，而且主动型管理公司比智能贝塔管理公司有着更大的灵活性，可以根据新的 ESG 信息（如短期事件风险）做出战术性投资组合变化。

以下各节概述了如何将 ESG 因素纳入智能贝塔和投资组合构建方法，以更明确地规避不必要的风险或在其投资组合中实现特定的权重。

将负面股票筛选扩展到智能贝塔策略

ESG 评分可以用来从投资组合中排除"糟糕"的股票，这可以提高标准被动投资组合的评分，而不会恶化其风险调整后业绩。投资者还可以进一步改善智能贝塔策略。一种方法是将涉及烟草或争议武器的公司排除在外，将负面筛选扩展到智能贝塔策略。这通常是通过授权、专用基金或内部管理的投资组合实现的。一些投资者可能会把其筛选重点放在特定的 ESG 问题上，比如碳相关措施，以凸显一家公司相对于其同行的碳排放强度。大多数智能贝塔策略都采用了这种方法。

或者，其他投资者使用他们通过定量测试发现的 ESG 指标，为传统要素策略增加财务价值。例如，通过围绕企业环境、碳排放或公司治理数据等问题开发 ESG 因素，有可能提高现有内部智能贝塔指数的风险/回报表现。

使用 ESG 股权因素和分数衡量投资组合构建

希望将 ESG 因素整合到其投资策略中的机构投资者，他们需要正确的工具来评估投资组合的风险特征和业绩。此外，ESG 投资组合的构成取决于投资者的目标。投资 ESG 的原因可能是道德因素（如社会激进主义），也可能是财务因素（如阿尔法业绩或指数追踪）。这些不同的目标可以形成详细的技术条款，使投资组合的构建成为可能。随后的技术规范取决于重要 ESG 数据的质量，以及投资者对排除和减持股票的风险规避度和舒适度。

任何投资组合都有可能出现不必要的风险或相对于基准的欠佳业绩，但不断发展的 ESG 数据库和投资组合构建技术的扩展，将允许投资者继续持有符合其道德和财务观点的公司股票。

很多投资者希望通过提高 ESG 评分来构建优化的投资组合，同时保持风险、业绩、国家、行业和风格属性与其既定基准相似。此外，ESG 评分的改善也将使投资者超越以前那种更重视排除的策略。支持者认为，市场无法有效地评估 ESG 因素，因为它们解决的是经济尚未可知的长期风险。随着市场开始认识到这些潜在影响，这些投资还是有可能生成阿尔法收益的。因此，增持 ESG 评分正在改善的公司（受益于 ESG 动量）或减持 ESG 评分较低的公司，是改善投资组合业绩的两种方式。然而，比起重大 ESG 因素带来的特定资产回报，更重要的是确定共同市场因素带来的系统性回报，同时保持与既定基准的合理追踪误差。

警告

研究表明，市场对 ESG 评分较低公司的惩罚大于对 ESG 评分较高公司的奖励。这可能是因为投资者认为糟糕的 ESG 行动是风险的来源，迫使他们根据事件（污染、欺诈等）更快地评估 ESG 风险，而不是将 ESG 机遇带来的长期回报纳入股票价格。较低的 ESG 评级可能会带来对股票回报构成威胁的热点新闻，却不能让公司认识到较高的 ESG 评级可以反映重要和长期的回报趋势，也可以为股票提供贴现价值。

专注既定主题

投资者会在他们的投资组合中接触到很多 ESG 投资主题，主要关注的是环境或社会主题，如可再生能源、健康和幸福。这些问题往往涉及特定投资者的价值观，因为这些是他们明确希望接触的主题。行业主题是一种内在方法，投资者可以通过投资于涉及这些主题的特定行业（而不是特定公司）来实现类似的目标。

行业接触

ESG 投资基金往往倾向于制药和科技股等行业，但对航空或能源等行业的权重较低。这些行业偏见在很大程度上受到 ESG 排名或排除策略的影响，不仅使 ESG 基金免受近年来低迷形势的影响，而且推动了大多数基金的业绩增长。

全球行业分类标准（GICS）包括 11 个部门和 158 个子行业。在这 158 个子行业中，ESG 评分前 30% 的公司组成的投资组合仅仅涉及了约 100 个行业。因此，行业在投资组合中的权重与相关行业的 ESG 评分基本一致。此外，占权重最大的五个行业 ESG 评分较高，接触最少或没有接触的五个行业 ESG 评分较低。因此，对这些部门和行业的选择帮助了 ESG 基金在近年来超越了主要基准指数。

目前尚不清楚 ESG 投资组合中每年会主动发生多少次部门轮换，因此行业"倾向"可能带来 ESG 投资组合管理公司需要注意的长期偏差。投资组合管理公司应该根据需要调整证券或行业选择，或是相关的权重。

部门或子行业的年度业绩也可能各不相同，但 ESG 投资组合中行业权重的主要变化方式是由不同行业的企业提高其 ESG 评级并进行整合，或进行降级并移除。此外，一些行业没有经 ESG 评分提供商评级的公司，因此这些行业没有资格被纳入 ESG 投资组合。如果管理公司认为投资组合的部门权重需要调整，他们可能会考虑执行主动的部门覆盖策略，以强化现有的投资组合。

主题接触

与可持续发展目标（SDG，见第 1 章）相关的投资主题在投资者的可持续发展路线图上变得更加突出，因为他们试图在全球股票市场抓住机遇的同时创造积极影响。可持续发展目标为许多投资者、政府和民间社会团体发展可持续方法提供了核心支柱。新的十年已经开始，到 2030 年实现可持续发展目标只剩十年的时间。然而，欧盟和联合国最近发布的进展报告表明，在 17 项可持续发展目标中，很多都不太可能按时实现。

尽管如此，可持续发展目标还是抓住了当今股市中许多重要的回报机遇，并与全球经济增长和整体宏观经济健康密切相关。在这些主题中，五个关键的 ESG 主题脱颖而出：清洁高效的能源、环境保护、可持续的基础设施和发展、健康和幸福、社会公平。此外，ESG 投资数据和分析得到改善，为投资者更好地管理可持续发展目标方面的风险和业绩创造了机会。

对可持续发展目标的关注促使清洁水源、可再生能源和社会住房等领域发布了主题基金。但是，从化石燃料向可再生能源的转型，可能会影响到化石燃料出口国和能源部门以外的国家、行业和部门。没有向低碳转型的整个行业和部门都可能面临着评级下调的可能性，而研究估计，全球股票和固定市场价值的四分之一与化石燃料价值链挂钩。

技术资料

2019 年，全球约 20% 的碳排放都包含了某种形式的碳税。随着近 100 个国家正在制定新法规，这一比例可能会增长到 50% 以上。此外，负责任投资原则（PRI）警告称，由于政府应对气候变化的政策，包括对可再生能源的支持以及对煤炭和碳类价格的限制，到 2025 年，公司估值的损失可能高达 2.3 万亿美元。投资者越来越想要不含化石燃料的投资组合，通过投资为气候变化解决方案提供资金的呼声也越来越高。与此同时，公司将面临更高的燃料成本以及更新的建筑法规和清洁能源要求。因此，新的策略主要通过支持低碳转型的产品和服务来支持企业。

资源短缺日益成为关注的焦点，例如，公用事业、服装和农业等许多部门都严重依赖水资源的获取。在干旱地区开展业务的公司尤其容易受到这些风险的影响，发达国家也不能幸免。据估计，由于基础设施老化、人口增长和年降雨量减少，美国近一半的河流和湖泊可能在未来 50 年内无法满足人们的需求。投资者正在监测企业对水资源短缺的管理和采用高效解决方案的情况，而致力于支持水再生的基金也如雨后春笋般涌现。

第 9 章
ESG 和固定收益工具

在本章中你可以学到：

- 对固定收益（债券）因素的考察
- 如何区分债券发行人之间的差异
- 什么是固定收益指数
- ESG 固定收益风险的分类

在将 ESG 因素纳入投资组合中时，债券投资者通常会落后于股票投资者。与股票相反（见第 8 章），债券投资者的主要关注点是减轻违约风险，而不是获得潜在回报（这自然是有上限的），并在未来返还投资（"我们能拿回我们的钱吗？"）。然而，由于 ESG 对信用评级的影响力越来越大，以及投资者与债券发行人的接触越来越多，固定收益部门正开始迎头赶上。考虑到不同的债务工具、发行人和到期日，固定收益投资者现在正将 ESG 考虑纳入他们的分析，因为 ESG 投资已经逐渐扩展到市场的所有领域，并且 ESG 指标有助于发现新的风险因素。

另一个考虑因素是，多年来，ESG 投资被认为与固定收益无关，因为债券持有人没有投票权，对公司的影响不如股票投资者。尽管如此，就固定收益投资而言，尽职调查一直受到公司治理（G）因素的重要影响，尤其是对公司债券。随着社会（S）和绿色（E）债券的发行量增加，以及对气候（E）和新冠肺炎疫情（S）风险影响认识的不断增强，"社会"和"环境"

因素同样适用于固定收益投资。（有关环境、社会和公司治理因素的更多信息，请分别参阅第 3、第 4 和第 5 章。）

本章将分析 ESG 如何融入主流固定收益投资，强调不同债券发行人类型之间的一些差异，说明使用更多固定收益指数来代表固定收益投资组合的情况，并确定投资者应该注意的一些特定的 ESG 风险。

分析固定收益（债券）因素

记忆

影响固定收益证券价格的关键因素包括利率变化、违约或信用风险以及二级市场流动性风险。债券评级系统主要由三个因素驱动：存续期、信用利差和流动性。当然，ESG 产生的最大风险之一是某种形式的短期事件风险，这类风险是由可能影响公司声誉的信息所驱动，并导致人们对其信用风险的担忧。因此，将 ESG 因素作为投资决策的一部分进行分析的过程是对固定收益的延伸，就像股票投资一样（见第 8 章）。

以下各节讨论了 ESG 在风险、债券组合策略、发行人和整合因素方面的各种考虑因素，最后讨论了信用评级和 ESG 评级之间的差异和相似之处。

风险的重要性

使用 ESG 因素为固定收益投资决策提供信息，主要是识别可能被忽视的风险和机遇。虽然 ESG 整合的方法多种多样，但有一个统一的主题，那就是找出财务上的重大风险。（我们所说的在财务上有重大意义，是指对公司的商业模式和价值驱动因素产生有意义的影响，如利润率、所需资本和风险，无论该影响是积极还是消极。还请注意，不同部门的重大因素可能有所不同。）

随着客户开始寻找有关 ESG 整合的证明，他们期待看到将 ESG 整合到基本面分析中的有效实例，特别是对于长期产品而言。因此，一些公司通过识别不同公司部门可能遭遇的重大风险，采用了一种更系统的方法来纳入

ESG 风险，这与股票投资者使用的方法类似。通过对某些行业部门进行分析，更容易确定这些行业问题的具体指标，并思考公司是否对这些行业进行了充分的管理。鉴于可投资债券的范围非常广泛，投资者能够在其投资组合中发现"危险信号"，并根据 ESG 表现将公司与同行进行基准比较。

这些指标可以通过使用外部 ESG 提供商提供的截断数据来生成，生成的分数可以被细分为特定的"环境""社会"和"公司治理"分数，或者作为 ESG 总分保留，并将权重分配给每个类别，作为同行分析的一部分（有关详细信息，请参阅第 14 章）。同时，宏观指标也可用于识别与某个行业或特定公司相关的其他国家、地区或地缘政治风险。鉴于固定收益债券有着更长的存续期，它非常适合使用代表潜在长期风险的 ESG 评分。

这一分析带来这样一种观点，即投资错误的债券通常比投资错误的股票导致更严重的后果，因为股票回报主要来自与收益或利润预测有关的看法，而不是来自基本面风险的分析。这表明，股票会对 ESG 因素表现出更快速、更直接的反应，而固定收益则具有滞后效应，因为发行人的信誉可以作为 ESG 风险的缓冲，可能会缓解或推迟 ESG 因素的影响。因此，从业务风险的角度来看，ESG 风险虽然有一定的意义，但可能不足以导致信用评级的变化或对公司债券的价格产生重大影响。

警告

传统而言，投资者更关注固定收益中的"公司治理"风险，它是信用分析的驱动力，还可以保护投资级债券的回报。由于未达成"环境"或"社会"目标而违约的情况很少见（例如阿拉斯加漏油事件或英国石油公司漏油事件），但如果未达成"公司治理"目标，公司可能会破产并拖欠债务，这些年已经有过很多这样的例子。

将 ESG 纳入固定收益投资组合的策略

记忆

将 ESG 因素纳入固定收益投资组合的策略包括：

• 负面筛选：将整个行业排除在投资组合之外，取决于该行业相对于投资领域的规模。

● 正面筛选：挑选行业或领域中 ESG 表现最好的公司，但如果投资组合中只包含 ESG 质量较高的公司，这些债券的回报也不会很高。所以，投资者倾向于将这样的投资组合与 ESG 评分较低但 ESG 排名正在提高的公司进行混合。

● 业内最佳：这将在给定的行业内对投资级发行人（IG）和高收益（HY）发行人进行区分，但取决于从部分范围内选择债券的要求，而不是从所有可用的债券中选择债券。

● 参与度：这是公司债券策略的一种新形式，特别是在发行或再发行（公司最初发行新债券或随后替换即将到期的债券）的时候，此时公司将继续就债券条款进行讨论。但债券投资者应该意识到，对于没有正式投票权的股票投资者来说，这可能会非常困难。

● 主题：解决气候变化等主题问题所需的投资规模在过去五到十年里大幅增加，对绿色、可持续、甚至是疫情债券的需求大幅增加。

记忆

因此，ESG 因素正逐渐被纳入常见的固定收益投资组合因素，但与股票投资组合采用的复杂 ESG 方法相比，它们的反应相对迟缓。然而，评级机构一直将公司治理或管理能力视为其标准信用风险评估框架的重要组成部分。因此，这可以解释为什么 ESG 信用评级在三大评级机构（惠誉、穆迪和标普）之间的相关性要高于股票 ESG 评级机构之间的相关性。

债券发行人目标

对于许多公司来说，他们更倾向于通过发行债券来筹集资金，因为这可能比降低股权占比（发股）更有效率、成本更低，尤其是在基准利率较低的情况下。因此，债券市场比股票市场大得多，许多公司正在意识到良好的 ESG 流程对吸引债券投资者越来越重要。

此外，发行人（可以是公司、市政实体或政府）应当经常重新审视债券市场，为原有债券进行再融资或寻找新融资，帮助债券投资者识别风险、与发行人接触、建立合作关系，以实现变革。因此，固定收益投资者可以在主要发行周期内发挥最大影响力，此时发行人对投资者提出的要求更加开放，更有可能将这些要求纳入新债券的条款。因此，专注于 ESG 的投资者不仅可以影响已经倡导采取 ESG 综合方法的发行人，还应该与希望做出改进的发行人进行接触，这些发行人更热衷于与贷款人合作实现 ESG 目标。

正如本章前面提到的，投资于 ESG 评分较高的债券可以降低可用收益率，这是发行人希望看到的，同时，这也能带来更好的风险调整收益率。因此，发行人应该意识到，投资者希望通过提高 ESG 评分来为发行人融资，从而增加回报，并带来积极的发展。这也使得投资者可以在发行人提高其 ESG 分数并提高其信誉的时候利用收益率压缩（较高的投资级别带来较低的风险状况，可以用较低的收益率/回报购买）。

与此同时，市场也希望进一步发行与 ESG 相关的社会债券，例如性别、健康和其他与社会有关的基础设施领域（如食品分配和运输）、卫生设施和供水，特别是考虑到新冠肺炎疫情后的新要求。开发银行和机构正在与私人融资和机构投资者更密切地合作，以展开交易和共同投资。此外，联合国可持续发展目标（SDG，见第 1 章）正在形成重要的 ESG 框架，以指导发行人向投资者提供回报，同时对社会产生积极影响。因此，要在 2030 年实现可持续发展目标，联合国估计每年需要投资 3 万亿至 5 万亿美元，应该会带来更多的债券发行，其中大部分投资来自私营企业。

对于可持续发展目标的长期性，以及大部分资金需要用于长期社会和环境项目的要求，新发行的固定收益债券更适合履行这些责任。此外，联合国全球契约组织还制定了一份"可持续发展目标债券蓝图"，为公司和投资者提供有关发行的定义、发展和影响力衡量的指导（参见 www.unglobalcompact.org/library/5713）。因此，主权国家、开发银行和企业的可持续发展目标债券市场有很大的增长前景，其中一些债券将以特定主题为目标，例如亚洲开发银行在 2017 年推出的性别债券。此外，绿色债券的演变表明，许多投资者主要关注环境问题，特别是与气候有关的问题。本章后面将更详细地介绍绿色、社会和可持续债券的具体内容。投资者应该认识到，将 ESG 评级作为信用评估工具的债券与那些明确作为可持续工具发行的债券之间存在区别。

支付利率成本

记忆

ESG 因素会影响借款人的现金流，并可能导致其拖欠债务。因此，ESG 因素是评估借款人信誉的重要组成部分。对于企业来说，与气候变化、劳资关系或会计实务缺乏透明度有关的资产搁浅问题（资产遭遇意外或仓促的减持或贬值），可能会导致意外损失、诉讼、监管压力和声誉影响。

研究表明，ESG 与信用评级正相关。为了确定 ESG 的边际效应，投资者需要一个整合的 ESG 信用评估模型。一些证据表明，ESG 可以正向影响资本成本：在相同的信用评级下，ESG 评分较高的债券发行人的资本成本低于 ESG 评分较低的发行人。业内最佳公司和业内最差公司之间存在明显的收益率差，欧元计价债券的利率通常比美元计价投资级债券的利率更高（这些债券被认为违约风险较低，信用评级机构的评级较高）。这在最近几年变得更加明显，而这种由于能获取到更多数据而产生的 ESG 影响，在十年前是无法识别的。随着 ESG 评级继续融入固定收益领域，债券发行人必须考虑这些利益，以降低其融资成本。

齐聚一堂：ESG 整合问题

考虑到本章前面描述的一些策略的限制，许多投资者倾向于采用全面的 ESG 整合方法，以应对不同的债券特征和投资者 ESG 风险概况。然而，也有一些投资者开始质疑 ESG 的整合问题：

● 穆迪和标普等信用评级机构（CRA）认为，他们已经将 ESG 风险作为衡量标准之一，但有一种看法认为，将 ESG 因素纳入信用分析仍然很困难。

● 流动性问题在固定收益领域更为普遍，这可能使利用 ESG 信号重新平衡积极管理的投资组合变得更加困难。

● 鉴于债券持有人了解其债务工具的回报，其主要目标是在债务工具到期时将违约风险降至最低，因此股票投资者应该比债券投资者对 ESG 风险更敏感。

此外，还需要改进发行人层级的 ESG 数据质量和可用性、ESG 信用评级分析（结合相对于某些 ESG 风险的长期信用分析的时间范围），以及针对固定收益定制的 ESG 投资策略经验。此外，ESG 数据供应商通常专注于上市公司，而忽略了较小的公司和只发行债券的公司。因此，虽然美元和欧元投资级公司的覆盖率通常很高，但高收益和新兴市场公司的覆盖率要低得多。

信用评级机构已经将可持续性纳入其评级框架，这一分析的发展方式将吸引更多的投资者，因为许多部门（总计超过 2 万亿美元的评级债券）正面临着信用降级的风险。这主要是因为他们暴露在环境风险中，例如碳转型。电力公用事业和煤炭行业面临着更紧迫的风险，而汽车制造商、通用化学品制造商以及石油和天然气公司需要在 3—5 年的时间来应对这些威胁。

提示

采用积极策略的投资者能够更自由地思考解决问题的其他方法。例如，他们可以提出具有足够吸引力的独立投资决策，并投资于 ESG 评级较低的国家，但前提是该投资组合有着相对较高的 ESG 整体评分。他们可以为每个国家分配权重，例如，为 ESG 新兴市场投资组合分配权重。根据这些国家目前的 ESG 行动和改善迹象，投资者可以增加国家权重；如果出现恶化迹象，他们可以减少国家权重。投资者可以使用这种动态方法来提高信贷质量的改善趋势，或减少信贷质量的恶化趋势。

债券定价

与股票不同，债券的最终价值是以其面值（债券发行时的面值）为上限的。因此，人们对下行风险的关注比对上行潜力的关注更多，大多数分析都集中在还款和违约风险上。这增加了争议评分和其他 ESG 措施作为"危险信号"的重要性。因此，关键在于分离 ESG 风险对债券价格的影响，因为息票、期限结构和利率都会影响信用利差。债券投资者的投资范围广泛，在工具的质量和数量上存在很大差异，他们的流动性可能低于现有的股票市场。

记忆

债券价格是根据其信用评级和违约风险来衡量的，因此波动性通常较小。固定收益投资者还需要考虑以下几点：

- 固定收益债券相对于可能永久持有的股票的固定到期日。

- 固定收益工具在公司资产负债表结构中的地位。

- 与股东有关的不同权利，特别是在投票和参与度方面。

- 主权债券、跨国机构发行人和股票市场上不存在的资产支持证券。

固定收益研究集中于调整公司债券的关键股权 ESG 因素。然而，它们并不总能反映出对固定收益投资者来说至关重要的问题。虽然公司债券模型传统上被分为到期日、评级和行业类别，但一些投资者还创建了包括流动性、质量、价值和动量的模型。因此，尽管在被动投资的更低成本和潜在优异表现的推动下股市要素投资出现了显著增长，但新的研究表明，要素投资可以扩展到固定收益领域。这些策略包括通过低波动性偏好或风险偏好来降低风险，安全地筛选策略，在特定领域寻找价值，以及将投资组合偏向更高质量的债券。

融为一体：信用评级和 ESG 评级

信用评级应指出对发行人信用有重大影响的所有因素。因此，应纳入有关发行人 ESG 业绩的长期因素，但迄今为止，在信用分析中纳入 ESG 因素的情况相对有限。然而，重要 ESG 因素现在被视为标准信用风险评估模型的一环，信用风险的重要性取决于行业部门、公司和时间范围。

此外，欧洲证券和市场管理局（ESMA）已为信用评级机构（CRA）提供了整合 ESG 因素的技术建议（请查看 www. esma. europa. eu/sites/default/files/library/esma33 – 9 – 321_technical_ advice_on_sustainability_considerations_ in_the_credit_rating_market. pdf）。该建议确定，尽管信用评级机构考虑了 ESG 因素，但应根据资产类别或行业采取不同的方法。因此，欧洲证券和市场管理局裁定，不能依赖信用评级来对发行人的可持续发展特征提供意见，而应侧重于透明度。作为回应，信用评级机构（惠誉、穆迪和标普）一直在进行 ESG 数据生成能力方面的研发，并对其评级方法进行修改，以适应所有行业。

因此，惠誉（ESG 相关性评分）和标普（ESG 评估工具）现在可以生成单独的 ESG 评分，以补充其信用评级，而穆迪正在将 ESG 分析纳入其评级。所有信用评级机构都表示，尽管采用了新的 ESG 方法，但其目前的信用评级没有变化。然而，投资者现在可以评估其 ESG 和信用评级之间是否存在相关性。

与此同时，由负责任投资原则（PRI）组织创建的信用风险和评级倡议中的 ESG 正在将 ESG 因素明确而系统地纳入信用风险分析。这可以促进信用评级机构和投资者之间的交流，以促进沟通语言的标准化，并就 ESG 对信用可靠性的风险进行讨论。首先是《关于 ESG 在信用风险和评级方面的声明》，已由 160 多名投资者（管理着超过 30 万亿美元的资产）以及 23 家信用评级机构签署。通过签署这份声明，信用评级机构和固定收益投资者承诺将 ESG 纳入信用评级和分析（请查看 www. unpri. org/credit – risk – and – ratings/statement – on – esg – in – credit – risk – and – ratings – available – in – different – languages/77. article）。

ESG 的"公司治理"因素（在第 5 章中介绍）一直是信用的重要组成部分，因为良好的公司治理是信用价值的明确衡量标准。因此，信用评级机构非常熟悉对公司治理特征的评估。由于投资者将明确考虑更多的"环境"和"社会"因素，目前尚不清楚评级业绩将如何受到影响，但过于强调 ESG 因素，可能会增加在 ESG 整合方面有些落后的公司的资金成本，或者至少可以帮助投资者认识到即将发生的潜在危险事件。初步研究表明，使用 ESG 筛选可以在不降低回报的情况下缓和固定收益领域的风险，同时，ESG 评级较低的公司往往表现出较高的市场贝塔系数。因此，减少此类公司在投资组合中的份额可以降低风险。然而，就像 2008—2009 年的金融危机凸显了人们对信用评级方法的顾虑一样，2020 年的新冠肺炎疫情也使一些 ESG 信用评级的质量受到人们的质疑。

因此，利益相关者应承认，信用评级仅代表对发行人信誉的评估。信用评级机构在决定哪些标准对其评级至关重要时，必须保持完全独立。虽然对发行人的 ESG 分析是信用评级的重要组成部分，但这两种衡量标准并不能互相交换。即使 ESG 因素对信用评级很重要，但财务实力等其他因素可能更为重要。财务实力可以让发行人适应 ESG 风险，同时也可以作为企业良好管理 ESG 风险的指标，而信用评级机构往往会特别关注 ESG 的"公司治理"因素。但是，良好公司治理并不会单独对信用评级产生积极影响。

强调债券发行人之间的差异

不同 ESG 部门的财务重要性在不同行业之间差异很大。研究表明，"环境"部分（见第 3 章）对金融机构的影响比人们普遍认为的更大，因为向化石燃料生产商提供的贷款使银行在向低碳经济转型的过程中面临着金融风险。因此，重视对行业更重要的 ESG 风险因素可以提高投资组合的业绩。

研究进一步表明，ESG 因素在很大程度上解释了新兴市场政府发行人的信用利差偏差。正如本章前面所指出的，ESG 表现较差的发行人通常需要支付更高的市场溢价来发行债券，而对于 ESG 表现较好的发行人来说，情况正好相反。因此，固定收益市场似乎已经开始计算 ESG 相关风险。但因为监管压力正促使发行人更加关注可持续发展问题，信用利差和 ESG 评分之间的相关性可能会被"风险规避期"等宏观力量所掩盖。

在被可持续投资者忽视的行业也存在着 ESG 潜力，包括美国机构抵押贷款（占美国彭博巴克莱综合债券指数约三分之一）。他们通过赞助获得信贷、帮助服务水平低下的人群，并促进社区发展的计划，以此专注于"社会"因素。同样，美国市政债券市场也正在逐渐吸引 ESG 投资者的注意。还有，美国市政市场约三分之一的债券发行与联合国可持续发展目标（SDG，见第 1 章）有关。因此，在环境管理和社会影响方面表现良好的发行人可以吸引资金。与此同时，正如本章后面更详细讨论的那样，可持续投资还会包括特定的授权类型，如绿色债券和可持续发展债券。

以下各部分内容将进一步分析不同类型的发行人，从政府债券到新兴市场，并评估如何纳入 ESG 评级。

为了国家：主权债券发行

政府债券占固定收益发行量的很大一部分，但国家在 ESG 因素方面的表现远不如企业。对政府债务的信用分析通常集中在宏观经济指标上，如债务与国内生产总值的比率，或其他强调债务可持续发展的关系。与此相关的是发行人的经常账户状况及其履行债务义务的承诺或能力，这可能是由政治稳定或政府效率等因素推动的，并归于 ESG 中的"公司治理"因素。然而，可持续发展因素和政府债券利差之间的相关性往往被宏观经济因素所掩盖，而宏观经济因素被认为是更重要的财务因素。利率和通胀的变化，或者对风险的态度从"增加风险"到"规避风险"，都会引发政府债务偏好的变化。

主权债券发行人需要采用另一种方法来进行定期信用分析。在 ESG 问题上，与政府接触的机会并不像在企业层面上那么多。此外，公司债券可以通过基础股票使用的 ESG 评级系统进行评级。在评估政府债务时，重要的是对国家问题做出客观的 ESG 评估，而不是发表对政府政策的主观看法，否则可能会有被指责为政治干预的风险。例如，一些人可能会认为，美国未能达到 ESG 标准，因为它支持武器制造、有社会平等问题、适用死刑、污染排放超标，以及退出《巴黎气候协定》（在编写本报告时）。尽管如此，它还是世界上最大的债券发行国。难道养老基金能将美国国债排除在庞大的多元化债券投资组合之外吗？

即使在发展中市场，基于 ESG 的主权债券投资也可能很困难。ESG 评估往往基于社会和宏观经济指标，如教育标准、劳动力市场和社会流动性的数据，但也有研究表明，ESG 评分与人均国内生产总值之间存在相关性。然而，对可持续发展目标的分析可以帮助投资者认识到欠发达经济体公共债务发行人可持续发展的关键因素，尽管这可能意味着智利等中等收入发展中国家的评级比孟加拉国更高。因此，特定的 ESG 因素可能会让投资者对那些最需要资金的国家望而却步，转而去支持那些已经更好地进入金融市场的国家。然而，这需要将 ESG 普遍原则与新兴或前沿市场的投资协调一致，这些市场可能社会腐败程度较高、治安较差、法律效力较为薄弱，而且污染程度正逐渐高于发达市场。

记忆

从 ESG 的角度来看，一些重要的驱动因素会影响经济业绩，包括主权债券发行对环境的影响，以及该国面临的气候风险。此外，政府获得的资金将如何投资于该国公民，以及公司治理效率如何，正成为人们关注的焦点。在主权层面上，与公共卫生标准、自然资源管理和腐败相关的风险，可能会影响贸易平衡、税收和外国投资。这些因素可能导致债券价格波动，并增加违约风险。

提示

这些或类似的原则可以指导基本指标的选择，可以在世界银行 ESG 数据网站查看这些指标，从而更全面地了解每个国家的可持续发展特征。ESG 数据网站允许投资者确定每个国家的可再生能源产出和二氧化碳排放量（"环境"）、失业率和识字率（"社会"）以及法治和腐败（"公司治理"）等指标，这些指标可以突出现有经济指标无法反映的可持续发展问题。这些基本指标可以用来计算这三个关键因素的分数："环境""社会"和"公司治理"。通过将三个关键因素的得分等权组合，可以提供每个国家的 ESG 总分。有关更多信息，参见 https：//databank. worldbank. org/source/environ- ment – social – and – governance –（esg）– data.

公司债券发行

许多投资者和基金管理公司一直专注于调整公司债券的重大股权因素 ESG 分类。那么，鉴于公司债券业绩通常是由多种因素决定的，ESG 如何影响公司债券的信用评级？在投资组合层面，发行人的选择和多元化是重要因素，但传统上，信用风险是相对于债券价格波动、信用违约互换价格和信用利差来进行量化的。最近启动的负责任投资原则倡议（在前面的"融为一体：信用评级和 ESG 评级"部分提到）旨在扩大可行的解决方案，以便更系统、更透明地将 ESG 纳入信用评级和分析。

记忆

ESG 风险已被视为企业信用标准框架分析中的一个重要因素，其目标是将 ESG 因素作为过程的一部分，并介绍发行人的整体概况。任何信用评级机构的分析，其主要关注点是在使用有利因素改善信用评级之前，使用 ESG 因素来加强对任何下行信用风险的识别。具体来说，就是将公司治理应用于中性或负面范围的评分。评估的其他因素包括遵守法律和法规要求，员工、客户和社区关系，气候变化政策，环境污染，以及资源枯竭。然而，信用评级机构通常认为，他们的评估中一般会隐含"环境"和"社会"因素，因为他们对公司处理其他信用因素的方法进行了评估。因此，当信用评级机构认为 ESG 因素将对其评级系统的主要关注点产生重大影响时，他们就可以捕捉到这些因素，以评估债务发行人违约的可能性和违约事件中预期的信用损失。

更多空间：新兴市场

与美国和欧洲相比，亚洲在将 ESG 因素融入投资实践方面一直落后，原因有很多，包括对其优势的认识不足，以及商业激励的相对缺乏。亚洲处于可持续发展和金融的十字路口，具有独特的地位。该地区创造了全球近 40% 的国内生产总值，居住着全球约 60% 的人口，三大能源消费国中的两个就在这一地区，同时拥有一个不断扩大的万亿级美元信贷市场。

因此，ESG 因素正在信贷质量、违约和利差等领域对亚洲固定收益结果产生显著影响。从 ESG 的视角进行投资可以通过加强风险管理来帮助加强投资组合。对于许多参与者来说，利用当地知识和人员进行积极投资可以带来额外的好处，就是用更细致的方法来识别风险和机遇。这也有助于企业参与，而公司治理问题仍然是评级变化最频繁和最重要的因素。

监管和机构投资者需求是亚洲环境因素筛选的主要驱动因素。在某些部门（包括能源、金属、采矿和公用事业），由于对气候变化和可持续融资的认识不断提高，环境因素发挥着越来越重要的作用。例如，为全球提供大部分货源的亚洲棕榈油行业，一直因涉嫌砍伐森林和破坏野生动物而受到审查。因此，近年来，大型机构投资者纷纷从该行业撤资。

关注固定收益指数

研究表明，根据历史数据，扣除交易成本后，主动型股票投资组合管理公司的平均业绩要低于基准指数。然而，相比之下，扣除交易成本后，固定收益管理公司的业绩要好于各自的基准指数。因此，固定收益管理公司对被动管理的需求并不像股票管理公司那样旺盛。然而，随着数据的不断披露和透明度的增加，进一步研究可能会导致投资者未来资金分配的变化。固定收益 ESG 指数可能在不久的将来成为众多投资者的基准策略。

记忆

固定收益 ESG 投资的各种方法与股票投资的方法并没有什么不同（见第 8 章）：

- 投资者通过排除筛选，根据与投资者的价值观背道而驰的相关记录（基于行为规范的排除）、可持续发展方法或基于 ESG 评级对同行的"业内最差"评估来排除公司（或发行人）。

- 投资者结合排除筛选和对强大 ESG 公司（"业内最佳"）的关注。要做到这一点，可以排除所有低于 ESG 评级下限（"业内最差"）的证券。

- 投资者利用优化来提高投资组合的加权平均 ESG 评分，同时密切跟踪其传统基准指数的特性。

在股票市场上，这里描述的前两种方法将导致重大的"追踪误差"，或者与投资组合的基准指数相比出现业绩差异。然而，债券的情况并非如此，因为利率变化等宏观风险在固定收益总风险中占有一大部分。因此，从总体风险的角度来看，增持或减持固定收益投资组合的影响小于股票。所以说，在 ESG 债券指数基准下，固定收益投资者不需要牺牲他们的收益率、多样化或回报目标。因此，ESG 债券指数使基金管理公司能够搭建模块，投资者可以使用这些模块来形成可持续发展的多资产投资组合的核心内容。这使投资者得以创建投资组合，并提高其在主要可持续发展指标上的表现，包括 ESG 评分，同时密切追踪标准债券指数的基本特征，如存续期和收益率。

自 2019 年以来，包括 ESG 因素在内的被动型 ESG 基金流入了大量资金，管理的整体资产翻了一番。然而，与股票相比，仍然急需投入更多被动型 ESG 债券基金。尽管如此，在信用利差非常紧张的低收益环境中，客户担心经济衰退和地缘政治风险事件的威胁，可持续发展正迅速成为投资模式的一项关键因素。因此，许多新的债券指数正在建立，并采用了一些方法，比如将特定发行人排除在基准债券指数之外，重新对指数成分进行加权，使指数偏向 ESG 评级较高的 ESG 领先者。或者，投资者正在参与采取了更大排除政策的指数，同时对每个行业的 ESG 领先者赋予更大的权重。这让投资者可以通过更被动、更受指数驱动的产品，采用多种方式来表达他们对固定收益 ESG 的看法。这种被动策略比主动管理策略能够节约更多资金。

此外，ESG 债券指数也是交易所交易基金（ETF）的基础。交易所交易基金是贝塔系数（债券价格相对于整体债券市场变化的反应能力）的基石，反过来也可以降低与某些产品相关的费用，并将其他费用集中在可以增加阿尔法收益的主动型基金上。在某些行业或某些产品中，投资者也在使用交易所交易基金来增加流动性，在这种情况下，他们可以快速买入或卖出产品。此外，通过交易所交易基金进行债券交易有助于定价，交易所交易基金的价格有助于为固定收益投资组合的整体定价提供信息，让投资者可以立即掌握相关基础债券的定价信息。

技术资料

固定收益指数适用于可持续债券，ESG 调整后指数适用于定期发行的公司债券或主权债券。研究显示，2019 年彭博巴克莱 MSCI 欧元绿色债券指数回报率为 7.4%，高于彭博巴克莱 MSCI 欧元综合指数（定期欧元计价公司债券和主权债券）的 6%。此外，在过去 4 年中，欧元计价绿色债券有 3 年的表现优于欧元综合指数，平均每年高出 0.7%。然而，在这 3 年中，绿色债券指数的年度波动性较高，这表明较高的回报在一定程度上是因为其较高的风险。这可以用 2017 年绿色债券指数的存续期增加来解释，当时法国发行了第一只期限为 22 年的绿色政府债券。这也意味着整体指数对利率的变化更加敏感。

识别特定的 ESG 类型

记忆

　　在固定收益中，发行的证券对如何使用债券收益有具体要求。这些债券为旨在产生气候、社会或其他环境效益的项目提供资金，通常分为以下五类：

- 绿色债券的发行始于 2007 年，得到了欧洲投资银行（EIB）和世界银行的支持。它们旨在支持那些具有明显环境或气候效益的项目。发行的绿色债券多为绿色"收益使用"或资产相关债券。从这些债券筹集的资金是为绿色项目预留的，并由发行人的整体资产提供支持。

- 社会债券是一种资金使用债券，可以为具有积极社会效益的新项目和现有项目筹集资金。社会债券是指资金与新建或现有的社会项目进行融资或再融资有关的债券工具。发行人通常会就其社会债券框架征求第二方（second‒party）意见，以确保其债券符合市场预期和行业最佳行动，同时给予投资者发行信心。

- 社会影响力债券将支付给投资者，通常来源于政府，这些支付取决于目标社会计划的实现。债券的资金将用于教育、就业、医疗和住房等领域。

- 可持续债券与绿色债券形成鲜明对比，它为发行人提供了更多授权，要求其将债券收益用于适当的 ESG 行动。

- 蓝色债券是可持续债券家族中最年轻的成员。第一次发行于 2018 年 10 月，塞舌尔与世界银行合作发行了 1500 万美元的债券。蓝色债券是为海洋和海洋项目融资而发行的债券，这些项目具有积极的环境、经济和气候效益。

　　所有这些债券都更关注在发行中筹集到的资本应当如何进行配置，而不太关注发行人的整体表现，但与可持续发展有关的债券除外。以下各节将更深入地讨论这些债券。

为了地球：绿色债券

绿色债券为气候和环境项目筹集资金，通常由政府、公司和金融机构发行。包括欧洲投资银行和世界银行在内的多国开发银行最初在 2007 年将其推向市场，但其近年来的发行量有所上升，2019 年全球新发行债券超过 2580 亿美元。各类绿色债券即将到期，自 2020 年 9 月开始，绿色债券的未偿还发行量超过 1 万亿美元，是 2015 年市场规模的 10 倍以上。

以下各节将深入探讨绿色债券的不同方面，包括绿色债券原则、过渡债券、指标和工作组。

记忆

绿色债券原则

绿色债券原则 （GBP，www.greenbond.org/）是一项自愿指导方针，旨在促进市场的透明度和完整性。绿色债券原则的以下 4 个维度规定了其最低要求：

- 提前公布合格的项目分类。

- 努力确定环境可持续发展目标。

- 至少每年报告收益的定量使用情况。

- 确保申报项目资金到位。

绿色债券原则确认了能源效率、可再生能源和可持续水项目等十大类别。然而，获得绿色债券资质并不是简单的单选题。投资管理公司正在开发评级系统，以确定被审查债券的"绿色"程度或收益使用情况造成的影响。例如：

- 可再生能源和电力运输项目通常获得最高评级，因为其侧重于零碳经济的长期目标。

● 在绿色建筑项目中涉及问题能效的债券将获得较低评级。

● 改善化石燃料基础设施，包括旨在减少燃煤对环境影响的技术，将被评为不符合资格。虽然此类项目可能产生环境效益，但延长化石燃料资产的使用寿命并不符合绿色项目的宗旨。

● 核能项目尽管具有零碳效益，但由于放射性废物对环境的潜在影响，也被排除在外。

替代能源和可再生能源项目往往主导着绿色收益的分配，绿色建筑和可持续运输项目的市场份额比较相似，分别排在第二位和第三位，而能源效率和可持续水项目是另外两个值得注意的项目。随着这一领域发行量的增加，很明显，绿色债券和非绿色债券之间的重要定价差异已经缩小，美元和欧元计价的绿色债券，在政府和企业发行人之间的买卖价差没有显著差异，信用风险和流动性方面也是如此，甚至更好。此外，绿色债券的表现说明，欧洲发行人的投资级债券业绩出色，美国发行人的业绩则恰恰相反。

记忆

这证实了绿色债券不再是影响投资者的小众策略。考虑到目前气候协议、可持续基础设施和水项目的环境，这种情况将继续下去。另一个重要的里程碑是在 2020 年 9 月发布的，德国联邦政府发行了 65 亿欧元（77 亿美元）的主权债券。此外，市场也在不断创新，特别是关于污染预防和其他领域的过渡债券项目，以及与明确目标挂钩的债券。此外，许多部门都开发了不同的债务工具。

过渡债券

安盛投资管理公司（AXA IM）最先提出了"过渡债券"的概念，专注于为积极脱碳但无法发行绿色债券的碳密集型公司（例如化石燃料公司）提供新的工具。这类公司缺乏合适的绿色资产来发行绿色债券，因此过渡债券可以为其提供另一种资金来源，明确帮助这些公司变得更加绿色环保。他们认为自己可以依赖收益使用方法来支持绿色债券。这些资金需要专门用于为特定项目提供全部或部分的融资或再融资，发行人需要从商业转型和气候转型的角度证明其重要性。

　　然而，也有人担心，过渡债券可能会破坏绿色债券市场的可信度。在绿色债券市场上，被融资项目的环境价值可能存疑，特别是在发行人不是绿色融资相关实体的情况下。虽然我们的目标应该是让所有碳密集型行业都转型为未来的绿色产业，但一些公司的转型还需要时间。然而，目前还没有普遍接受的关于过渡债券的定义（例如，关于为气候相关债券提供更好定义的倡议，见 www. climatebonds. net/transition - finance/fin - credible - transitions）。绿色债券市场已被有效地用于过渡融资，一些发行人（如欧洲复兴开发银行）认为，这两个部门应该合并。2019 年，欧洲复兴开发银行在为专注于脱碳和资源效率的项目创建了投资组合后，发行了首个"绿色过渡债券"。

指标和工作组

　　市场透明度的提高推动了追踪绿色债券领域的指数增长。这些指数提供了追踪市场发展、衡量业绩和评估市场风险的方法。一些常用的基准包括彭博巴克莱 MSCI 绿色债券指数、标准普尔绿色债券精选指数和美银美林绿色债券指数。此外，由国际资本市场协会（ICMA）支持的绿色债券原则执行委员会也设立了新的工作组，其中一个就是"气候过渡融资"工作组。

目光长远：社会债券

　　社会债券是可持续债券的一个独立部门，它们遵循与绿色债券类似的价值观和信息质量，但其资金用于支持社会项目，例如对基本服务（如医疗、教育和金融服务）、经济适用房和小额信贷的支持。

　　投资者越来越愿意投资社会债券，并将其作为在获得客观回报的同时产生积极影响的一种手段。然而，一些担忧依然存在。在影响力报告标准和流动性的问题得到解决之前，发行人和投资者可能会有所保留。但社会债券的发行量增长强劲。2016—2019 年，社会债券约占所有发行量的 6.5%，且总发行量一直在增加。绝大多数工具是由主权国家、超国家和机构（SSA）发行的，其次是金融机构集团，一小部分是由企业发行的。

SSA 主导的债券发行与绿色债券发行的早期阶段类似（本章前面已经讨论过），欧元计价的发行量约占总发行量的三分之二，相比之下，以美元计价的发行量约占八分之一。社会债券的发行表现出与现有固定收益工具类似的回报和信用风险状况，但这一市场仍然远远比不上绿色债券市场。现有的发行需要就影响力的衡量框架达成一致后才能进行，再加上供应不足，导致流动性的减少。只有在行业就该影响力达成一致后，才能终结这一恶性循环。

社会债券原则（SBP）指导方针由国际资本市场协会编制，倡导发行人通过定性业绩指标展示其影响，同时也就定量业绩衡量的使用提出建议。（请访问 www. icmagroup. org/green – social – and – sustainability – bonds/social – bond – principles – sbp/了解详细信息。）投资者需要实际的数据，但相关的影响指标和解释范围仍在研究中。机构投资者表示，他们可能愿意就"产出"类指标（例如，受益人数）达成一致，并以此作为起点，强调了项目影响"可追踪性"的重要性。此外，随着更广泛和更有针对性的发行人培训，社会债券市场应该能受益于企业发行人带来的更多产品，像绿色债券市场一样蓬勃发展。

在计算实际的"影响力"方法方面出现了改进，使得发行人可以进行更详细的报告。联合国可持续发展目标（见第 1 章）是发展绿色金融以外市场的宝贵参考资料。ESG 框架也很有用，但其似乎更强调环境问题，而不是社会或公司治理问题。例如，欧盟的可持续金融行动计划主要侧重于为企业制定环境行动的基准，而不是其社会影响。2020 年的新冠肺炎疫情很可能成为一种催化剂，促使监管机构加大对社会问题的关注，尤其是机构投资者正在考虑向可持续发展政府项目配置更多资本，以便让社会债券受益的情况下。事实上，欧盟最近建立了可持续金融平台，该平台下设一个分组，正在考虑按照与环境分类法类似的路线制定社会分类法的可能性。

再接再厉：可持续发展与可持续发展挂钩债券

可持续性债券是一种新的工具，旨在鼓励借款人发行与整体环境目标挂钩的债券，而不是与具体项目挂钩的债券，这一债券在贷款市场上的类似交易大幅增长（自 2017 年首次推出以来，已发行逾 2000 亿美元）。可持续发展债券的收益全部用于绿色和社会项目的融资或再融资。

提示

另外，国际资本市场协会还发布了可持续发展挂钩债券的原则，为希望筹集环境友好型债券的发行人提供指导，其条款与特定的 ESG 目标挂钩。这些指导方针是自愿的，但借款人和投资者已经采用了针对绿色债券和社会债券的类似规则。有关更多信息，请访问 www. icmagroup. org/green – social – and – sustainability – bonds/sustainability – bond – guidelines – sbg/.

警告

然而，缺乏共同的规则，以及欧洲央行没有资格购买增息债券（以较低的票面利率发行的可赎回债券，利率在债券有效期内逐渐增加）的事实，一直是阻碍更多可持续发展挂钩债券发行的主要障碍。

可持续发展相关债券结构可能吸引的发行人包括生产消费品的公司，如食品和饮料公司，因为它们通常没有可以与绿色债券发行配套的大型资本项目。对于投资者来说，由于普遍采用收益使用法，这些新工具可能成为对其他可持续债券的补充。由意大利公用事业公司意大利国家电力公司（Enel SpA）推动的另一种新方法是 ESG 挂钩债券，如果公司未能实现其环境目标，该债券将增加应付息票。虽然这些债券以环境为主题，但它们并不与特定的项目挂钩，资金也用于一般用途，但如果意大利国家电力公司未能达到既定的可再生能源安装和温室气体排放目标（可持续发展目标中的两个目标），将支付 25 个基点的"升级"息票。

第 10 章
探索衍生工具和另类工具

在本章中你可以学到：

- 如何利用 ESG 指数获取被动收益
- 另类资产中的 ESG
- 关于非流动性资产的考察
- 对"传统的"ESG 投资的研究

负责任的投资和 ESG 传统上偏向于股票（见第 8 章）和债券（见第 9 章）等流动资产。这有几个原因，包括所管理资产的权重、信息的可用性，以及向股东提供的权利和准入权限。然而，最近确保在另类资产中融入 ESG 因素的重要性有所上升。这主要是因为养老基金开始向另类解决方案重新分配资产，以及人们开始认识到非流动性资产需要进行更长期的投资，因此可以说更容易受到 ESG 风险的影响。随着混合融资（一种旨在吸引资本投资于对社会有益的项目，同时向投资者提供财务回报的方法）成为帮助实现联合国可持续发展目标的工具，这个问题变得更加重要。

本章将调查一些传统的 ESG 投资方法，然后将考虑另类产品，使用上市和场外交易（OTC）衍生品来复制或降低基础资产的风险，并投资于包含 ESG 因素的贷款或对冲基金策略。在此之后，我们将从金融市场的角度来研究房地产投资，以及可再生能源领域的具体可持续影响力投资。

使用 ESG 指标实现被动回报

对基于指数的投资产品（被动投资策略）的需求不断增加，以及对基于 ESG 的策略的热情日益高涨，共同导致以 ESG 为重点的指数产品激增，如标准普尔 500 ESG 指数和斯托克欧洲 600 ESG – X 指数。近年来，为投资者提供简单、低成本解决方案的被动策略数量成倍增加，这些策略使用 ESG 指标和排除手段作为客观的投资标准。

警告

然而，许多被动型产品并没有完全披露其实际应用 ESG 策略的方式，其中一些产品依赖于单一的第三方 ESG 评级提供商（有关更多信息，请参阅第 14 章）来选择基础成分股票。因此，其中一些产品将表现出与传统被动工具相同的限制，包括市值、行业或地区偏差。所以，在审查标准指数或构建其自身的基于指数 ESG 策略时，资产管理公司应当同时考虑几家数据提供商提供的适用 ESG 评级，以确保他们对结果感到满意。

尽管如此，指数已经成为投资过程中必不可少的一部分，并在机构投资者和散户投资者的投资决策中起着决定性的作用。因此，ESG 指数现在有着类似于传统指数（如标准普尔 500 和富时 100）的作用，包括为投资政策、资产配置计划和业绩衡量等方面设定基准。例如，世界上最大的再保险公司之一瑞士再保险公司（Swiss Re），在 2017 年将其基准指数改为 ESG 指数；日本政府养老金投资基金同年也将其日本股票投资组合改为 ESG 基准指数。

从历史上看，可持续投资一直由主动型股票管理公司主导，因为此前几乎没有什么 ESG 指数或指数基金。最近，ESG 投资背后的势头、被动投资的趋势，以及投资者对交易所交易基金（ETF）的利用，导致 ESG 指数可用性激增，并蔓延到固定收益等其他资产类别。以 ESG 为重点的新指数得益于广泛的数据和对既定基准的研究，以及制定标准化 ESG 排名的努力。追踪指数表现的投资策略提供了成本效益较高的标准化替代方案，以反映更高成本的投资。

记忆

　　因此，ESG 指数正在成为资产配置的基本组成部分，并由机构投资者和散户投资者使用。这些指数可以对符合明确 ESG 标准的领域进行分类，以供资产管理公司使用，并提供 ESG 功能标准，以便与基础市场进行比较。现在市场上提供了数千种不同的 ESG 指数，但传统的基准提供商仍然获得了 ESG 管理资产的最大份额，因为它们与其基础指数相连。反过来，这种流动性又会产生新的流动性，因为上市衍生品和场外衍生品往往使用流动性最强的基础指数作为其新产品的基础，特别是因为主要的 ESG 指数往往是公认基准的 ESG 变体。虽然主动 ESG 战略总体上仍与大部分 ESG 相关管理资产对应，但被动 ESG 策略在 2019 年获得了大量新资产，主要是在美国。

　　以下各部分内容概述了与 ESG 指数挂钩的另类产品，包括交易所交易的期货和期权、场外衍生品以及定制的结构性产品。

交易所交易产品简介

　　传统指数提供商在关键的全球、地区和地方指数上建立起以 ESG 为重点的期货和期权合约，证实了上市衍生品市场的扩大，以扩充其他可持续主题产品的范围。流动性交易所交易产品（如欧洲斯托克 50 指数期货）长期以来一直"在现货市场喧宾夺主"，其优势在于可以将流动性输送到少数标准化的基准产品中。因此，随着与 ESG 指数挂钩的管理资产或投资于相关交易所交易基金的资产持续增长，交易所产品交易量也可能出现相应的增长。此外，随着越来越多的投资者将 ESG 视为其策略的关键，这些新产品为投资者和管理公司提供了更多工具，通过复制或规避潜在的风险来整合可持续性。

　　投资者已经非常熟悉主要的基准指数，如欧洲斯托克 50 指数和标准普尔 500 指数，以及这些指数中各自的成分股。因此，改用符合 ESG 标准的版本相对简单，也能确保新投资不会脱离作为资产管理公司衡量标准的既定业绩基准。鉴于 ESG 的认知度和成熟度现状，交易所初步推出了"筛选"产品系列，通过负面 ESG 筛选或排除手段，从熟悉的基准中筛选出部分公司，例如有争议的武器公司、烟草制造商和从燃煤中获得收益的公司（更多信息见第 8 章）。这提供了一种透明且合乎逻辑的方法，降低相应指数的追踪误差。在欧洲，这也符合目前注重负面或正面筛选的潜在 ESG 策略偏好。其中一些期货产品，包括标准普尔 500 指数 ESG 期货和新的欧洲斯托克 50 指数 ESG 期货，也使用基础指数中股票的 ESG 评分，以一定比例重新加权成分股，以减少其行业板块中 ESG 评分较低股票的数量。

记忆

此外，无论在何种评级机构，排除标准都可以针对成分股进行标准化，这有助于消除指数构建方法之间的不一致情况。此外，由于联合国全球契约原则（见第 1 章）已经对需要排除的公司达成共识，基于排除法的指数是使用 ESG 和社会责任主题的合理切入点。与此同时，在监管方面，欧盟内部制定气候基准和共同分类的活动也越来越多。

这些更明确的指导方针将有助于在指数和产品开发方面进一步发展，而 ESG 报告要求也将鼓励资产管理公司进一步推动 ESG 产品的交易量。与此相一致的是，欧洲和美国都可能出现一系列更广泛的产品，从简单筛选，到业内最佳的对比，再到更专注于低碳和气候影响的产品（包括对电煤开采和燃煤电厂股票的筛选）。

场外衍生品

简单地说，衍生品是一种金融工具，其价值来自一项基础资产或一组资产。场外交易（OTC）衍生品以及交易所上市产品（见上一节）被广泛用于管理或规避金融市场的风险，但它们也可以在帮助公司管理与 ESG 问题相关的金融风险方面发挥非常重要的作用。通过实现风险交换，衍生品可以通过减少未来价格的不确定性来规避气候风险（无论是直接的有形风险，还是与必要的金融过渡有关的风险）。换句话说，衍生品为投资组合提供了抵御气候或环境风险的屏障，并将不稳定的现金流转化为可预测的回报来源。例如，ESG 衍生品为管理不受欢迎的可持续性风险和将 ESG 纳入投资决策提供了一种流动性强、成本效益高的替代方案。

银行还可以使用衍生品来管理那些财务业绩可能因可持续发展问题而受到影响的同行信用风险。例如，信用违约互换（CDS）可以在破坏性事件（导致破产或违约）发生后规避可能发生的未来潜在损失。此外，正在开发的新 ESG 指数，允许市场参与者通过关注 ESG（例如，ESG 筛选的公司或主权债券指数）来规避或获取欧洲信用违约互换市场中流动性最强的部分产品。这些指数还创造了一种有效的方法，鼓励企业采取更环保的措施，以符合欧盟委员会的分类法标准。例如，金融机构使用衍生品来规避其对借款人的信用风险，从而对拥有可持续和环境友好型投资项目的公司增加信贷供应。

最近，与可持续发展目标挂钩的衍生品被用于将资本引导到专注于 ESG 问题的公司，从而实现风险管理。可持续发展挂钩衍生品以可持续发展挂钩债券（SLB）和可持续发展挂钩贷款（SLL）的形式，将与可持续发展目标投资相关的风险转移给金融中介机构，以换取定期付款。这些主要是交叉货币互换，用于规避投资的潜在汇率波动和利率风险。此外，还包括专门的激励机制，与产品融资解决方案中概述的可持续业绩指标完全一致。

直接投资于符合分类标准公司的机构投资者可以使用衍生品来对冲 ESG 分类法指数投资或降低交易成本。为了实现这些目标，机构投资者希望执行总回报互换（TRS），向投资者提供与商定的 ESG 基础相对应的回报（衍生品的基础可以是一项资产、一组资产或一个指数）。在这方面，从被动管理的角度来看，通过 ESG 基金执行总回报互换进行综合复制，将允许衍生品提供商对冲其款项，从而为 ESG 基础资产带来更多流动性。

构建模块：结构化产品

受益于对 ESG 日益增长的需求，银行将 ESG 相关衍生品视为未来几年增长潜力最大的领域之一。随着可持续基金管理的资产增加，围绕这些基金的结构性产品的兴趣也与日俱增。例如，一家银行向私人客户销售了一种新形式的结构化票据，他们每售出 1000 欧元的 ESG 票据，就种植一棵树，到最后，他们种植了 100 多万棵树！与股票相关的产品一直是发展重点，银行已经推出了基于 ESG 指数的票据。与此同时，最近银行也设计了类似的产品来规避利率和汇率的变动。

事实证明，销售结构性票据的主要投资银行活动特别适合 ESG。这些票据通常会出售给散户投资者，根据整体股票回报为其提供年度派息。这些股票与 ESG 友好指数挂钩，而不是与主要基准指数挂钩。结构性产品行业对私人银行和高净值人士的兴趣正在日益增加。

同时，这一主题已经得到进一步发展，为机构客户提供对 ESG 友好型股票的多空策略。对于那些发行结构性产品的银行来说，拥有能够回收风险的上市衍生品工具，对于保持继续发行新产品的能力至关重要。他们可以使用期货和期权来更准确地规避风险，从而在 ESG 策略中增加资产，而不是被风险所困，甚至达到风险上限，使其无法再发行新产品。

重点关注另类资产中的 ESG

另类资产类别有其独特的投资考虑因素，并在定制 ESG 策略方面取得了重大进展，这些方面从房地产和基础设施到结构性融资和私人公司债务。以下各节将介绍另类贷款、对冲基金和私募股权在 ESG 领域发挥的作用。

可持续贷款

可持续发展挂钩贷款（SLL）是商业银行和投资银行在满足其可持续发展资质的同时，扩大贷款组合的一种结构化而实用的方法。可持续发展挂钩贷款（或 ESG 挂钩贷款）是符合可持续发展挂钩贷款原则的一般用途贷款，并激励企业客户提高其可持续发展表现。2019 年，可持续发展挂钩贷款的使用迅速增长，在欧洲极受欢迎，大约 80% 的可持续发展挂钩贷款是在欧洲发放的。企业筹集了 1630 亿美元的绿色和可持续发展相关发行贷款，几乎是 2018 年水平的 2.5 倍，其中 1370 亿美元用于可持续发展挂钩贷款。

可持续发展挂钩贷款的优点包括：

- 将银行贷款利率（资本成本）与达到预先商定的可持续发展绩效目标挂钩。

- 根据主要 ESG 指标评估借款人的可持续发展表现。

- 帮助客户灵活地将资金用于其业务的任何方面。

- 使用 ESG 评级提供借款人可持续发展承诺的具体指标。

提示

可持续发展挂钩贷款与"绿色贷款"有所不同。"绿色贷款"是用于为特定绿色目的融资的贷款（见第 9 章），可持续发展挂钩贷款则可以应用于任何目的（绿色或非绿色均可）。但其内置的定价机制表明，如果借款人达成了某些可持续发展或 ESG 相关目标，贷款成本更低。

记忆

最初，可持续发展挂钩贷款的结构非常简单，只要能实现 ESG 目标，价格就会随之降低；如果借款人未能达到规定的目标，他们也不会受到惩罚。这种结构已经发生改变，最近的交易开始使用双向定价结构，即如果达到目标，价格仍然会下降，但如果借款人未能达到 ESG 目标，价格就会上涨。这种双向结构将激励借款人实现这些目标。然而，有些批评人士认为，贷款人可能会因为借款人未能成功实现 ESG 目标而获益。一种可行的解决方案是，不要将靠提高价格带来的收益支付给贷款人，而是将这些资金转移到单独的银行账户，只有在用于 ESG 活动的支出时，公司才能使用这些资金。

2019 年 3 月，银团及贷款转让协会（LSTA）与贷款市场协会（LMA）联合发布了可持续发展挂钩贷款原则（SLLP），其中列出了一系列建议标准（详情请参阅 www. lsta. org/content/sustainability – linked – loan – principles – sllp/）。这些标准的选择范围广泛，而且对借款人的业务意义重大。其中包含碳排放量等常见指标，但也有更具体的实例。例如，在房地产交易中，通常会参考借款人的环境报告结果来制定可持续发展合约，一般包括每年为减少建筑物碳排放量以及从可再生能源获得电力和燃气而需支付的最低成本。可持续发展挂钩贷款原则指出，外部审查的必要性应在个案的基础上进行商讨和确定。对于上市公司来说，公开披露的信息可能已经足以核实贷款协议的履行情况。

记忆

降低定价的可能性是投资者进行可持续发展挂钩贷款的明显动机，其利润率的下降往往会相当平缓。正是可持续发展挂钩贷款的灵活性激发了人们的兴趣，因为标准的企业循环信贷机制可以与可持续发展挂钩。此外，借款人没有必要立即将收益用于绿色活动，这使得可持续发展挂钩贷款比具有限制性的绿色贷款更具吸引力。贷款人的一个主要关注点是制定纳入可持续发展和 ESG 因素的投资决策。

对冲基金中的 ESG

对一些投资者来说，ESG 对冲基金听起来像是自相矛盾，因为获取绝对回报的目标和可持续投资的理想乍一看似乎是互相对立的。然而，另类投资管理协会（AIMA）最近的一项研究发现，40% 的对冲基金管理公司正在进行负责任投资，而其中一半的受访者表示，投资者对 ESG 的兴趣有所增加。尽管如此，评估对冲基金管理公司 ESG 行动的机构投资者认为，负责任投资有两个组成部分，这两个组成部分都可以轻松应用于对冲基金。他们应该做到以下几点：

- 将 ESG 数据纳入投资流程和股票估值，即 ESG 整合、筛选和主题投资（见第 8 章）。

- 参与积极的股权和公司治理策略。

对冲基金管理公司实行涵盖所有资产类别的策略，而管理公司仍然在寻找非定向的绝对回报，重点是阿尔法（投资相对于基准指数回报的超额回报），而不是贝塔（投资相对于整体市场的波动性）。他们建立集中的投资组合，使用特定的基本面研究来发现特殊产品，或者建立复杂的系统模型来进行市场交易，其中包括通过股票、信贷、货币和主权债券获得的大宗商品。他们经常使用衍生品、杠杆和复杂的工具来影响其观点。他们专注于将损失降至最低，以业绩为导向，并寻找小众市场、未被发现的机遇。重要的是，对冲基金经理更喜欢不受基准或传统思维的约束，将其方法建立在更长远的观点上。

因此，对冲基金管理公司拥有能为 ESG 投资做出重大贡献的工具。对冲基金可以为机构投资组合提供重要的多元化补充，同时使 ESG 超越单纯做多的股票管理，并转向多元化策略和资产类别，如货币、大宗商品、全球宏观投资、多空信贷、相对价值、系统交易和积极投资。对冲基金管理公司经常将长期愿景与具体问题结合起来，可以作为风险评估和确定变革因素的专家，积极与公司接触，并拥有做空交易的能力和技能。

此外，对冲基金在开发人工智能作为投资管理工具方面处于领先地位，这可以帮助它们通过使用自然语言处理（NLP）等技术来了解公司当前和正在进行的可持续发展措施，从而克服 ESG 中的一些数据问题。虽然在 ESG 背景下一些对冲基金方法可能相对容易实施，但其他策略可能更复杂。

记忆

做空（在证券价值下跌时通过先借入再出售来获利）是对冲基金精神的核心。简单的 ESG 对冲基金策略就是做多"美德股票"并做空"罪恶股票"。然而，一些机构投资者可能会禁止在被排除的公司中做空和做多（做空这些排除公司的股票很可能在未来引起道德方面的争议）。

传统的 ESG 方法是不持有指数中的股票或板块，并实际做空整个指数组合中的产品。实际做空将会放大这种观点，同时降低投资组合的市场风险。投资者将从符合其长期道德观的积极立场中获益。对冲基金公司非常灵活，对客户的需求非常敏感。使用独立托管账户可以建立自定义的投资组合。这些管理公司可以帮助决定 ESG 投资行动，并使用创新的技术和工具制定新的策略。

更具体地说，一些对冲基金策略的推出正是为了纳入这种方法，在那些正在应对各种环境挑战（如碳排放、废弃物生产，以及食品、水源和能源问题）的创新型公司范围内进行多头交易，并将其与不可持续公司或那些商业模式容易受到转型风险影响公司的空头交易匹配。对冲基金在投资于易受冲击行业方面有着长期的记录，可以确保资本被分配给赢家，并从输家手中转移资本。其股票的选择往往围绕着主题、相对价值或催化剂驱动的交易理念，并根据可持续发展目标制定和衡量交易。

有趣的是，最近的研究表明，ESG 因素现在影响着大多数对冲基金投资者的配置决策。此外，多年来，公司治理因素（见第 5 章）在对冲基金的股票选择方面发挥了重要作用，并对多头和空头投资组合的回报做出了贡献。

例如，积极行动及与公司高级管理层的接触一直是事件驱动型和激进型对冲基金以及许多通用股票型多空基金回报的重要驱动因素。

关注非流动资产

在股票估值较高的低利率环境中，传统投资越来越难以获得有吸引力的回报。这一点，再加上不同资产类别回报之间日益增长的相关性，导致投资者开始寻找具有更长期视野的新投资。对提高回报率和更加多元化的追求，使机构将相当大一部分投资组合配置到另类资产类别中，如房地产、基础设施、对冲基金（本章前面介绍）和私募股权。鉴于还有对负责任投资的关注，机构投资者越来越关注这两种趋势的交集，即将 ESG 纳入另类投资。

街区周围：房地产

在 2020 年新冠肺炎疫情来袭之前，房地产市场就已经在经历结构性转变，而此次疫情及其影响只是加剧了这一趋势，例如对零售物业空间的需求下降，以及对写字楼等其他行业的未来需求提出了质疑。毫无疑问，那些现在和未来都有能力应对社会冲击和压力的房地产行业将成为赢家，投资者和基金管理公司需要考虑如何相应地调整房地产投资组合。然而，建筑物依然是最大的碳排放体之一，会排放废弃物并消耗电力，在疫情来袭之前就已经开始着手进行"改造"。

因此，资产所有者和投资者等利益相关方已经将 ESG 视为一个主流问题，并正在考虑如何将 ESG 纳入其房地产投资策略。鉴于已经有 60 多个国家制定了净零碳中和目标，很可能会带来更多的监管法规，要求建筑物更具可持续性。这不仅能够帮助改善环境，还有可能增加投资回报。

在建造和运营中，建筑物占到了全球能源使用量的 36%，它们还占到了与能源相关的二氧化碳排放量的近 40%。这些数字甚至还不包括建筑物使用的水资源和原材料。联合国估计，为了到 2030 年将全球气温上升控制在 2℃以下，房地产行业需要将建筑的平均能源密度降低至少 30%。

记忆

　　研究表明，环保资质更强的建筑会产生更高的租金、更低的折旧率和更高的租户满意度，而且空置的时间更短。随着环境成为建造和管理建筑物的优先事项，绿色建筑与效率较低的同行之间的表现差距在未来几年应该会进一步扩大。这对近年来向房地产行业投入 3.4 万亿美元资金的投资者具有重要影响。世界上 70% 以上的建筑都有着 20 年以上的楼龄，因此，需要在现有建筑和新建筑的环境改善方面取得更多进展。在 5G 互联网的推动下，物联网的发展将为控制建筑环境提供更多的可能性，以实现最佳效率。

提示

　　积极的消息是，房地产并不像其他资产类别那样缺乏衡量和报告 ESG 的公认标准。建筑研究机构环境评估方法（BREEAM）认证创建于 1990 年，是全球公认的评估和认证最先进技术建筑的可持续性的方法；更多有关信息请访问 www. breeam. com/。此外，全球房地产可持续发展基准（GRESB）是一个行业驱动型组织，用于评估全球房地产的 ESG 业绩。了解更多信息，请访问 https：//gresb. com/.

奠定基础：基础设施

　　大量的基础设施投资对实现联合国可持续发展目标至关重要，但与全球可持续发展和经济增长的需要相比，该部门仍然存在资金不足的情况。尽管如此，人们越来越关注"可持续发展基础设施"的定义，资产和系统可能因此取得积极的现实成果。许多基础设施投资者已经在其投资方式中考虑了可持续发展目标，但他们的做法完全不同。投资者需要采取更标准化的方法，帮助利益相关方了解基础设施投资应当如何塑造符合可持续发展目标的成果（以及有哪些基础设施投资），并了解如何最有效地协调共同利益。

　　投资者主要采取两种方法来确定可持续发展目标的成果，定义与可持续发展目标相关的目标和政策，并通过投资决策和资产管理来塑造可持续发展目标的成果。这些方法主要侧重于现有投资，通常会考虑到不同基础设施资产提供的服务，或管理这些资产以实现某些结果的方式，或这两种方法的组合。这些评估通常以风险为基础，并确定世界对投资组合或资产的影响。要考虑可持续发展目标的结果，必须转而考虑投资组合或资产对世界的影响。目前还没有单一的办法来确定哪种类型的基础设施资产可能产生符合可持续发展目标的某些结果，这是因为资产的背景（包括地理位置、与当地社区的关系、提供的服务类型和整体供应链）对于确定这些不同的结果至关重要。

尽管基础设施投资者正在将可持续发展目标纳入其投资过程，以便为资产管理要素、总体策略或投资组合构建设定目标，但要使这种整合变得更广泛、更有意义、更加一致，必须克服一些重大挑战。

记忆

一些政府正在利用可持续发展目标来制定基础设施规划和项目设计要求。这应该会鼓励投资者调整自己的内部流程，以便参与新基础设施项目的政府招标。此外，基础设施投资者正在定期宣传他们与可持续发展目标有关的工作（见 www. unpri. org/sustainable – development – goals/investing – with – sdg – outcomes – a – five – part – framework/5895. article），服务提供商正在制定衡量标准并进行分析，以支持这些工作。

然而，投资者和服务提供商需要共同努力，并做到以下几点：

- 为相关数据收集创建工具和激励措施。

- 思考如何将对可持续发展结果的反思纳入投资过程的各个阶段。

- 更密切地协调资产所有者和投资管理公司，以概述可持续发展目标的成果目标。

- 改进与各国政府在基础设施和项目设计方面的沟通方式，确保更明确地注重可持续发展因素。

- 考虑策略性资产配置决策，以推动更多成果显著的绿色投资。

- 加入或继续支持行业倡议（包括由行业协会制定的倡议），以促进投资者之间的更广泛合作。

秘而不宣：私募股权

私募股权通常保持着"私有"状态，以避免公开任何非财务指标。然而，随着 500 多家私募股权基金成为负责任投资原则（PRI，www. unpri. org/）的签署成员，这种观点正在改变。该原则旨在促进包括私募市场在内的众多资产类别的负责任投资（尽管大多数基金尚未签署）。事实上，私募股权和 ESG 之间有许多相似之处，因为在许多情况下，ESG 是最佳运营的代名词，这也是私募股权基金在持有投资组合期间想要达成的目标。此外，负责任投资因其长期的投资视野、以管治为基础的投资风格而符合私募股权的需要。

警告

尽管如此，许多人批评私募股权缺乏 ESG 监测和报告，因为他们难以从私人投资组合公司获取 ESG 数据。私募股权面临的主要挑战之一是，ESG 在投资选择中的反映方式不一致，而且在数据格式方面缺乏公认的标准。值得注意的是，这一领域拥有大量的数据收集解决方案、提供商和指标，但很少有信誉良好的、独立的、面向私人市场的全球 ESG 提供商能为其提供服务，并能对当前的投资组合进行预筛选和评估。因此，关于如何省时、合理并准确地获取数据，以及由谁作为衡量业绩的对象（例如国际标准或行业同行），仍然存在着一些问题。

那些在业务早期投资于较小公司的私募股权公司对环境和社会因素具有更强的 ESG 意识，因此应该重点与这些公司合作，依其发展建立公司治理流程。总体趋势表明，私募股权公司认为 ESG 越来越重要，欧洲公司处于领先地位，北美洲的公司次之，亚太地区的公司质量有所改善。

投资"传统的"ESG

世界能源市场正在向可再生能源转型。在政府对这一行业的帮扶之下，风力发电设施和太阳能发电设施的安装数量正在增加，使其生产出比煤炭和天然气更经济的能源。2019 年，不同行业和地区的可再生能源投资趋势差异很大，但得益于海上项目融资的繁荣，风能获得了创纪录的 1382 亿美元投资，而太阳能获得了 1311 亿美元的投资。全球可再生能源投资总额在这一年创下"历史第三高"，资产融资项目与往年一样占绝大多数。此外，在 2010 年后的 10 年中，超过 2.5 万亿美元投资于可再生能源项目，其中约 50% 投资于太阳能项目，40% 投资于与风能相关的项目。

与近些年相比，从可持续能源领域的投资角度来看，太阳能和风能显然是真正的赢家。水力发电项目已经从 10 年前的高峰期回落（不包括几个超大型水电项目的投资额），生物质和废弃物转化能源目前遥遥领先，牢牢占据了第三位。

与此同时，公众对环保运动的支持持续高涨。例如，在美国，消费者使用的可再生能源首次超过了燃煤。政府的税收减免也促进了可再生能源的增长。例如，投资税收抵免（ITC）是促进美国太阳能增长的最重要的联邦政策机制之一。（投资税收抵免目前针对太阳能资产投资者，其税费享受 26% 的联邦税收抵免。）自 2006 年以来，这一政策帮助美国太阳能行业增长了 10000% 以上，在过去 10 年的年均增长率为 52%。

记忆

这类活动的增加也加快了向净零碳排放的过渡，反过来又使更多的管理者增加了对可再生能源资产的投资，并建立了多元化的可再生能源投资组合。管理公司希望将 ESG 考虑因素纳入其投资流程，寻找机会对环境和社区进行改善。然后，他们需要衡量和跟踪他们的投资对投资者、环境和社会产生的积极影响。这类报告通常根据内部关键绩效指标（KPI）进行监测，并与可持续发展目标挂钩。

以下各节涉及更有形的可持续资产，如可再生能源（特别是太阳能和风能资产），而不是通常与另类资产相关的金融工具和行动。

釜底抽薪：可再生能源投资简介

投资管理公司正在向投资者提供更多有关可再生能源和资源效率领域的资金。这些投资需要通过加速推广可再生能源基础设施建设和相关的能效技术，对环境产生积极影响。因此，这些基金不是投资于交易所交易基金或提供此类服务的基础股票的类似基金，而是购买绿色资产，并管理和运营产生清洁电力并使经济"脱碳"的直接资产。

因此，可持续发展行动正在被纳入投资决策进程和正在进行的业务进程。我们总结了有关这两项进程的常用方法。

预投资包括以下方面：

- 确定低碳机遇。

- 审查投资限制。

- 评估 ESG 风险并纳入缓解计划。

- 根据惯例程序请求投资委员会批准。

- 公司治理合资企业结构。

持续管理包括以下方面：

- 维护和报告健康、安全以及环境问题。

- 管理影响和改善环境。

- 与当地社区活动的联系和维护。

- 对第三方开展尽职调查。

- 确定最低公司治理标准。

- 遵守法律法规。

- 维护商业诚信。

- 交流最佳实践。

- 以结构化方式监控和报告 ESG 问题和 KPI。

点燃激情：太阳能

太阳能被认为是未来能源。近年来，随着技术发展，太阳能的成本有所下降。这一下降受到太阳能技术投资的进一步推动，在过去 10 年中，太阳能技术的年均投资额超过 1400 亿美元。平准化能源成本（LCOE）是公用事业公司为弥补成本并满足投资者需求而需要收取的长期价格，通常被视为行业基准。使用这一衡量标准，美国大型太阳能发电厂的能源成本在过去 5 年中平均每年下降 13%。

记忆

这意味着，在美国，与其他形式的新能源发电形式相比，太阳能发电已经具备一定的竞争力。在许多州，特别是在美国南部，太阳能现在是最便宜的新能源发电形式，以至于太阳能发电厂的电价价格开始低于传统发电厂。这种成本竞争力意味着，美国现在新建的大多数太阳能发电厂的运营都是出于经济原因，而不是出于监管机构的要求。

在英国，太阳能和陆上风能也是成本最低的可再生能源，非常接近电网平价。这意味着在英国，在合适的地点拥有合适规模的发电厂，可以在没有政府补贴的情况下盈利。太阳能生产商正在想方设法避开电价波动。策略之一是与客户达成购电协议（PPA）。根据该购电协议，企业同意以固定的通货膨胀挂钩价格（a fixed inflation – linked price）购买一定数量的太阳能发电电力，期限为 10 年至 15 年。该购电协议允许接收电力的公司直接从发电厂获得电力，或者通过电力公司获得电力，而电力公司将从太阳能发电厂购买等量的电。这大大降低了生产商的风险，也能够降低总体融资成本。

一些太阳能收益基金已经成立，这些基金实际上是为太阳能发电厂生产的能源向投资者支付费用。然而，投资者从太阳能投资中获益的主要方式，是投资那些生产太阳能光电转换产品的公司，或是那些建造太阳能发电厂的公司（一些实例请查看：www. investopedia. com/investing/top – solar – stocks/）。此外，相关的共同基金和交易所交易基金也得到了发展，以从可再生能源股票的数量和总体表现增长中获益（见 www. ft. com/content/cad6fcf9 – f755 – 4988 – 9c75 – d41a9b6ff6d8）。

微风吹拂：风能

海上风力发电将在未来 20 年内大幅扩张，其在电力供应中所占比重越来越大，以支持能源系统脱碳和减少空气污染。国际环境组织（IEA）表示，到 2040 年，全球海上风电装机容量可能会增加 15 倍，并吸引约 1 万亿美元的累积投资。这是由成本下降、政府扶持政策以及一些显著的技术进步推动的，例如更大的涡轮机和实现更远海域涡轮机放置的浮力基础技术。

此外，如果欧盟实现其碳平衡目标，到 2040 年，海上风电装机容量将跃升至约 180 千兆瓦，并成为该地区最大的单一电力来源。与此相关的是，欧洲可持续投资计划作为绿色协议（欧盟委员会旨在使欧盟经济可持续发展的计划）的投资重点，将致力于在未来 10 年内调动至少 1 万亿欧元的公共和私人资金。

海上风电还受益于自 2012 年以来实现的 67% 的平准化成本降低，以及已经投产的最新巨型涡轮机的性能。在这一背景下，2020 年上半年，欧洲海上风电融资达到 350 亿美元，同比增长 319%，高于 2019 年创纪录的全年近 320 亿美元（来自研究公司彭博新能源财经的数据）。此外，陆上风电投资额为 375 亿美元，下降了 21%。

记忆

这些投资用于资助新风电场的建设、项目和公司层面的再融资交易、合并和收购、进行公开市场交易以及筹集私募股权。考虑到风能项目目前被认为是极有吸引力的投资，从长远来看，应该有足够的资本为其提供资金。

此外，现有石油和天然气行业公司拥有的海上专业知识可以为其带来潜在的商机。据估计，海上风能项目 40% 的终身成本（包括建设和维护）与海上石油和天然气行业具有显著的协同效应。这意味着在未来 20 年，欧洲和中国的市场机遇将达到 4000 亿美元或更多。此外，由于海上风能的繁荣，中国再次成为最大的海上市场，2020 年前 6 个月投资共 416 亿美元，比 2019 年同期增长 42%。

第 11 章
关注 ESG 投资的地理差异

在本章中你可以学到：

- 欧洲 ESG 情况
- 北美洲 ESG 考察
- 比较发达市场和新兴市场的 ESG 投资情况

2015 年 12 月 12 日《巴黎协定》的签署，以及 2015 年 9 月 25 日《联合国 2030 年可持续发展议程》的通过，表明全球气候变化、总体环境和社会问题的看法发生了重大转变。自此以后，监管机构、中央银行和行业协会加大力度，开始制定支持可持续投资所需的监管框架。

记忆

今天，可持续发展策略和相关 ESG 政策在公司内部的决策过程中发挥着基础性作用。预计 ESG 投资在未来 20 年将超过 50 万亿美元，说明 ESG 投资已经从小众市场转向主流市场。因此，这些因素不再是"可有可无的"，而是公司业绩和评估的重要组成部分。所有利益相关方都会受益于投资过程中更大的透明度和相关的 ESG 因素披露，而且可以通过多个报告框架进行信息披露。因此，投资者强烈要求统一报告标准，这也得到了可持续发展会计准则委员会（SASB）和全球报告倡议（GRI，见第 1 章）等组织的支持。与此同时，世界经济论坛国际商业理事会（IBC）最近正在尝试制定一套基本的披露指标，帮助公司报告重要的 ESG 信息（参见第 15 章）。

有利于 ESG 投资的长期结构性趋势预计将继续。以下是一些实例：

● 随着公司、投资者和公共机构继续将 ESG 措施作为其目标的关键组成部分，刺激可持续投资需求的社会和政治观点转变正在加速。

● 公司在满足这些不断变化的期望方面，正面临着越来越大的压力，但其程度可能因辖区而异，然而更详细和更可靠的 ESG 数据将被视为先决条件。

● 越来越多的投资者对 ESG 因素的接受，应该会对长期投资回报产生重大影响，并推动增长。

因此，按照 ESG 原则管理的基金继续在全球吸引大量资金流入，因为该行业将可持续发展作为其投资方法的核心。随着投资者意识的提高，资本进行了重大重组。固定收益也是如此，与 ESG 相关的债券种类不断增加，绿色债券的全球资产已超过 1 万亿美元。

本章重点介绍了 ESG 在全球范围内的发展，包括：欧洲监管的发展使欧洲继续走在 ESG 投资实践的前沿；美国"摇摆不定"的承诺导致美国仍落后于欧洲；ESG 在新兴市场（尤其是亚洲）的投资不断发展，但目前的参与度较低。

起始：欧洲

20 世纪 60 年代，美国是社会责任投资（SRI）的中心，为那些希望确定投资基金是否在规避某些活动或行业（往往与越南战争有关）的投资者提供基于其价值观的负面和正面筛选。然而，1992 年在里约热内卢举行的地球峰会和环境意识的提高（由切尔诺贝利核电站事故和埃克森·瓦尔迪兹石油泄漏等事件引发）推动了新一代欧洲投资者的出现。这最终形成了现在的行业组织，如欧洲可持续和负责任投资论坛（Eurosif, www. Eurosif. org/）。

因此，虽然美国是世界上最广阔的投资者市场，但在 ESG 投资方面，依然落后于欧洲（也就是本节主题）。由全球可持续投资联盟（GSIA）提供的最新数据证实，欧洲处于领先地位，其可持续投资资产规模最大（总计14.1 万亿美元），其次是美国（12 万亿美元），其可持续投资约占全球管理总资产的25%。专注于欧洲、中东和非洲（EMEA）的投资者在多数情况下会将公司治理纳入其投资过程，包括不断增长的环境和社会因素，但仍处于相对早期阶段。公司债券、主权债务以及股票也是如此，在这些领域，公司治理问题通常优先于环境因素或社会因素。

此外，随着对绿色投资和道德投资的需求激增，专注于 ESG 投资的欧洲基金在 2020 年从客户处获得了创纪录的 2730 亿美元。因此，根据研究公司晨星的数据，包括 ESG 在内的欧洲基金管理的资产增加了 65%，超过 1.3 万亿美元。此外，2020 年最后 3 个月，84% 的季度环比增长主要是由主动型基金管理公司推动的，欧洲可持续投资基金的数量则增加到了 3000 多只（见图 11 - 1），请参考 www. morningstar. com/content/dam/marketing/shared/pdfs/Research/Global_Sustainable_Fund_Flows_Q4_2020. pdf。

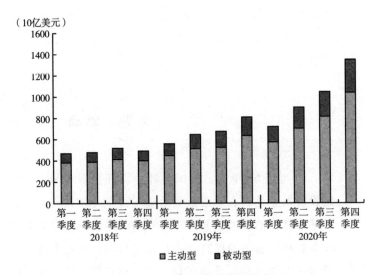

图 11 - 1　欧洲可持续基金资产

注：数据截至 2020 年 12 月。

资料来源：晨星研究。

有关欧洲 ESG 投资趋势的更多信息，请访问 www. eurosif. org/wp – content/uploads/2018/11/European – SRI – 2018 – Study. pdf.

关注监管发展

在 ESG 投资处于领先地位的背景下，欧盟、欧洲证券和市场管理局（ESMA）澄清了有关 ESG 投资的以下问题：

- 欧洲证券和市场管理局对现行法规提出了多项修订，概述了金融市场参与者和顾问应当如何将 ESG 风险和机会纳入其投资程序，并为其为客户最佳利益努力。提案还要求顾问解释为什么可持续发展因素没有包括在其投资过程中。ESG 整合的必要性可以解释为什么几乎欧洲所有的机构投资者都参与了 ESG 投资，或是对 ESG 投资感兴趣。

- 欧盟监管机构率先引入了普遍的 ESG 分类法，以实现可持续增长融资和投资。然而，在此期间实际采用了更为严格的标准。这也有助于解释为什么在 2014—2018 年，尽管人们对 ESG 的兴趣与日俱增，但 ESG 资产占总资产的比例实际有所下降。这表明，投资产品提供商正在更谨慎地对待他们所谓的 ESG 产品（更多关于漂绿的信息参见第 6 章）。

以下各部分更详细地讨论了欧洲的监管发展。

关于建立促进可持续投资框架的条例

2020 年 6 月 22 日，《欧盟官方公报》发表了一项关于建立促进可持续投资框架的条例，并为公司和投资者设定了一个泛欧分类系统（或称"分类法"），以识别哪些经济活动和业绩水平具有"环境可持续性"。（可以在 https：//eur – lex. europa. eu/legal – content/EN/TXT/？ uri = CELEX%3A52018PC0353 找到条例摘要和相关链接，从而了解更多信息。）

为实现环境可持续，公司活动必须对 6 项"环境目标"的至少一项做出"重大贡献"。其中包括以下内容：

- 减缓气候变化：一项活动是否能影响温室气体稳定目标（符合《巴

黎协定》的目标），例如，利用创造可再生能源或提高能源效率。

- 适应气候变化：一项活动是否能在不增加不利影响的情况下，显著减少气候变化对他人、自然或资产的不利影响，或是对经济活动的不利影响。

- 可持续利用、保护水资源和海洋资源：一项活动是否通过保护环境免受有害废水排放或污染物的影响，对实现水体或海洋资源的良好状态或阻止其恶化做出重大贡献。

- 向循环经济转型：一项活动是否通过为更高效的回收中心或产品提供资金，以及防止在垃圾填埋场使用废弃物，显著提高了废弃物的预防、利用和回收效率。

- 污染预防和控制：一项活动是否通过阻止或减少污染物排放到空气、水或土地（温室气体除外），显著加强了污染预防和控制。

- 保护和恢复生物多样性和生态系统：一项活动是否为养护或恢复生物多样性做出重大贡献，是否通过养护或恢复生态系统为实现良好的生态系统做出重大贡献。

该分类法与 2019 年 12 月发布的《可持续金融披露条例》（SFDR）并行，并将在 2021 年 3 月后开始实施。只有在所有授权法案和实施措施生效后，该分类才会生效，前两个与气候有关的环境目标从 2021 年 12 月 31 日起生效，其余 4 个目标从 2022 年 12 月 31 日起生效。（以下文章提供了更多信息：www. responsible – investor. com/articles/ensuring – the – eu – sustainable – finance – disclosure – regulation – can – deliver – on – its – ambitions）。

《可持续金融披露条例》要求总部位于欧盟的资产管理公司披露其监管的基金和养老金产品的环境可持续性程度，或者在不披露的情况下纳入免责声明，并迫使大多数欧盟公司在其监管申报文件中披露环境信息。总而言之，这些规定允许管理人员将自己与那些投资于污染或不可持续投资或在其他方面不符合基本环境标准的公司区分开来。这应该会减少公司在提供 ESG 产品时夸大其 ESG 资质的漂绿行为。

其他规定和修订

欧盟委员会还提议对欧盟现有基准法规进行多项修订：《保险分配指令》、《金融工具市场二号指令》（MiFID Ⅱ）、《可转让证券投资指令》（UCITS）、《另类投资基金经理指令》（AIFMD）和《非财务报告指令》（NFRD）。尽管英国已经退出欧盟，但前文提到的《可持续金融披露条例》和分类法都将被纳入英国法律，要求总部位于英国的另类投资基金管理公司、可转让证券投资管理公司和金融工具市场投资公司也必须遵守这些规定。虽然这些法律变化不会对美国公司产生直接影响，但它们可能会对在欧洲开展活动的美国管理公司产生间接影响（例如，美国公司在欧洲的营销活动）。

记忆

刚刚说了这么多，你可能会想：这些都是什么意思？简单来说，这意味着这些新规定的范围可能会迫使在欧洲运营的资产管理公司和投资公司评估和修改其（向监管机构和投资者）披露的信息、政策和程序。他们将不得不更新他们的监管文件、年度报告和其他披露信息，以符合新规定。

与此同时，英国金融市场行为监管局（FCA）于 2020 年 12 月发布了一份政策声明，指出在伦敦证券交易所"溢价上市"的公司，需要在其年度财务报告中披露新的气候相关信息，适用于从 2021 年 1 月 1 日或之后开始的会计期。英国金融市场行为监管局的提议是要求这些优质上市公司提交与气候相关财务信息披露工作组（TCFD）一致的报告。气候相关财务信息披露工作组是金融稳定委员会于 2015 年建立的报告框架，专注于披露与气候相关的风险和机遇。

在英国金融市场行为监管局的政策声明中，气候相关财务信息披露工作组倡导与公司治理、策略、风险管理、指标目标这四项有关的"总体建议"，并附有 11 项"建议披露"。英国金融市场行为监管局提出了一种"遵守或解释"的制度，在这种制度下，优质上市公司需要披露董事会对气候相关风险和机遇的监督，或者解释为什么他们没有进行这样的披露。这项提议不会直接影响在欧洲大陆和英国运营的资产管理公司，但可能会对投资组合构成和风险权重产生间接影响，并表明气候相关披露制度将会越来越严格。

享有先发优势的 ESG 投资

ESG 在欧洲的投资为 14.1 万亿美元，占 ESG 领域 30 万亿美元管理总资产的近一半，也占欧洲管理总资产的近一半。根据德意志银行 2019 年 9 月发布的预测，ESG 投资预计将在全球范围内增长，到 2030 年将突破 100 万亿美元大关。虽然由于对 ESG 标准的理解不同，预测可能会有一些限制，但如果 ESG 在欧洲的投资能遵循这一趋势，它仍然有很大的上行空间！

由于其应用非常简单即时，被动投资策略是第一批迅速增加交易量的投资策略，但现在还有多种与 ESG 相关的投资方法可供资产管理公司选择。

投资者现在已经转向中级和复杂的解决方案，评估投资如何促进全球可持续发展（就气候变化或水安全而言）或"业内最佳"公司（ESG 评分和业绩最高的公司）。这些方法还被进一步纳入更广泛的 ESG 要素整合任务（与投资管理公司达成的协议，其中规定了如何投资资金）。随着 ESG 观点的增强，特别是自 2015 年以来（例如，在《巴黎协定》和联合国可持续发展目标确立之后，见第 1 章），投资者的偏好已开始转向更积极的 ESG 方法（例如影响力投资或主动型投资），并与公司进行更多接触，对 ESG 目标产生了直接影响。

然而，虽然通过单纯的排除和负面筛选策略进行的投资有所减少，但它们仍然是 ESG 策略中最常见的形式，也拥有最多的管理资产。对化石燃料的担忧，以及对此类资产价值可能在财务上"搁浅"的担忧，都是造成这种资产组合出现的原因之一。

警告

本章前面描述的监管动态也正在成为推动采用 ESG 策略的关键因素，许多投资者希望提前实施监管。降低 ESG 风险、履行受托责任和避免声誉风险也是考虑的主要因素。与此同时，缺乏可靠的数据仍是深化 ESG 整合的关键障碍。随着监管的改革，这带来了一定程度的不确定性和潜在的准入门槛。如果采用通用分类法来定义可持续活动的最低要求，再加上《可持续金融披露条例》所规定的 ESG 披露标准，就应该能消除 ESG 投资的许多障碍。此外，《非财务报告指令》将对欧盟公司提出具体的披露要求，这应该会在很大程度上解决欧洲现有 ESG 数据和评级的质量和可比性问题，但在其他司法管辖区和某些资产类别上，还是存在着一定的改进空间。

鉴于所有金融机构都需要遵守新的监管要求，某些参与者可能会更积极地调整自己的商业操作，以将自己定位为 ESG 创新者，并吸引新的客户或投资者。

持续流入的 ESG 资金

2020 年对 ESG 投资策略和散户投资基金来说非常关键。在新冠肺炎疫情暴发之初，可持续基金领域的需求持续旺盛，2020 年第一季度记录了 300 亿欧元的资金流入，而整体欧洲基金领域减少了 1480 亿欧元。此外，可持续基金的总资产从 2019 年底的创纪录水平下降至 6210 亿欧元；然而，这低于整体市场的下降水平，后者下降了 16.2%（根据晨星公司的数据）。在市场低迷期间，专注于 ESG 的基金的表现优于非 ESG 同类基金。

关注最多的子行业基金是环境和气候意识基金，它们在"畅销榜"上名列前茅。人们认为，由于包括欧盟可持续金融行动计划在内的监管发展（有关各类活动信息，请访问 https：//ec. europa. eu/info/business – economy – euro/banking – and – finance/sustainable – finance_en），这类基金将继续得到投资者的支持。数据显示，在欧洲注册的 2500 多只开放式基金和交易所交易基金（ETF）使用了 ESG 标准（有可能存在漂绿行为！），其中有 72 只新的可持续发展基金，还有 24 只传统基金重新调整了宗旨，以符合 ESG 标准。这些基金包括基于排除策略的 ESG 基金、主题基金、影响力投资基金和针对联合国可持续发展目标的基金。有趣的是，2020 年第一季度，主动型可持续基金的资金流入降幅小于被动型可持续基金。与此同时，在固定收益领域，人们对绿色债券的兴趣与日俱增，包括面向散户投资者的可持续多资产（multi – asset）基金。

记忆

虽然这些都是积极的发展，但投资者需要确定这些产品是否能达到其可持续性预期。绝大多数 ESG 交易所交易基金可以归类为"以 ESG 为中心"，它们将 ESG 分析作为证券选择的核心功能，并跟踪基于公司 ESG 评分加权的指数，而这些指数包含了更多拥有令人信服 ESG 资质的公司股票。在欧洲，交易所交易基金投资者通常是大型机构投资者，而不是散户投资者。影响力基金试图在产生投资回报的同时实现特定的环境或社会目标，可持续部门基金则专注于可再生能源和能源效率等行业。

此外，一些欧洲供应商正试图将新的欧盟分类法应用于其投资组合，以尽早了解运营所需的变化，并将自身定位为监管机构信任的合作伙伴，以影响未来的一些规则变化。

中期：北美洲

虽然欧洲投资者持有最多的 ESG 相关资产（如本章前面所述），但全球最近的增长趋势更应该归功于美国需求的增加。2014—2018 年，由散户投资者和机构投资者持有的 ESG 管理资产，在美国以 16% 的 4 年复合年增长率（CAGR）增长，而欧洲为 6%。此外，流入美国 ESG 基金的资金在 2020 年继续增长，股票和债券 ESG 共同基金和交易所交易基金连续第 4 年实现创纪录的资金流入。

晨星公司《2020 全球可持续基金流动报告》发现，可持续基金的资产规模创历史新高，达到 1.7 万亿美元，较第三季度增长 28%。虽然欧洲已经远远突破 1 万亿美元大关，但全球可持续资金流入在 2020 年第四季度增长了 26%，达到近 3680 亿美元。美国占全球资金流入的 14%，约为 530 亿美元，与 2020 年全年的类似资金流入持平。调查还显示，超过 60% 的美国人认为投资基金应该考虑 ESG 因素，但只有 15% 的人实际投资于可持续主题，因此这一领域仍有很大的上行空间（见图 11 - 2）。参见 www. morningstar. com/Content/DAM/MARKETING/shared/pdfs/Research/Global_Sustainable_Fund_Flows_Q4_2020. pdf.

不论人们对 ESG 的兴趣如何浓厚，资产管理公司、监管机构和投资者在构建 ESG 方面的行动仍然存在着不一致的情况，这表明 ESG 仍有一定的潜力。请考虑以下事项：

- 资产管理公司需要在其投资决策中始终如一地反映 ESG 指标，以满足客户需求，并推动 ESG 资产在 2025 年前达到美国所有管理投资的一半。

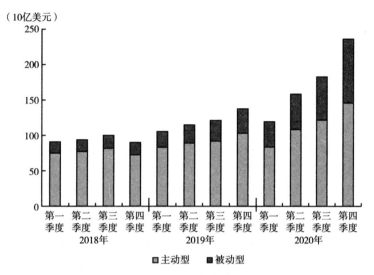

图 11 - 2　美国可持续基金资产

注：数据截至 2020 年 12 月。

资料来源：晨星研究。

- 围绕 ESG 投资的一些担忧（与历史认知有关）认为 ESG 会损失收益率，进而导致业绩不佳。许多美国人仍然认为，ESG 主要包括对特定行业的撤资或筛选，如烟草、酒精和枪支行业。

- 在 2020 年初使用可持续策略在美国注册的 16.6 万亿美元资产中，大约 75% 的资产应用了 ESG 整合策略。这与欧洲形成了鲜明对比。在欧洲，筛选是目前占主导地位的方法，ESG 整合只是第三种最常见的策略，约占资产的三分之一。这些美国数据摘自美国可持续和负责任投资论坛基金会于 2020 年 11 月发布的《2020 年美国可持续和影响投资趋势报告》。有关详细信息，请访问 www. ussif. org/files/US% 20SIF% 20Trends% 20Report% 202020 % 20Executive% 20Summary. pdf。

以下各部分将讨论 ESG 在美国和加拿大的投资。

关注美国的政治和监管障碍

在美国，关于 ESG 的监管在过去的几十年里一直在中立和积极劝阻之间波动。美国劳工部（DOL）早在 1994 年就开始支持可持续投资，但 2008 年出台的新方针让一些受托人对 ESG 投资产生了质疑。2015 年，美国对这一方针进行了更新，承认 ESG 是一个重要因素，使得 ESG 投资展现了更为积极的前景，并再次推动了 ESG 投资。然而，情况再次急转直下，在特朗普政府执政期间，联邦政府并不鼓励可持续投资和环境保护，造成了政治和监管障碍。在抵制环境法规的同时，政府也退出了《巴黎协定》。

美国劳工部还在 2020 年提出建议阻止投资管理公司考虑 ESG 问题：

- 受《雇员退休收入保障法》（ERISA）管辖的私人养老金计划的拟议规则规定，私人雇主赞助的退休计划不需要实现社会目标或政策目标，但应当为工人提供退休保障。2020 年第一季度，根据《雇员退休收入保障法》管理的资产约为 29 万亿美元。

- 美国劳工部提出了进一步的规定，要求股东只需对那些对退休计划有经济影响的问题进行投票，也就是说他们不应对那些与 ESG 相关的问题投票，除非这些问题具有重要的财务影响。通常情况下，美国对股东投票的披露要求允许投资者审查与公司 ESG 行动相关的信息，管理公司可以通过这些规则来影响公司对 ESG 原则的实施。

- 投资专业人士可以使用 ESG 策略，但需要证明其产生的收益与传统投资一致。公众对这些提议的反馈强调，将 ESG 基金排除在养老基金的默认投资选项之外，将减少资金流入，限制 ESG 投资的增长潜力，因此管理公司将无法充分考虑 ESG 风险。

与美国劳工部的做法不同，欧盟和英国的监管支持将可持续发展和 ESG 概念纳入财务决策，支持对养老基金管理公司进行更正式的考量。欧盟委员会对《金融工具市场二号指令》（MiFID Ⅱ）规则的拟议修正案还将要求投资公司在提供投资建议时考虑其零售客户的 ESG 偏好。

警告

显然，美国和欧盟/英国关于可持续投资法规之间的差异正在扩大。鉴于美国劳工部在欧盟/英国的 ESG 投资演变过程中历来保守的立场，这两种不同的监管路径不太可能在不久的将来逐渐趋同。这些相互矛盾的态度不会立即影响投资经理、养老基金或赞助此类计划的机构的信用评级，但从长远来看，这很可能带来相反的投资考虑、风险和潜在回报。

此外，美国证券交易委员会（SEC）合规检查和审查办公室（OCIE）宣布了 2020 年美国证券交易委员会注册投资顾问的审查重点，许多顾问收到了有关其公司 ESG 投资活动的重要文件请求，包括其披露、营销、指标使用、内部控制和其他政策。虽然合规检查和审查办公室的重点是确保在美国证券交易委员会注册的公司不会进行漂绿行动（见第 6 章），但这些行动表明，ESG 在美国是一个相当重要且日益受到关注的领域。

在新千年的第一个 10 年里，尽管世界有很多国家参与了 ESG 整合，但美国做出改变的速度较为缓慢。由于坚信社会责任投资形式的投资过于负面（因为使用了负面筛选），以及认为它会带来更低的回报，这阻止了更多的美国投资者参与 ESG 投资。尽管如此，可持续发展会计准则委员会（SASB，见第 1 章）自 2011 年以来一直致力于为公司提交给美国证券交易委员会的文件制定通用标准，以确定可能具有财务重要性的关键行业特定 ESG 指标。尽管投资者一再要求提供与 ESG 相关的信息，以便在同一行业的公司之间进行同行对比，但美国证券交易委员会并未要求公司在报告要求中纳入与 ESG 相关的具体数据。

调查加拿大的行动

加拿大采取了与英国监管机构类似的路线（前文介绍了这一点）。监管规定资产管理公司、所有者和受托人在做出投资决策和聘用管理公司时，应当考虑关键的风险和机遇。例如，安大略省要求养老基金披露 ESG 相关因素是否为投资政策声明的一部分。根据法律，计划受托人必须评估 ESG 整合将如何影响其基金的投资回报（如果有的话），并确认投资政策和流程声明包含 ESG 相关信息。

重要的是，这项法律并没有强制基金进行对 ESG 有利的投资，相反，它鼓励人们意识到可能存在的 ESG 相关重大问题，而不是监管人们的投资。安大略省仍然是加拿大唯一通过此项法规的省份，但加拿大投资者对于公司治理、多元化和气候变化等问题的兴趣已经大幅增长，大多数机构投资者在投票时都会考虑 ESG 因素。此外，资产管理公司应当定期向资产所有者报告 ESG 事宜，与公司讨论有关 ESG 的问题，并基于此类交流活动得出积极结论。

推动需求增长

研究显示，美国超过一半的资产管理公司正在考虑创建 ESG 投资解决方案，许多主动型基金管理公司希望获得相对于被动产品的优势，因为人们越来越关注代际财富转移，而年轻的投资者更看好 ESG。客户的明确需求可能是采用 ESG 的关键驱动因素，这表明除了通过量化筛选确定的业绩外，赞助商还在关注其他增值服务。流入交易所交易基金的资金几乎与流入开放式基金的资金持平，原本可持续的交易所交易基金专注于与可再生能源、环境服务和清洁技术相关的行业基金，目前仅有两种以 ESG 为重点的多元化交易所交易基金。

随着整个行业逐渐倾向被动管理基金，过去 3 年，流入被动可持续基金的资金超过了流入主动管理基金的资金。报告显示，超过 70% 的资金流入了被动基金。这突出了该行业需要考虑的一些关键信息：

• 到 2025 年，ESG 授权资产在美国的增长速度可能远远快于非 ESG 授权资产，复合年增长率（CAGR）达到 16%，覆盖所有专业管理投资的一半，总计近 35 万亿美元。

• 预计在未来 3 年内，将推出 200 多只具有 ESG 投资授权的新基金，比前 3 年增加一倍以上。

• 人工智能（AI）和另类数据的使用给管理者提供了更大的空间来挖掘重要 ESG 数据，并有可能实现阿尔法收益。

● 从定制 ESG 产品主动向全面运营转型的公司很可能会获得更大比例的未来 ESG 资产流。

从负面情况来看，除了美国的监管环境不太支持 ESG 投资以外，还存在股东提起诉讼的风险，因为监管规定，受托人有责任证明 ESG 投资能够带来更好的业绩。此外，ESG 的术语使用也存在问题，一些投资者使用"影响力"一词来代表 ESG 整合或筛选等内容。而当投资者试图弄清楚基金能带来什么时，这会"让情况变得更加复杂"。

在某些情况下，投资者熟悉相关的概念可能有助于加深其对社会责任投资和 ESG 整合之间差异的理解。此外，越来越多的管理公司将 ESG 视为一种战略业务需求，并相信在可持续投资的同时实现回报最大化是可行的。此外，随着人工智能等新兴技术带来质量更高的 ESG 数据，以及监管环境变得更加清晰，投资者可能会进一步要求在其投资组合中加入更大比例的 ESG 因素。

尾声：发达市场与新兴市场

近 90% 的全球管理资产分布在三个地区：北美洲、欧洲和亚洲（不包括日本和澳大利亚）。因此，虽然之前的讨论与所有新兴市场相关，但在本部分中，对新兴市场的关注将主要集中在亚洲。例如，针对新兴市场的投资者面临着文化、监管环境和技术方面的差异，那么为什么还要将 ESG 纳入其中来增加另一层复杂性呢？显然，新兴市场的经济增长速度比发达市场要快，可以从中发现一些机会，但这些机会可能不够透明，难以把握。

投资者希望了解亚洲公司的环境和社会绩效，但由于缺乏稳健和适当的数据，投资者无法更好地了解公司识别和缓解 ESG 风险的能力。与其他地区的公司一样，仅仅通过某种形式的"粗略检查"来寻找 ESG 是远远不够的。因此，这些 ESG 数据的价值可能不同，并且缺乏标准化报告。此外，许多公司并不总是用英语发布信息，常见的 ESG 术语可能会存在问题，再加上传统的公司治理问题和宽松的监管模式，新兴市场会给 ESG 投资者带来很多额外的挑战。

传统上对新兴市场进行的积极投资已经产生了回报，但其追踪基准由于缺乏同质性而受到限制。尤其是亚洲，由大量不同文化、经济和政治制度的国家组成。这些指数主要集中在国家层面，基准追踪并无法为其提供必要的多元化属性，在地区分配上迅速呈现"中国＋"的趋势（约46%，而之前的比例为30%—35%）。

与此同时，约26%的资金分配给了中国台湾和韩国等更发达的市场。在股票层面也是如此，常规新兴市场基准指数中，排前五名的股票约占整个指数的20%。这给其他鲜为人知的机遇留下很少的空间。因此，在一些中小盘股上叠加 ESG 因素，应该可以挖掘出一些亮点。当与印度和越南等国家建立了更深入的合作关系时，情况也是如此。

当然，通过 ESG 因素投资新兴市场的表现已经得到证明。在过去的 10 年里，追踪 ESG 指标业绩优异公司的明晟（MSCI）新兴市场 ESG 领先指数（年化回报率为 14.5%）超越了更广泛的 MSCI 新兴市场指数（年化回报率为 10.7%）。请参见图 11 - 3，并查看 www.morningstar.com/content/dam/marketing/shared/pdfs/Research/Global_Sustainable_Fund_Flows_Q4_2020.pdf.

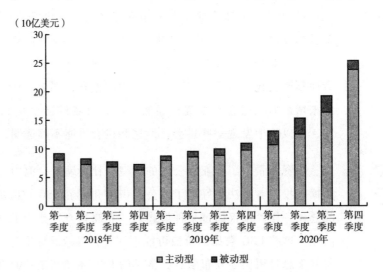

图 11 - 3　除日本以外的亚洲可持续基金资产

注：数据截至 2020 年 12 月。

资料来源：晨星研究。

新兴市场暂时落后，但信息披露不断增加

与世界其他地区的同行相比，亚洲公司在将 ESG 概念融入其业务战略、实现对其成本的影响、认识到从整体 ESG 趋势和整合中受益的机遇方面进展缓慢。然而，ESG 意识正在资产所有者和管理公司中形成一种趋势，公司发现投资者更有兴趣了解其业务的非财务信息，并且以英文形式发布其企业社会责任报告！然而，鉴于许多新兴市场的公司没有强制法律要求披露太多的 ESG 信息，人们仍然担心，如果没有标准化的、可衡量的规则，可能会出现更低的标准和更多漂绿行动（见第 6 章）。

一些管理公司的另一种观点是，新兴市场在 ESG 披露标准和实践标准方面的不一致，为利用 ESG 区分公司和挑选潜在赢家提供了更多机会。与此同时，在新兴市场的三大 ESG 支柱中，公司治理仍然是最受关注的因素，表现出有效管治和公司治理的公司最有可能超越整体市场，创造出阿尔法业绩。（第 5 章详细介绍了 ESG 的公司治理方面。）

此外，基金管理公司正在签署联合国支持的负责任投资原则（PRI），以表明他们对 ESG 原则的承诺。在亚洲，2019 年的签约成员数量同比增长约 20%，达到 339 个。但还需要继续对其进行培训，让公司提供更好的数据，银行也会利用 ESG 相关因素来决定是否放贷以及如何为贷款定价。此外，其他数据（特别是来自中国的数据），包括搜索引擎数据、招聘信息和卫星快照，正在提供新的观点。

还有，碳排放量、多元化和人权正在成为公司需要满足的最低标准。随着公司和投资者之间对话的发展，这应该会演变为更详细的分析，通过更多的参与来说服公司提供更好的透明度。有人呼吁公司应当在重要性评估（确认财务成果）方面提高透明度。鉴于每家公司都有着独特的重大风险和机遇，确实应该对这一评估进行调整。优秀的公司能在抓住机会的同时识别、优先处理并缓解这些风险。

新兴市场的其他重要信息来源是当地的证券交易所，它们在国际可持续证券交易所倡议中一直处于领先地位。新兴市场交易所很快发现，良好的

ESG 行动和披露是建立当地和国际投资者对其市场信任的一种方式。与此相关的是，规模较小的国内公司愿意倾听并改变他们的企业行为，并希望吸引主动型管理公司。投资者还可以与可持续发展目标保持一致，通过利用投资者参与度来提高 ESG 和可持续发展绩效，从而创造更大的影响力投资。此外，更强的企业参与度代表着一种有效策略，股东可以与公司分享他们与竞争对手的业绩比较。

记忆

新冠肺炎疫情使人们更加关注在医疗、食品和水安全以及跨供应链方面发展适应力，很可能会有更多的新兴市场政府将资金转移到私营部门，以解决这一紧迫需求。此外，与 ESG 相关的科技资产股票和债券仍然存在着很多机会。鉴于新兴市场有超过 10 亿人正在使用移动技术提供医疗服务，到 2025 年，其中很大一部分人可能会使用智能手机，这可以推动教育、物流、ESG 等行业的需求。科技股也通常在基准指数中占最大权重，如 MSCI ACWI ESG 领先指数。

关注政治和监管发展

在亚洲，监管机构已经承认，在可持续发展实践方面进一步履行披露义务可以促进外国投资。例如，新加坡较早采用了与 ESG 有关的标准，这对其资本市场的发展起到了促进作用。在 2016 年可持续发展报告开始执行后，新加坡建立了 ESG 数据价值的投资者确定机制。此外，2018 年，中国政府为改善透明度和支持投资，宣布强制上市公司和债券发行人披露 ESG 相关风险。全球报告倡议（GRI）和可持续发展会计准则委员会（SASB，见第 1 章）建立的框架可作为新兴市场国家的"蓝图"，帮助公司以一致的方式报告与 ESG 有关的重要信息。

因此，企业已经认识到，投资者对透明度的重视可以使其受益，他们已经开始更详细地报告相关 ESG 因素的业绩，而不是因为监管机构的要求。该地区的另一张"蓝图"来自澳大利亚。澳大利亚是 ESG 整合行动的先驱之一。在过去 10 年中，ESG 分析的采用是由该国的养老金基金（称为"超级基金"）推动的。该基金现在规模庞大，采用了高水平的投资策略，将高层ESG 整合与积极股权行动结合在一起。

交易所还应确保上市公司提高 ESG 特定问题的报告质量。新加坡交易所（SGX）在 2016 年推出了针对上市公司的"遵守或解释"可持续发展报告。此外，中国香港交易及结算所有限公司（HKEX）通过与成员协商，寻求加强 ESG 规则的意见。与此同时，亚洲公司治理协会（ACGA）等行业组织通过定期会议和活动，支持利益相关者之间的 ESG 讨论计划。

确定 ESG 方法是否更适合发达经济体

一些市场参与者表示，鉴于发达经济体迄今已从公司治理、监督和监管的总体趋势中获得了很多利益，ESG 投资方法更适合发达经济体。大多数新兴市场经济体，包括巴西、俄罗斯、印度和中国（BRIC），都复制了发达市场的做法，用石油和煤炭等碳基能源推动经济增长。问题是，由于化石燃料对环境的破坏性影响，这些方法不再被认为是可持续的。

一些国家政府正在积极应对这一问题，其中就包括世界第二大经济体中国政府：

● 2007 年，他们宣布了"生态文明"的新模式，强调公共交通和绿色建筑是减少污染的一种方式，中国已经成为电动汽车的最大市场。

● 更重要的是，中国现在致力于在 2030 年前达到峰值排放量（碳达峰），随后将制定一个到 2060 年实现碳中和的长期目标（中国占全球排放量的 28% 左右），这是中国首次致力于实现长期排放目标。

在制定可持续政策方面，并非所有发展中国家都能像中国那样进步。不论如何，这些国家需要为数百万人提供食物、能源、清洁水源和医疗用品。

同样拥有 10 多亿人口的印度，面临着很大一部分人口无法获得电力、卫生设施或清洁水源的矛盾。对于无法供电的地区，他们选择使用燃煤进行发电。

众所周知，新兴市场拥有更多的国有企业和众多家族企业或控股企业，一些人认为，这加剧了公司治理问题。然而，家族企业的一个潜在优势是，其管理人和领导人往往会长期受雇。因此，他们对公司的运营持长期观点，这可以带来更稳定或更可持续的利润，这是投资者所欣赏的。当政府拥有一家公司的股份时，国家对该公司的参与也有助于确保任何繁文缛节都能迅速被忽略或简化，有助于降低成本，并提高采取部分政府所有权的公司利润。

然而，人们普遍认为，由于成熟度过低，发展中国家的公司治理风险通常更高，他们还没有从家族公司演变为股权广泛分布的上市公司。除此以外，还有人批评监管不够严格，企业信息披露标准需要提高。但反对者认为，这使 ESG 更适合新兴市场，因为这种不完美的环境可以为 ESG 创造更多机会，以对公司进行选择。尽管这听起来很合理，但前提是新兴市场政府和监管机构必须确保 ESG 风险得到良好管理。无论如何，亚洲在全球所有可持续投资中所占比例不到 2%。日本是个例外，该国的可持续投资一直在稳步增长。

那么，鉴于许多私人市场参与者都渴望参与进来，亚洲的经济前景如何才能更有利于可持续投资呢？许多公司已经意识到，对于他们的业务来说，可持续发展是最可行的方法，特别是在当前环境退化水平已经处于危急关头。在此背景下，金融稳定委员会于 2015 年成立了气候相关财务信息披露工作组（TCFD）。气候相关财务信息披露工作组（www. fsb – tcfd. org/）将创建一个框架，金融机构和公司可以利用该框架提供有关气候相关风险和机遇的财务影响信息，这一框架在亚洲得到很多人的支持。

记忆

亚洲各国政府迫切需要在推动可持续发展方面发挥带头作用，这应该可以从政府支持的主权财富基金和养老基金开始。他们应该共同对公共投资机构进行的投资强制实施 ESG 指标。这样一来，通过将资金引导到符合标准的公司，主权财富基金和养老基金就可以为私人投资市场建立起规范的框架。

应用ESG原理

第 3 部分通览

● 考察公司为满足投资者期望而必须满足的要求，以及由此产生的成本、回报和生产力方面的收益。

● 查看如何为资产所有者实施 ESG 策略，从创建计划到之后的参与。

● 分析 ESG 投资组合的整合、绩效、报告和估值问题。

● 了解 ESG 生态系统的发展方向，包括报告、标准化和持续学习的长远发展前景。

第 12 章
通过 ESG 为公司创造价值

在本章中你可以学到：
- 对公司信息披露和透明度的考察
- 如何产生更高的回报
- 如何获得更多客户
- 如何降低成本
- 如何提高生产力，吸引人才

公司不是在真空中运营的。在一个依赖跨境贸易、多方供应链和全球劳动力的全球经济中，公司遭遇的环境问题挑战越来越严重，如气候变化、污染和水资源短缺，还有包括产品安全在内的社会因素，以及与监管机构及社区的沟通。在这种环境下，ESG 可以直接影响一家公司的竞争定位。因此，整合 ESG 因素是在当今经济中保持竞争优势的一环，对公司的长期竞争成功至关重要。

主动解决 ESG 问题不仅能让机构股东满意，还能产生良好的公关效应。一项强大的 ESG 计划可以帮助公司创造获得大量资金的途径，发展更清晰的企业品牌，带来可持续的长期增长，使公司和投资者都能受益。主流机构投资者已经意识到这一点，并明确表示，他们要求公司对 ESG 政策和消息采取先发制人的措施。因此，ESG 因素将成为投资决策的组成部分，并将作为对每项投资组合产生至关重要影响的可持续性、评估和主要风险的重要因素。

许多投资者已经减少了对公司基本分析的关注，转而选择被动投资，以简化初步研究、扩大多元化、注重流动性，并对短期事件做出回应。因此，一些公司认为，投资者已经不再需要通过 ESG 项目实现共同价值。共同价值带来的经济效益在股价上的表现有所延迟，这让一些公司认为，改善 ESG 因素并不会带来短期回报。

然而，虽然企业领导人一致认为 ESG 项目不会立即增加股东价值，但他们表示，他们愿意支付溢价来收购一家在 ESG 问题上有正面记录的公司，而不是一家有负面记录的公司。此外，越来越多的研究表明，专注于重要 ESG 问题的公司比同行表现更好，在危机时期（如新冠肺炎疫情和 2008 年经济危机）比其他公司更具适应性，波动幅度也更小。

本章将从公司的角度重点介绍 ESG，以及公司在采用更全面的方法处理 ESG 因素时可以获得的好处。读者将了解公司应当如何满足对信息披露和透明度的要求，以及如何通过创造更多业务、提高生产力和降低成本来实现更高的回报。

清澈见底：公司披露和透明度

针对越来越多关于可持续发展对业务影响的询问，许多公司整合了企业社会责任和可持续发展计划，并报告了自身的 ESG 履行情况。例如，在 2000 年，联合国成立了全球契约组织（见第 1 章），旨在处理反腐败、人权、劳工和环境等问题。现在，每年都有数千家公司使用自愿报告框架来分享他们在这方面做出的改进，以应对企业可持续发展报告缺乏标准的问题。此外，在通过市场力量提高信息的获取和质量方面也取得了相当大的进展。这还包括非政府组织做出的努力，以及某些司法管辖区的监管。例如，欧盟的《非财务报告指令（NFRD）》要求具有一定规模的公司需要每年报告一次非财务信息。

公司要认识到，投资者将关注其保持长期竞争优势的意愿和能力，并从多个方面分析公司在 ESG 方面的优势和劣势，包括以下内容：

* 环境：减少外部效应的环境监管对于高效运营至关重要。尽可能减少能源、水源和资源的消耗，同时减少排放、污染和浪费，可以降低成本并提高盈利能力。（有关 ESG 环境因素的更多信息，请参阅第 3 章。）

* 客户：公司可以通过认证产品安全、回应客户偏好，以及通过慈善活动为当地社区做出贡献来维护自己的声誉。

* 雇员：鉴于熟练人力资本的短缺，吸引和留住人才对公司至关重要。重视有关员工工资、发展、健康和安全的工作场所政策，对于维护管理层和员工之间的良好关系非常重要。（有关社会因素的更多信息，请参阅第 4 章，ESG 中的"社会"因素。）

* 供应商：在一个相互关联的世界中，通过有效管理业务、对供应商进行审计，并以此实现供应链的稳定性，这越来越重要。

* 监管机构：应该对任何可能改变投资方法的法律和监管变化的潜在影响进行评估。

* 公司治理：分析可以集中在资本配置、独立型和参与型董事会、管理层激励和会计透明度等方面。（有关公司治理因素的更多信息，请参阅第 5 章。）

　　新兴市场的法律和公司治理标准往往低于发达市场，公司需要进行额外的尽职调查，彻底审视来自会计、腐败、公司治理和政治动荡等问题的风险。公司应当参与到调查过程中来，以缓解投资者的担忧。

　　以下几个部分讨论了公司披露和透明度的两个方面：公司参与度和董事会沟通。

会见团队：ESG 参与度

　　ESG 因素已成为投资者衡量一家公司质量的重要方式，也是所有投资过程的关键组成部分。长期投资者的一项目标就是全面了解他们所投资的公司。许多投资者在投资过程中采取"自下而上"的方式，要求对重点公司进行数月的彻底尽职调查。因此，他们必须与公司管理层、竞争对手和供应商会面，同时深入了解公司的主要基本问题。

在投资者针对公司的优点确定投资意见后，他们通常会开始着手打造可持续发展的竞争优势，并观察这一优势的盈利能力。这可以通过确认这家公司是否在扰乱市场、是否不受市场变化的影响，以及是否拥有维持其地位的财务能力来确定。在今天的环境下，公司还需要说明是否其中存在并非来自公司的环境或社会外部因素，或公司治理和会计风险，这些都可能导致投资意见的调整。

无论是希望长期持有股票的主动型管理公司，还是可以永久持有基准指数股票的被动型管理公司，所有类型的投资者都会注意到，只要公司能解决重要的 ESG 问题，就能够提高他们的财务业绩。积极的企业参与可以创造价值，这可以促进公司和投资者之间的信息交流和互相理解。例如，这可以帮助公司理解投资者对 ESG 问题的期望，使其能够在争议中建立自己的公司形象，或是向投资者解释其商业模式中尚未得到外界完全认可的方面。与此同时，投资者可以自行寻找有关公司 ESG 行动和替代方案的更全面、更准确的信息。这样，他们也能发展自己的 ESG 相关沟通机制，并履行对客户或监管机构的责任。

公司应当同意投资者的行动，公司也应当明白，投资者的更多参与可以让他们讲述自己的故事，解释他们为符合 ESG 要求所采取的行动，并说明这些行动将如何使这一投资更具适应力、波动性更小。因此，公司在与现有股东和新股东接触时，应当确定他们能为股东业务带来的好处，并明确向股东说明。公司应该确保这些沟通既有效，又有启发性。

记忆

对公司来说，最好的方法就是选择与投资者公开接触（而不是选择代理决议和投票），这是主动吸引可持续投资的首选策略。根据记录，近年来，美国提交的环境和社会股东决议数量大幅上升。这些决议的主要议题包括：

气候变化和其他环境问题、人权、人力资本管理，以及劳动力和公司董事会的多元化问题。因此，公司还应该利用投资者会议来解释 ESG 目标的进展情况，并说明这些目标将如何对财务业绩做出贡献。

感谢分享：董事会的信息

如今，由董事会成员通过发表"目标声明"来说明公司社会地位的形式已经越来越普遍。在这份声明中，董事会说明了公司存在的理由，确定了与公司持续成功最为相关的利益相关者，并列出了衡量和奖励董事会决策的时间范围。然而，这份声明也可能成为股东综合报告中的一环。根据国际综合报告理事会（IIRC）的定义："综合报告是关于组织的战略、公司治理、绩效和前景在其外部环境中如何带来价值创造的简要信息。"

为投资者提供的信息还应包括主要社会趋势对行业结构和竞争的影响，公司的应对措施对其未来的增长和盈利能力的影响，甚至是为应对气候变化而改变其商业模式。了解这些社会和环境动态将有助于投资者预见行业结构的变化，并发现创造共同价值的机会。

投资者需要有效运用这种有针对性的定量和定性信息。最终，可持续发展信息需要进行标准化，就和财务会计准则一样。支持这些行动也符合公司的利益。可持续发展报告还会对组织的管理、策略和目标进行调查、分析，甚至重新思考。因此，通过披露、报告，以及综合 ESG 信息说明项目，公司可以提高其竞争地位，满足社会对良好企业行为的期望，并以此增加股东价值、改善财务业绩。

做大蛋糕：产生更高的回报

将 ESG 因素纳入公司长期战略预测并向投资者进行说明的公司，可以更全面地展示其潜在价值。有效的 ESG 行动可以降低业务和财务风险，从而实现更高的业务利润以及更强的信用指标，并展示更低的资金成本。此外，最近的报告表明，公司的经营业绩和股价表现受到强大的可持续性和 ESG 行动的积极影响。有效的 ESG 行动往往会产生更好的经营业绩和股价表现，从而降低绝大多数公司的资金成本。因此，ESG 评分较高的公司，投资风险较小。

记忆

对于其他市场观察人士来说，ESG 活动被视为维护公司价值的一种方式。传统投资者主要使用 ESG 指标作为风险指标，强调公司治理缺陷或失败可能导致的环境和社会纠纷。由于 ESG 指标并非旨在量化财务价值，它并不适合帮助投资者确定 ESG 业绩的财务影响。因此，公司应该详细解释其 ESG 策略和财务业绩之间的因果关系。一些公司已经生成了明确的、与财务相关的 ESG 指标，向投资者表明其 ESG 方法创造的价值。此外，他们还整合了公司、外部顾问和合作伙伴的专业知识，建立替代方法来继续提高财务业绩。

下面讨论公司通过 ESG 提高收益的几种方法。

增加获得资本的机会

主动解决 ESG 问题不仅能让机构股东满意，还能产生良好的公关效应。一项强大的 ESG 计划可以帮助公司创造获得大量资金的途径，发展更清晰的企业品牌，带来可持续的长期增长，使公司和投资者都能受益。投资研究和咨询公司已经创建了一些指数，根据 ESG 标准对公司进行同行之间的衡量和排名。以这些指数为基准的投资基金和交易所交易基金（ETF）正在筹集大量资金，并投资于拥有健全 ESG 政策的公司。这些投资者都是长期股东，可以进一步刺激对公司股票的需求（更多信息见第 8 章）。

此外，个人和机构投资者正在向那些以合乎道德并可持续的方式进行积极公司治理和经营的公司投入大量资金。可持续投资和影响力投资正以两位数的复合增长率积极增长，美国可持续和负责任投资论坛基金会表示，使用可持续、负责任和影响力（SRI）战略的美国注册投资总额已上升至近 17 万亿美元，约占管理资金的三分之一（参见 www. ussif. org/files/US% 20SIF% 20Trends% 20Report% 202020% 20Executive% 20Summary. pdf）。

公司采纳和行动

随着各种资产类别的投资者对 ESG 问题表现出越来越大的兴趣，提高企业透明度的趋势也将持续下去。联合国负责任投资原则（PRI）已由大约 350 名资产所有者签署，信用评级也开始包括 ESG 因素，欧洲一些大型资产管理公司承诺将在其所有投资中全面筛选 ESG 因素。社会和人力资本问题也在增加，数据隐私、多元化和供应链劳工管理等话题得到了进一步研究。众多证券交易所已经发布 ESG 报告指南，或强制要求披露 ESG 信息，这也将增加公司在 ESG 问题上的披露义务。这可能导致没有强制信息披露要求的发达市场公司开始与采用更好 ESG 披露行动的新兴市场公司争夺资本。

记忆

　　越来越多的利益相关者要求纳入 ESG 因素，包括客户、员工、分析师和投资者，以至于 ESG 已经成为公司文化和价值观的一部分。例如，对于上市公司来说，仅仅是理解和减缓环境影响是远远不够的。如果这些公司不调整其企业战略，使其在长期内更具可持续性，那么大型资产管理公司可能会抛售其股票，导致其股价下跌。因此，所有公司的董事会都面临着压力，确认他们正在制定可持续的长期公司战略，并在未来减缓碳排放。此外，员工偏好的不断变化，表明人们希望为关心其社区和地球的公司工作，而对于消费者来说，他们也更希望了解各大产品公司的可持续发展状况。

记忆

　　一般来说，在某些政府不能或不愿做出回应的事情上，公司有能力做出快速回应。考虑到大型公司和资产管理公司的规模，预计这些跨国公司将成为全球转型的主要驱动力。他们的业务重点是地缘政治问题、可持续经济发展和气候变化带来的威胁。这可以创造一种责任和能力，使其拥有比多数政府更强烈的紧迫感，并为解决更广泛的 ESG 问题而采取行动。他们认为，做一个"好公民"会带来更可持续的长期业务。这些公司董事会的良好公司治理可以确保适当的"环境"和"社会"因素得到满足，以实现其客户、社区、员工的利益，并最终实现其股东的利益。如果 ESG 原则对企业、环境和社会都有利，那么 ESG 因素从选择性措施变为强制性措施只是时间问题吗？我们应该期待出台有关披露和实施要求的监管新规定吗？

　　另外，可持续发展会计准则委员会（SASB，见第 1 章）强调的许多运营因素在整个行业中都是通用的，并不是特定公司进行竞争的专有因素。因此，随着时间的推移，这些不断增加的重要 ESG 因素将会转化为行业范围内的最佳行动。例如，温室气体排放是物流公司的重要 ESG 因素，与燃料使用成本相关。因此，所有主要的物流公司都需要实施最佳行动，以减少燃料消耗，这也是竞争所必须具备的条件。这种"适应"提高了整个行业对运营效率的要求，在不需要采取强制措施的情况下，自然地降低了碳排放量。

蒸蒸日上：吸引更多客户

将 ESG 问题纳入商业战略不仅对公司的业务有利，而且对客户忠诚度以及防范对社会稳定和包容性（良好业务的保证）造成威胁的风险至关重要。高级管理层通过采取措施改善劳动条件、提高团队的多元化水平、回馈社区，并在可持续环境政策上坚定立场，也可以增强公司的品牌形象。"千禧一代"和"Z 世代"正逐渐成为消费者、员工和投资者，他们一直在关注良好的企业行为，并忠诚回报这些企业。

能够认识到适应不断变化的社会经济和环境条件的重要性的公司，更有能力发现战略机遇并应对竞争挑战。与其他行业参与者相比，采用积极主动的 ESG 政策可以扩大公司的"竞争优势"。例如，星巴克就是在努力扩大中国市场份额的时候发现了这一点。他们一直在寻找可以带来扩张的原因，但当他们开始为员工的父母提供医疗服务时，他们意外找到了答案。突然之间，他们的销售额迅速增长，星巴克现在在全球增长最快的市场中拥有 2000 多家门店！

以下几部分将讨论通过 ESG 吸引更多客户的方法。

追踪可持续发展行动

企业研究常常无法区分传统的企业社会责任行动（例如慈善）以及可持续发展和 ESG 行动（企业战略 DNA 的重要组成部分）。由于专注于重要 ESG 因素，可持续发展的财务业绩优于企业社会责任行动。最近的研究表明，股票市场的优异表现取决于公司是否专注于对其业务产生重大影响的 ESG 因素。

然而，一些高管发现，理解提高财务业绩的可持续管理方法非常困难。对于员工、领导和组织来说，有些问题仍然难以理解。对于今天的企业来说，定义这些概念并了解其对财务业绩的改善是一项重大挑战。此外，为达成有不同要求的业绩，投资者采用不同的投资策略，这可能会使情况更加混乱。因此，公司应该继续专注于提高效率、提高品牌价值和声誉、实现进一步增长、削减成本，以及强化利益相关者关系的方法，并采取最佳可持续方法。也许还是很难准确评估改善后的财务业绩，但企业将朝着正确的方向前进。

因此，可持续性被视为接下来扩大公司业绩最佳管理行动的重要组成部分。这需要了解能够推动财务业绩改善的其他因素，包括创新、提高销售额、员工留任、运营效率、生产力和风险缓解。ESG 行动和财务成果之间的关系对公司决策有明显的影响，企业高管对于如何在其行业创造重要可持续发展战略上基本达成共识，尽管这可能因地区而异。例如，汽车行业有着减少废弃物、产品创新等众多关键策略。然而，为了全面而准确地衡量可持续发展行动的财务影响，投资者和管理者不仅要对策略进行审查，而且要审查该策略的执行情况，以及随之而来的效益。

为了实现这一目标，公司需要建立会计系统，持续追踪各部门可持续发展行动的投资回报（ROI）。这需要将销售增长等有形项目和风险缓解等无形项目纳入计算，使企业能够将可持续发展纳入其业务策略和沟通的核心。与此同时，投资者可以利用这些信息，更清楚地了解可持续发展行动所产生的影响，确保他们可以评估公司在其部门内应用可持续发展战略的方式，并监测财务成果。

衡量无形价值驱动因素

由于公司使用不同的 ESG 指标进行自我报告，他们生成的报告缺乏一致性。他们还会在没有通过审计来核实数据准确性的情况下生成报告，因此对业绩进行验证或对比也非常困难。此外，低质量和不适时的 ESG 数据也会给投资者和企业管理者本身带来困难。即使是外部机构完成的 ESG 评级，也同样有标准化方面的欠缺。这些第三方 ESG 数据提供商和评级机构，就像那些进行自我评估的公司一样，使用不同的数据和评分系统，最终得出截然不同的评估结论。

警告

对于许多试图创建综合报告的公司来说，他们遇到的主要问题是，ESG 信息的不同要素很少能同时提供，也很少能以财务信息这样的格式提供。根据当前的报告，非财务 ESG 指标（如应对气候变化的方法或供应链管理的公司治理）已经完全从标准会计比率等财务指标中删除，例如收入增长或营运资本。很少有企业在其会计系统中追踪其 ESG 投资或行动的回报。因此，会计数据和可持续性投资之间实际上没有任何联系。此外，无形公司没有进行适当的评估，因为审计本身并不是完美的 ESG 评估工具，它并不适合将无形资产进行货币化。无形资产可以构成当今公司价值的绝大部分内容，而且通常还会带来许多具有可持续性的优势，如品牌声誉和风险缓解。

全球报告倡议（GRI）和可持续发展会计准则委员会（SASB，见第 1 章）通过为特定 ESG 问题提供报告系统来改善审计发展，但企业领导必须为加速变革做出贡献。公司支持这一方法的潜在框架是：

- 在自己的外部报告中制定标准。

- 继续向提供财务信息的软件供应商提出要求，以添加 ESG 指标。

- 推动审计事务所为其报告的 ESG 绩效提供证明，与证明财务业绩相同。

- 将 ESG 报告集成到其 IT 系统中。

- 减少这一过程产生的债务问题。

实施这些框架的公司应该因为解决了这些问题而得到奖励，这些问题是由现有和潜在的投资者通过其持续投资和参与来解决的。

识别重要机遇

记忆

有确凿证据表明，随着时间的推移，在认识和利用既定 ESG 问题方面的卓越表现，可以对企业甚至整个部门产生重大的经济影响。可持续发展会计准则委员会在制定行业标准方面迈出了重要的一步，在这些标准中，影响力和经济表现之间的关系得到了明确界定。ESG 数据的可用性和可靠性增强，再加上进一步的研究，使可持续发展会计准则委员会能够与行业代表进行合作，区分对特定行业至关重要的具体指标。研究表明，当公司将其可持续发展行动集中于重要 ESG 因素时，他们的表现将优于市场，每年创造更多的阿尔法业绩（投资相对于基准指数市场回报的超额回报），也会优于那些将可持续发展行动专注于非重要因素的同行公司。

因此，具有前瞻性的公司可能不会使用 ESG 评级机构提供的给定数据，而是使用可持续发展会计准则委员会提供的方法作为参考，以行业为基础，定义关键的重要可持续发展问题。这使得公司可以考虑一系列其他变量来完善 ESG 指标，如盈利能力、规模和所有权。然后，公司可以对一系列对其业务至关重要的基本 ESG 量化标准进行分类，同时也可以与其公司战略保持一致。例如，一家石油和天然气行业的水力压裂公司也应该衡量水源、废弃物管理以及对稀缺自然资源的影响。相反，如果你的业务以服务人员为中心，那么关于反骚扰和种族敏感性的社会培训可能会产生更切实的效果，并强化公司的品牌形象。因此，前面提到的那些参考方法不应取代针对公司的特定分析。

提示

将公司的 ESG 框架与同行进行比较的有效方法是在主要的可持续发展排名指数中研究行业排名。这些组织以及 ESG 咨询公司分析了每个行业的标准，包括气候变化影响、自然资源稀缺性、供应链管理、劳工行动、政治贡献、董事会组成以及工作场所的多元化和包容性问题。许多非营利性的全球倡导组织已经作为可持续发展披露和报告的标准制定者。以下是其中一些组织：

- 全球报告倡议组织（GRI）：www. globalreporting. org.

- 可持续按照会计准则委员会（SASB）：www. sasb. org.

- 国际综合报告理事会（IIRC）：www. integratedreporting. org.

- 碳披露项目（CDP）：www. cdp. net/en.

- 气候披露标准委员会（CDSB）：www. cdsb. net.

提示

近年来，代理咨询公司对机构投资者的影响有所增加，例如机构股东服务公司（ISS, www.issgovernance.com/）和 Glass Lewi（www. glasslewis. com/）。因此，审查特定公司治理评分，可以提供另一项有用的基准。

在公司为其 ESG 框架确定了最合适的标准后，下一步是确定指标并定期进行评估，同时公布其进展情况（有关详细信息，请参阅第 14 章）。例如，欧盟法律已经要求大型公司通过非财务报告指令（NFRD）披露有关其运营方式和管理社会和环境挑战的某些信息。

削减开支：降低成本

ESG 的"G"要素（公司治理，见第 5 章）一直是信用评级的重要部分，因为良好的公司治理是公司信誉的明确衡量标准。因此，信用评级机构非常熟悉对公司治理因素的评估。因为现在考虑了更多"环境"和"社会"因素（见第 3 章和第 4 章），目前仍不清楚评级的表现将如何受到影响，但突出强调 ESG 因素可能会增加那些在 ESG 整合方面有些落后的公司的资本成本。

你将在本节中发现，最受欢迎的企业债务形式一直是公司债券，特别是在美国。但自全球金融危机引至低利率环境以来，这一形式也变得更加广泛。然而，人们对绿色融资等特定形式的债务越来越感兴趣，尤其是经公司确定的可持续发展项目。

绿色金融

绿色债券市场即将到期，自成立以来，绿色债券的未偿还发行量已超过 1 万亿美元。然而，一家公司发行此类债券的能力取决于其是否符合环境可持续发展目标方面的相关标准，以及将收益用于"绿色"项目的数量。因此，此类债券一直由替代能源和可再生能源、绿色建筑和可持续交通部门的发行人主导。

因此，由碳密集型公司发行的过渡债券可以提供另一种资金来源，明确旨在帮助那些试图变得更环保的公司。这些公司正在积极脱碳，但很难发行绿色债券。然而，这些资金需要专门用于为特定项目提供全部或部分的融资或再融资，发行人需要从商业转型和气候转型的角度证明其重要性。

最后，另一种选择是可持续发展债券，旨在鼓励借款人发行侧重整体环境目标的债券，而不是针对具体项目的债券。可持续发展债券的收益全部用于绿色和社会项目的融资或再融资。有关债券和 ESG 的更多信息，请翻到第 9 章。

你能降到多低？更低的利率和更高的信用评级

ESG 和下行风险之间的联系与固定收益定价密切相关。对信贷和固定收益之间关系的研究表明，具有较强公司治理业绩的发行人经历的信用降级较少。公司应该确保他们熟悉以下内容，以便思考如何提高自己的信用评级，并降低其融资需求的利率。

鉴于信用评级是对公司信誉的前瞻性评价，应将 ESG 问题纳入对实体信用质量的整体分析。公司评级标准应包括 ESG 因素，以及实体的行业风险、竞争地位、财务预测和现金流或杠杆评估。然而，需要找到并确定这些重要 ESG 风险或机遇的时机和潜在影响，评级机构才能将其纳入信用分析。例如，根据标普的数据，ESG 因素导致 2015—2017 年间 225 家企业信用评级发生变化，并在 1325 份评级报告中将 ESG 问题作为分析性因素进行考虑。

ESG 分析还可以帮助公司揭示可能的长期财务风险和机遇，包括未来碳排放法规可能产生的影响，以及节省与改善资源利用相关的成本。显然，独立而稳定的非财务指标衡量应该会挖掘出更多关于投资和公司业绩的信息，并作为公司的区分因素。正如第 9 章提到的，有证据表明，ESG 因素正以积极的方式影响资本成本（较低的利率），在相同的信用评级下，与 ESG 评分较低的发行人相比，这些发行人表现出更高的 ESG 评分和更低的资金成本。

业内最佳公司和业内最差公司之间也存在明显的收益率差，欧元计价债券的收益率差通常大于美元计价的投资级债券。

最后底线：提高生产力和吸引人才

令人鼓舞的是，大多数公司的 ESG 审议工作都是由首席执行官及其董事会指导的。然而，公司必须促使其中层管理人员加强对重大 ESG 问题的审查和管理，因为这些管理人员每天"都在现场"，并将其直接下属作为实现战略目标的资源。

记忆

简而言之，企业需要注意区分 ESG 因素，强调其中的重要问题，以最大限度地提高生产力。投资者和首席执行官主导着公司的重要议题，但中层管理人员和他们的团队最终生产的产品和服务既服务于股东，也服务于社会。

因此，高级管理层应该让中层管理人员与投资者进行讨论，并在确定影响公司业务的重要 ESG 问题的过程中做出贡献。为了确保所有利益保持一致，高级管理层应该从财务和 ESG 业绩两个方面对中层管理人员进行评估和奖励，并从更长期的角度出发，而不是季度或年度。这一点尤其必要，因为短期生产力的下降可能是实现更高、更长期生产力的一种手段。目前的人员配置可能需要从现有的短期角色重新分配到长期议题中，从而影响短期生产力和潜在的盈利能力。

此外，研究表明，一家公司的财务效率与其股价密切相关，财务效率最高的公司，其碳排放量也最低。此外，最具财务建设性的公司通常也拥有最强大的公司治理行动。这进一步表明，拥护强大 ESG 原则的公司是管理良好的公司，可以提高生产力和盈利能力。

在当今的就业市场上，员工（特别是"千禧一代"和"Z 世代"）对工作的追求不再仅限于薪水，获取人才的方式正在发生改变。许多员工认为，他们的一生很可能会受到气候变化等社会和环境问题的影响。因此，他们需要知道自己非常重要，需要感觉到自己的工作发挥了作用。然而，许多企业都错过了提高员工参与度、留职率和工作效率的机会。一些调查表明，美国公司中只有三分之一的员工能够真正参与到工作中来，这最终导致美国经济每年损失超过 5000 亿美元的生产力。

在这种环境下，在企业战略中保持固定目标不仅是一种理想，也是一种商机。企业应当采取积极主动的方法，将员工的热情带到工作场所，从而显著提高留职率。"千禧一代"真正关心的问题是，他们为之工作的公司（以及他们支持的相关企业）有着与自己一致的价值观，并且环境和社会责任对他们来说非常重要。对组织充满热情并表现出忠诚的员工以及知道自己受到重视的员工，会产生一种无形的职业荣誉感，从而强化公司的品牌形象，并提高员工的整体生产力。

维护良好的公司声誉以及吸引和留住人才仍然是通过 ESG 项目提高财务业绩的最常用手段。此外，ESG 项目可以通过发展财务业绩来扩大股东价值，这样可以提供企业的竞争地位，同时也是良好管理的象征。此外，有才华的员工和高级管理人员也会被参与 ESG 项目的公司吸引，因为他们会觉得自己对公司和社会都做出了长期贡献。

第 13 章
设计 ESG 策略方针

在本章中你可以学到：

- 如何创建制定策略的计划
- 如何参与同行评审
- 对核心投资原则的回顾
- 特定的 ESG 标准相关内容
- 怎样查看报告要求
- 怎样考查 ESG 参与度

资产所有者是资产的经济所有者，包括养老金计划、保险公司、官方机构、银行、基金会、捐赠基金、家族理财室和个人投资者，每种资产都有着不同的投资目标和约束。资产所有者可以通过直接购买资产或聘请资产管理公司代表进行投资。当资产所有者利用资产管理公司的投资管理服务时，这种投资可被构建为单独账户或混合投资工具（例如共同基金）。

资产所有者需要对其资金的投资方式做出关键决策，包括：

- 制定投资政策（例如，投资目标、资产配置政策、可持续性方法或 ESG 事项）。

- 决定是在内部管理资产，还是外包给外部资产管理公司。

● 决定如何使用其作为上市公司股东的责任（例如，代理投票政策、对代理顾问的依赖、投资管理活动的内包与外包）。

本章将为资产所有者设计 ESG 方法。许多公司都进行了目标声明，通常包括他们的使命、主要目标和核心信念。尽管此类声明通常是在高层之间进行交流的，但其中也展现出公司所期望的长期想法，这基本等同于制定 ESG 政策所需的较长期目标。

灵光一闪：创建计划

为表明组织的特定目的而制定的任何文件，都应从制定公司的短期和长期目标计划开始，需要实施这些目标计划才能实现组织的最终 ESG 期望。这可以从分析本组织目前使用的办法和制度开始，将这些办法和制度与总体目标对应起来，以便找出明显的差距。这种方法可以通过中期审查目标作为指导，通过协调的方式实施任务和框架。

提示

一些投资者可能很难制定这一方法，特别是对这一过程比较陌生的小型组织。一些人最初采取的方法是参考联合国可持续发展目标（SDG，见第 1 章）和负责任投资原则（PRI）等框架，为讨论提供信息，并确定与组织核心高层信念相对应的目标。（更多信息请访问 www. un. org/sustainabledevelopment/sustainable－development－goals/和 www. unpri. org/down load？ ac ＝ 4336）。这些框架可以与优先事项声明相结合，就 ESG 而言，也就是进一步界定基本的可持续主题，并映射出潜在的投资机遇。显然，一些优先事项可能无法立即进行投资，但确认这些要求有助于确保投资者主动调查未来的潜在投资。

为这一流程提供信息的其他方法，包括内部审查流程、整体利益相关者协商，以及可能的外部服务提供商参与。重要的是，所采用的方法必须具有包容性，以确保能够代表所有相关评估和重要评估。此外，有必要认识到，如果没有明确的核心原则，受托人（负责确保资产得到适当管理、所有者利益得到保障）的工作及其他信托监管要求将难以强制实施。

随着计划的开展，应设定阶段目标，确保监测和评估进展情况，以对照最初计划目标观察组织的发展情况。此外，政策和成果的所有权应尽可能由最高级别的管理层持有，以保持文化契合度和企业公司治理的"认同感"。

以下各节概述了开发 ESG 框架的一些关键注意事项。在确定核心投资战略之前，重要的是让所有利益相关者参与进来，并就内部公司治理结构达成一致，其中一些信息可以从资产所有者的同行评审中收集。

记忆

在关键利益相关者中推广 ESG

利益相关者模式已经逐渐成为资产所有者声明目的和愿景的重要部分。（这种情况下的利益相关者包括受益人、员工、内部和外部投资管理公司、受托人和执行管理层。）因此，ESG 指标应当用于评估和评价投资业绩，及其在整体利益相关方适用主题上的相对定位，类似用于评估股东投资管理业绩的业绩指标。最重要的是，ESG 利益相关者指标和目标的选择和建立应当与其他绩效衡量标准保持一致，以确保 ESG 目标的实现将提高利益相关者价值，而不是简单地"确定"，或是形成"漂绿"（参见第 6 章）。

ESG 指标没有"一刀切"的方法，资产所有者会对一系列资产类别进行投资，这些资产将影响适用于短期和长期投资业绩和可持续发展的 ESG 因素类型。实施 ESG 指标是资产所有者特定的设计流程。例如，一些资产所有者可能会选择实施更定性的 ESG 投资目标，即使他们拥有严格的 ESG 数据和报告，而其他资产所有者将考虑整合新数据元素的定量 ESG 目标（有关 ESG 因素整合的更多信息，请参见第 14 章）。

创建内部公司治理结构

记忆

核心负责任投资指导方针可能因组织而异，主要是基于符合组织投资流程和理念的负责任投资行动。这也可能是由与内部或外部管理资产相关的差异造成的，并取决于可能影响指导方针的司法要求和法律规定。

例如，你的组织可能会设置适合被投资公司的最低 ESG 标准。一些投资者可能会对 ESG 提出更高级别的要求，而另一些投资者可能会要求公司提供有关管理 ESG 问题的具体信息，并设定符合整体行业标准的最低标准。同样，还可以针对不同的资产类别设定标准，这些标准可能不同于上市股票、债券、私募股权、房地产、对冲基金或大宗商品的 ESG 评级标准。

与外部管理人员合作的指导方针往往更为具体，因为内部管理人员当然更倾向于使用已经制定的内部指导方针。外部投资管理公司可能需要制定自己的负责任投资政策，或者采用资产所有者的政策。一些资产所有者可以进一步扩大这一范围，以涵盖关于管理公司选择和监测的指导方针、将 ESG 问题纳入投资方案的征求建议书（RFP），以及关于报告 ESG 问题的相关要求。

别做无用功：开展同行评审

鉴于建立 ESG 或负责任投资政策的原则对许多资产所有者来说仍然较为新颖，与其"重蹈覆辙"，资产所有者更关注其同行在这一问题上的做法。此外，了解同行的行动可以鼓励公司高层展开投资政策讨论，这可以进一步帮助起草其他政策。原则上来说，考虑到目前管理的资产，ESG 投资实践应与投资政策声明中的传统项目保持相同的结构和一致性。

同行审查可以为制定投资政策提供指导，其产生的结果可能是显而易见的。在考虑如何将策略与其他方法进行比较时，了解利益相关者如何参与策略的制定很有启发意义。此外，还需要了解如何定义和识别 ESG 风险或机遇，或者如何在投资决策中权衡和评估问题。有趣的是，一些组织不仅可以满足此类政策的投资要求，还能够通过其投资组合实现积极的现实影响！

以下各部分将讨论同行评审和 ESG 投资策略的不同类型，包括其识别、评估和选择。

设计 ESG 投资策略

ESG 投资有五种主要策略：排除筛选、积极筛选、ESG 整合、影响力投资和积极股权。（可以在第 8 章中了解有关这些策略的更多信息。）这些策略有着广泛的目标，旨在规避或降低 ESG 风险，或是产生具体的影响。它们还展示了投资者应考虑的各种投资和影响因素。其中一些目标在某种程度上与其他 ESG 策略有重叠之处，有时会有多个 ESG 策略组合在一个投资工具中，以实现资产所有者的独特目标。此外，这些策略也可以跨资产类别和投资风格进行使用。

可以说，ESG 作为投资框架的价值，在很大程度上来自对政治和社会优先事项变化的预测，这种变化随后会为投资者带来经济机遇的变化。虽然从 ESG 投资的角度来看，这些变化意义重大，但在制定预测尚未发生的社会规范变化的指标时，以及在估计相关企业行为变化的社会影响时，这些变化都会带来问题。ESG 投资的基本问题是，可能需要一个长期的时间框架来观察其发展趋势。将 ESG 视为投资过程，表明市场和许多公司在评估价值时过于短视。通过对其结构、人员和社区进行投资，公司应该可以改善其长期业绩。

其他人认为，某些 ESG 风险在财务上非常重要，无论投资期限如何，都应该进行讨论。事实上，考虑到遵循负责任或可持续投资策略的资产快速增长，有人会认为，人们不需要讨论 ESG 投资整合，因为在不远的将来，ESG 投资策略将成为常态，而不是特殊情况。

提示

基于这一框架，应该公布全面投资策略和原则，使市场认识到你正在致力于考虑长期趋势的负责任投资行动。此外，这些行动纳入了注重风险管理缓解措施的 ESG 因素，同时也着眼于发现潜在的机遇。如果你的政策符合最佳行动要求，你还应该强调这些要求，以说明你对其重要性的认识。此类声明如果没有在其他行业相关组织中显示，请至少显示在你自己的网站上。此外，应该考虑签署国际公认的《负责任投资原则》，允许你的组织公开展示对负责任投资的承诺（更多信息，请访问 www. unpri. org/signatories）。

识别、评估和选择 ESG 投资

资产所有者应将 ESG 分析完全纳入其投资过程，包括初始筛选、发行选择、投资组合构建和风险管理。他们还应该拥有透明且执行良好的计划，以积极参与 ESG 管理的投资组合（有关更多信息，请查看 www. unpri. org/investment – tools/stewardship）。

许多可持续发展基金采取综合方法来创建其投资组合。他们的重点往往是在纳入与该公司相关的 ESG 问题时，确定那些拥有"业内最佳"做法的股票。这使得投资组合倾向于那些 ESG 问题管理比同行更好的公司，这些公司通常不太可能面临财务风险或争议，如罚款、诉讼和声誉损害。如今，负面（或排除）筛选仍在使用，尤其是那些投资于符合宗教价值观的基金。然而，这种方法会以非财务原因将老牌公司排除在外，可能会导致业绩不佳，或者在追踪既定基准指数时引发问题。

越来越多的基金在招股说明书（基金需要发布的文件，是其投资战略、成本、风险和管理指南）中表示，在建立投资组合和选择投资时，他们会将可持续发展因素作为其流程的一个特色组成部分（称为 ESG 焦点基金）。影响力基金则倾向于关注广泛的可持续发展主题，并在获得财务回报的同时产生社会或环境影响。这些基金往往侧重于特定的主题，如低碳、性别平等或绿色债券（为具有环境效益的新项目和现有项目提供资金的债券，见第 9 章）。最后，可持续部门基金集中在能源效率、环境服务、可再生能源、水源和绿色房地产等领域，投资于那些积极向绿色经济转型的公司。

再次确认：回顾核心投资原则

投资信念声明在高层目标和实际决策之间起到了沟通的作用。投资信念声明很有价值，能帮助受托人和托管人说明他们对其所在金融市场状况的看法，以及这些市场当时的运作情况。这一声明概述了机构选择投资风格和管理公司的理由，同时考虑了在投资过程中应用的核心投资原则。一般来说，负责任投资原则应该以这些信念和战略投资方法为依据，并在 ESG 政策中适当地反映组织的文化和价值观。受托人和托管人将遵循这些核心原则，以确保监督和问责措施得到落实。

在回顾信念和原则时，其指导思想应该考虑多元化的价值（以及筛选可能产生的影响）、应包括哪些类型的风险（以及 ESG 因素是否有助于缓解风险）、哪些 ESG 因素对投资回报具有重要意义，以及这些因素反映的是风险还是机遇。你是否坚持长期投资前景？你的一般原则是否适用于资产基础，还是因特定的资产类别而异？你如何看待影响力投资及其造福人类或地球的潜力？这是否会导致你通过低碳投资原则等方式进行投资？

良好的公司治理可以确保对公司的运作进行适当的监督，并为其利益相关者实现其公司目标。然而，从根本上说，这应该建立在三大支柱上：经济进步、社会发展和环境改善。因此，良好公司治理最终可以促进可持续发展，通过产生可持续的价值观并帮助公司坚持其价值观来实现这一点。它还能帮助公司实现长期利益，包括降低风险、吸引新投资者和增加公司股本。因此，对公司可持续发展的追求正在不断丰富和扩展良好的公司治理原则，公司有必要通过提高透明度和强化公开披露来加强行动。反过来，透明度行动也将向投资者说明公司治理与可持续性改善之间的关系。

越来越多的证据表明，对股东至上原则的支持，使得公司董事采用与整个金融市场相同的短期思维。有人认为，满足金融市场需求的压力会导致股票回购、股息过高以及投资未能应用于生产。这促使欧盟委员会制定了《可持续增长融资行动计划》（见 https：//ec. europa. eu/info/business - economy - euro/banking - and - finance/sustainable - finance_en），其中提出一项大胆的议题，旨在推进公司报告、董事职责和可持续金融领域的综合改革，目标是解决资金流动向更可持续的方向转变的问题。该计划的原则是纠正公司的失败管理，以缓解与气候变化相关的财务风险，并鼓励公司朝着更可持续的方向发展。

自 2018 年以来，欧盟非财务报告指令（NFRD）要求大型公司、银行和保险公司披露非财务信息（参见 https://ec. europa. eu/info/business - economy - euro/company - reporting - and - auditing/company - reporting/non - financial - reporting_en#review）。然而，由于标准过多以及报告实体的灵活性，这类报告目前并不全面，也不具有足够的可比性。欧盟非财务报告指令对其法规的审查旨在解决其中一些问题，但受到新冠肺炎疫情的影响，修订工作被推迟。总而言之，非财务报告的标准化将有利于可持续金融的发展，这将使各种投资的信息具有可比性。

熟悉 ESG 的相关法规

一般来说，当地管辖法律可能会迫使养老基金发布投资原则声明，或其受托责任可能会要求受托人考虑任何具有财务重要性的 ESG 问题。此外，其他地区的法律可能明确要求在其投资分析和决策中将多元化和包容性视为重要的 ESG 因素。因此，由于越来越多的人开始接受负责任投资行动，大多数养老基金已经采用了多种形式的 ESG 投资。

此外，在许多国家，公司治理和管治规范为 ESG 政策提供了宝贵的见解，这些政策应该在不同程度上考虑不同公司、行业、地区和资产类别的投资组合表现。此外，这里为资金管理公司提供的许多建议，对于实施自身 ESG 政策的公司来说也具有可比性。

以下各部分内容将对比管理最多 ESG 资产的两大司法管辖区的监管措施，并探讨相关的可持续发展风险，以及如何解决有关"漂绿"的问题。

比较欧洲和美国

欧洲一直走在监管立法的前列，为资产管理公司制定了一系列重要规则，无论是要求上市公司进行新的 ESG 披露，还是明确说明其在金融服务和产品的设计、交付和销售中的作用。这似乎反映出，监管机构已经认识到某些 ESG 因素在财务上非常重要，应当明确考虑，也反映出其确保金融部门重新调整资本流动方向的愿望。根据其业务性质、客户类型和活动，资产管理公司在公司治理、流程和产品级别等方面面临着新的要求。作为回应，截至 2020 年底，签署《负责任投资原则》的资产所有者、投资管理人和服务提供者已达 3000 多人，比 2018 年增长 50% 以上。

资产管理公司是监管问题的核心环节，但他们面临着资产所有者、企业部门、司法管辖区以及专业和行业标准制定者对可持续发展概念提出的不同方法和不同定义。如果没有真实可信的定义，就很难获得设定同等目标、监控投资、评估对比同行业绩所需的数据点，更不用说跨越金融服务行业和国家地区边界进行分析了。此外，资产管理公司必须提供这种深入的数据分析，以满足其自身的公司报告要求，管理适用投资和风险管理决策，并向客户和基金投资者进行披露。资产管理公司通常需要为不同的资产类别、行业和地区审查各类 ESG 因素，这也加剧了这一挑战。

在美国，一些人指责联邦政府在 ESG 问题上按兵不动，到现在也没有实施全面的强制性要求。然而，在旨在鼓励可持续投资的重要监管方面，某些州正处于领先地位。这些州正倾向于利用 ESG 因素来进一步监管养老金制度、信托基金和董事会结构，从而提高市场对资本管理的重视程度。反过来，这也使得 ESG 对那些在流动性范围内筹集和管理资金的人来说更加重要。积极推动这项活动的养老金制度是加利福尼亚州的公共雇员退休基金（CalPERS）和加利福尼亚州教师退休基金（CalSTRS）。

考虑可持续发展的相关风险

可持续发展的风险越来越大，并受到高管、投资者、贷款人和监管机构的更多关注。这些风险包括对采矿作业经营许可的威胁、对水资源过度消耗的评估、投资于潜在环境损害项目的声誉风险、能源价格波动对财务业绩的影响、新的碳排放法规引发的合规风险，以及客户向更可持续替代产品转型产生的产品替代风险。

高管对可持续发展的态度正在逐渐改变。可持续发展历来被视为成本中心，是企业社会责任（CSR）问题，需要满足气候变化目标、当地社区慈善捐赠等要求。然而，越来越多的公司开始从市场机遇和价值创造的角度来看待可持续发展。他们现在拥有支持这一评估的财务数据，建立了与可持续发展趋势相关的新市场和商业模式。此类战略计划的实际财务成果还需要一定时间才能显现，但一些全球领先的品牌管理公司已经改变了想法。

记忆

因此，可持续发展风险管理（SRM）正在成为一种将利润目标与内部绿色战略政策联系在一起的商业战略。这些政策希望通过减少自然资源的使用和减少碳排放、有毒物质和副产品来减少对环境的负面影响。可持续发展风险管理的目标是使这种调整足以维持和发展业务，同时保护环境，它现在被认为是企业风险管理的重要组成部分。

对 ESG 漂绿行为进行有效尽职调查

各式各样的企业和品牌都开始在营销中使用"可持续"一词。企业越来越热衷于展示他们的绿色资质。那么，应当如何区分真正积极的变革承诺和"漂绿"行为呢？在目前的环境下，漂绿（在第 6 章中详细介绍）可能会有两种主要形式：

- 一种形式是，一家公司试图通过在绿色事业中展现令人印象深刻的公众姿态来隐藏或掩盖其可疑的环境记录。然而，在社交媒体时代，这些大型公关活动往往很快就会受到批评和审查。

- 另一种更加隐蔽的形式是，公司和品牌使用"绿色""可持续发展""生态友好"或"素食"等词语作为营销策略，而没有对这些原则做出任何真正的行动，当然也不会对自己的行为承担任何责任。

警告

投资产品也不能幸免于漂绿行为。随着对 ESG 相关产品的需求呈指数级增长，资产管理公司看到了吸引投资者资金的机会。他们声称已经将环境、社会和公司治理方面的因素融入他们的投资过程，但由于 ESG 投资仍是一种新事物，投资经理和投资者评估所述 ESG 因素重要性的能力还在发展当中。因此，资产所有者和顾问应当对基金采用的 ESG 方法提出质疑，并确定基金管理公司是否进行了漂绿，这一点至关重要。

技术资料

当然，欧洲的《金融工具市场二号指令》（MiFID Ⅱ）在其 2020 年的修正案中，要求顾问在进行研究时征询客户的 ESG 偏好。此外，美国证券交易委员会（SEC）公开批评资产管理行业对 ESG 基金数据单一评级的依赖是

"不精确的"，他们担心过于简单的评级体系会带来错误的信息，甚至误导投资决策。一些人认为，这种错误信息是他们在漂绿行为监督中需要考虑的另一个因素。

调查报告要求

第 14 章涵盖了报告要求的更广泛内容，此处简要介绍所需考虑的事项。有太多的报告框架、标准和指南可用，以至于人们很难进行选择：

- 有些框架并非针对特定行业，如全球报告倡议（GRI），而可持续发展会计准则委员会（SASB）是针对特定行业。

- 全球报告倡议和可持续发展会计准则委员会正在讨论报告要求方面的潜在合作。（第 1 章提供了有关全球报告倡议和可持续发展会计准则委员会的更多信息。）

- 其他标准更具体地针对特定主题，如气候相关财务信息披露工作组（TCFD）的工作重点是气候变化，而全球 ESG 房地产基准（GRESB）则更适用于房地产行业。

然而，并没有什么万能的方法，一切都取决于企业的报告需求、报告的内容以及报告对象。准确收集并报告高质量的可持续发展数据和 ESG 数据可能是一项艰巨的任务，但需要确保其可靠性和准确性。

ESG 数据的基本特征

根据大型数据提供商埃信华迈（IHS Markit）的一项调查，基金投资者在 ESG 指标/数据的报告方式上有着七大偏好：

- 制定一致和受控的策略，以量化和报告目标导向的指标。

- 使外部报告的指标与管理层在运营业务中使用的指标保持一致。

- 以系统化的方式组织指标（即通过技术使信息具有交互性和吸引力）。

- 提供对比数据以证明一致性。

- 确定恰当的报告格式和报告频率。

- 对目标导向指标的编制和报告进行控制，就像对传统财务报告的控制一样严格。

- 提供背景材料（例如，考虑实体行业和市场的最相关指标）。

投资者重要因素

虽然前面章节中的方法正在被广泛使用，并且世界经济论坛（WEF）的指导方针（包括一整套公司和财务报告指标）也代表了定义更多 ESG 指标的建议，但 ESG 数据的衡量和质量仍然是一个问题。

在进行 ESG 行动的几个领域，并没有报告中的明确数据，也没有普遍接受的衡量标准。填补这些空白需要制定正式的环境政策，并强调管理团队在观察和处理公司业务的环境成本方面的能力。另外，直接或间接估计碳排放量（包括由整体价值链产生的碳排放量）的能力也将为投资者提供有用的信息。

警告

在法律要求披露的情况下（比如大型公司的性别薪酬差距），就更容易进行数据对比，但仍容易出现不一致和范围有限的情况。另一个问题是报告时间，如果没有实时报告和排名调整，一家公司在经历 ESG 危机后可能评分依然很高。此外，目前的系统中的数据来源缺乏可追溯性，使人们进一步怀疑其可靠性。

考查 ESG 参与度

记忆

资产所有者应积极利用其所有权与公司接触，或由其资产管理公司以建设性的方式代表其行事。可持续企业行为的改善可以提高其投资的风险/回报状况。参与度旨在改进公司的 ESG 方法，以提高投资的长期业绩。参与工作的结果需要传达给分析师和投资组合管理公司，确保他们将这些信息纳入其投资决策，并作为综合可持续发展投资框架的一部分。

首要原则是，参与度与投资风险相关。制定重要性框架可以作为确定潜在参与优先级的起点，并由重要观点来确定最相关的可持续发展风险和机遇。可持续性应与公司财务状况和市场动力等其他要素一起被视为价值驱动因素。事实证明，拥有强大可持续性和公司治理政策的上市公司的管理层和董事会，能够更好地管理非金融风险和监管变化等问题。这样来看，他们似乎也为应对气候变化等长期趋势做好了更好的准备。

以下各部分将讨论资产所有者应考虑的参与方法，以及可能成为早期 ESG 分析候选者的公司类型。

就管理 ESG 风险开展建设性对话

参与度要求资产所有者、管理者和被投资公司之间开展具有建设性的对话，以审查其管理 ESG 风险的方式，并抓住与可持续发展挑战相关的商机。这样的对话可以通过被动的方式进行管理，以审查具体的事件，或通过主动的方式进行管理，以改善潜在的风险和机遇。其中涉及的承诺通常与对公司的投资规模和该公司的当前情况有关。如果资产所有者是大股东，其应当直接与公司进行接触；然而，如果持股比例较小，则可以与其他投资者合作完成。

通常情况下，参与是在企业层面上进行的，但世界银行财务团队也一直在积极推动机构投资者和主权债券发行人围绕 ESG 问题进行公开和富有成效的对话。在股票市场经验的基础上，投资者正在研究如何支持和发展跨资产类别的 ESG 方法，包括对主权债券的投资，以丰富风险管理和回报，同时实现积极影响。正在制定 ESG 风险评估和投资组合选择框架以基于 ESG 标准评估主权发行人的投资者，他们有兴趣了解各国的 ESG 政策、策略和方法。他们还需要分析主权 ESG 业绩数据，并评估可持续发展目标和《巴黎气候协议》的进展情况。世界银行财务团队正在支持其中一些活动，以加强与主权债券发行人的交流和接触。

保持对话需要消耗大量资源，但已被证明是有效的，因此应继续作为最优先事项。ESG 和可持续发展在机构思维中越来越重要，并逐渐体现在私人投资中。

抓住与可持续挑战相关的商机

变革可能会带来威胁，但合适的策略和成功的管理可以为组织转型带来动力，进而带来新的商业机遇。善于接受变革并开始着手规划的公司，可以确保自己拥有早期的竞争优势。然而，这并非没有挑战，公司需要将可持续发展纳入其商业模式的核心并审查其未来可行性，并以此将可持续发展战略的重点从减轻风险重新定位为抓住机遇。资产所有者可以与其认为将从可持续方法改进中受益最大的公司进行接触，以此为转型进程做出贡献，并与这些公司分享同行采用的最佳方案。另外，资产所有者也可以鼓励其资产管理公司进一步加强参与。

大多数公司都同意，可持续发展是长期业务成功的重要因素，但他们并没有确定哪些发展能积极地激励当前和未来的发展，也没有形成明确的战略方向。当前的全球经济形势意味着，公司有机会重新构建其战略观念，并建立有效的管理结构和系统，将公司的可持续发展责任合理化，并将其重新调整为明确的指标、切实的行动和可量化的业绩。资产所有者可以直接或间接地促进对可持续发展机会的更多关注。

资产所有者的受托责任要求他们在投资过程中关注 ESG 问题，并积极与公司接触。因此，在确定了风险和机遇之后，资产所有者就需要鼓励公司开展有针对性的行动。这一过程可以从一个新角度考虑可行方案，并提高业务效率和生态效率。这使得企业的可持续性能够建立在流程改进和有效技术投资上，例如减少废弃物、提高能源和资源效率。下一步应考虑采用新方法来提高效率，实现最终的改进和碳中和等目标。私营部门已经出现了更多此类措施，例如在设定碳目标方面。在这一步骤中，可持续措施的目标应该是使业务活动摆脱环境的影响。当然，这一过程仍在不断演变。在这种循环中，资产所有者可以与公司合作，逐步向进一步的可持续发展转型。

第 14 章
定义和衡量 ESG 业绩报告

在本章中你可以学到：

- ESG 业绩报告的研究标准和指标
- 如何计算相对 ESG 业绩
- 如何查看 ESG 评分和排名
- 如何构建 ESG 报告框架

从学者到投资银行等各种来源的报告和研究持续表明，在过去 5—10 年里，投资于 ESG 指标较高公司的投资组合以惊人的数量占据了整体市场！作为回应，无数包含 ESG 指标的数据库如雨后春笋般涌现，揭示了各类公司特性，这表明我们有必要采取有针对性的方法来理解和利用 ESG 数据。鉴于 ESG 指标的数量众多，投资者倾向于将其需求外包，以改善其评估。

尽管许多评级机构为单独证券提供包括不同因素组合的单一 ESG 评分，但如果使用这些指标来评估某只股票或特定投资组合，就会间接假设投资者之间存在一组共同的 ESG 价值。然而，一个投资者需要负担的社会责任，另一个投资者可能不需要负担。除了决定需要纳入哪些 ESG 因素外，投资者还需要确定如何计算这些 ESG 指标的相对价值。

目前有 3 种主要方法：

- 参照同行对同等投资组合的管理。

- 对照共同的基准指数进行评估。

- 与投资者的自身历程进行比较。

这些方法的相关性取决于投资者的具体情况，例如，包括投资组合的风险状况、利益相关者的一致性，以及任何类型的信托责任。

本章详细阐述了如何确定重要 ESG 因素的标准和衡量标准，以及如何继续制定这些因素背后的相关数据报告框架。这些要素将为市场计算相对 ESG 业绩以及相关评级和排名提供背景信息。

定义标准和指标

ESG 因素在公开市场投资组合中有很多不同的使用方式，一些积极的管理公司将 ESG 因素作为其投资过程的组成部分。主动型管理公司通常会寻找具有财务重要性的方法来整合 ESG 因素（如收入增长、利润率或所需资本）。被动型投资者可以接受通过具有财务重要性的方法来整合 ESG 因素（考虑到他们通常会接受来自特定指数的成分股）。不具有财务重要性的方法是指那些对公司的商业模式不会产生重大影响的方法，但从一般可持续发展的角度来看，这两者之间可能是相关的。

提示

然而，在分析被动投资组合的 ESG 评分时，投资者可以通过考虑强调具体特征的指数，选择使用因素以使投资组合与其价值保持一致，例如，碳排放量较低的公司的"环境"得分较高（有关更多信息参见第 8 章）。

以下各节介绍了企业应当如何遵守法规，可持续发展报告需要遵循哪些标准，这将如何推动企业社会责任行动，以及这将如何影响企业业绩的相关指标。

遵循规则：观察监管者的工作

记忆

与其他投资策略一样，投资者需要确定其风险和回报目标。在包含 ESG 因素的被动投资组合中，风险承受能力这一指标非常重要，因为使用给定的

ESG 指标消极筛选（排除）或主动将投资组合偏向特定的"环境""社会"或"公司治理"方向，可能导致更高的集中度或跟踪误差。随着数据获取、科技发展的进步和先进风险管理技术的提高，投资者可以更轻松地应用 ESG 因素来增强其投资组合与其价值的一致性，同时关注集中度问题、跟踪误差和风险因素。

相反，不同提供商之间的 ESG 评级差异促使双方的监管机构创建更标准化的框架，并有望带来更高的透明度。这种观点认为，ESG 评级的不确定性正在减缓确定可持续发展市场问题的进展。因此，2020 年 5 月，美国证券交易委员会（SEC）投资委员会提出了一项 ESG 信息披露框架，在不使用第三方评级机构的情况下获得具有一致性和可比性的信息，以披露投资者可以依赖的重要信息，帮助他们做出投资和投票决策。

同时，欧洲最近还采用了 3 种相互关联的监管方法：

- 目前正在进行审查的非财务报告指令（NFRD）要求欧盟大型"公共利益"公司公布其活动基于 ESG 因素的影响力数据。有关详细信息，请参见 https：//ec. europa. eu/info/business - economy - euro/company - reporting - and - auditing/company - reporting/non - financial - reporting_en#review.

- 欧盟《分类法》制定了一种针对投资者、公司和金融机构的可持续发展分类工具，以定义整体行业中经济活动的环境绩效，投资公司必须根据非财务报告指令数据（和其他数据集），通过该工具对投资进行分类。请访问 https：//ec. europa. eu/info/business - economy - euro/banking - and - finance/sustainable - finance/eu - taxonomy - sustainable - activities _en.

- 可持续财务披露条例（SFDR，参见 https：//ec. europa. eu/info/business - economy - euro/banking - and - finance/sustainable - finance/sustainability - related - disclosure - financial - services - sector_en），作为分类法的补充，要求投资公司披露以下信息：

——投资的环境可持续性及其 ESG 声明的来源。

——投资对 ESG 因素带来的风险。

——ESG 因素对投资带来的风险。

不甘落于下风的世界经济论坛（WEF）在 2020 年 9 月发布了一份报告，题为《衡量利益相关者资本主义——朝着共同的指标和可持续价值创造报告》（请访问 http：//www3. weforum. org/docs/WEF_IBC_Measuring_Stakeholder_Capitalism_Report_2020. pdf）。该报告旨在制定一组公司披露的基准指标，以推动披露的一致性和标准化。这一原则表明，有了一套通用的利益相关者资本主义指标（stakeholder capitalism metrice）（包括 ESG 指标，以及金融市场、投资者和社会披露），对可持续业务绩效进行基准管理将会更容易。这些指标将帮助公司展示其长期价值创造及其对联合国可持续发展目标（SDG，见第 1 章）的贡献。根据世界经济论坛的说法，这一报告并不是为了取代投资者已经在使用的任何特定行业 ESG 指标，这些指标是互补建议，而不是相互竞争的举措。此外，参与这一议题的大多数投资者都希望在公司的年度报告中纳入 ESG 报告。

细节决定成败：分析企业可持续发展报告

很多公司的 ESG 数据是自行报告的，这可能导致用于生成 ESG 评分的汇总数据出现重大误差。此外，其中一些因素没有得到充分的报告，无法涵盖所有可投资公司的范围。例如，新的世界经济论坛披露要求（见上一节）可能会要求公司报告 21 项核心指标，或扩展至 35 项指标。鉴于其中的许多指标可能被认为对某些行业来说并不重要，或者太具有挑战性而无法实现，对于指标的复杂性、标准化和相关性，总是需要进行调整。

然而，许多领先的披露和报告标准制定者正在审视世界经济论坛的方法，包括可持续发展会计标准委员会（SASB）、全球报告倡议组织（GRI）、碳披露项目（CDP）、气候披露标准委员会（CDSB）和国际综合报告理事会（IIRC）。这可能是因为这一方法建立在现有提供商框架的基础上（而不是浪费时间做无用功），基本符合行业偏好。

记忆

世界经济论坛指标建立在四大原则之上，包含多个 ESG 因素：

- 员工：多元化报告、工资差距、健康和安全。

- 地球：温室气体排放、土地保护、水资源利用。

- 繁荣：创造就业和财富、缴纳税款、研发支出。

- 公司治理原则：告知风险和道德行为的目的、策略和责任。

警告

企业正在报告上述 ESG 指标，世界经济论坛的行动意味着一致性和标准化的进一步发展，但 ESG 数据的测量和质量仍将带来更多问题，而不是答案。由世界经济论坛和其他机构支持的自我披露报告很多都是自愿报告，因此容易出现不一致、不公正和不透明的情况，仍然需要就披露标准达成一致。在 ESG 活动的几个领域中，数据难以报告、没有公认的评估标准，或是没有公认的定义。这仍可能导致 ESG 报告不够完整。

此外，特定领域的 ESG 活动的重要性和频率因部门而异，甚至因公司而异。投资者接受高水平的 ESG 指标，因为这些指标可以普遍应用于大多数行业部门，并能对其影响进行整体概述。然而，将 ESG 报告泛化到只需简单衡量，却没有努力找到更多的重要问题，这可能会带来隐患。

言行一致：致力于企业社会责任实践

世界经济论坛关于指标和披露的建议是在咨询了许多公司、投资者、国际组织和准则制定者以及影响管理项目（该项目提供了一个论坛，就如何衡量、管理和报告对可持续发展的影响达成全球共识；见 www. impactmanagementproject. com/）之后，与四大会计师事务所（德勤、安永、毕马威和普华永道）合作提出的。其目的是对现有披露提供一套共同标准，以产生更连贯、更全面的报告系统，并补充既定指标的意向声明。非财务报告可以进一步突出气候变化和社会包容等问题。因此，公司可以通过向股东、利益相关者和整个社会表明他们致力于衡量和改善其对环境和社会的影响，来加强自己的企业社会责任行动（CSR，见第 7 章）。

有趣的是，与此同时，美国证券交易委员会批准了对股东提案规则的修正案，大幅提高了向公司董事会提交和重新提交有关 ESG 问题（如气候变化、多元化和董事会成员薪酬过高）提案所需的股权门槛。鉴于其他领域在促进 ESG 方面采取的积极举措，这一修正案似乎背道而驰，削弱了小型投资者质疑公司不可持续行为的能力。股东决议是建议管理层变革的既定有效方法，也可以要求管理层履行其企业社会责任。

展示回报：确认投资业绩

ESG 业绩是公司估值中不断发展的考虑因素。在可持续发展对企业生存越来越重要的环境中，公司正在使用 ESG 标准来评估其非财务业绩。ESG 投资业绩指标的发展带来了独立评级系统、公司自愿披露、强制披露、年度报告和常规媒体报道。即使是签署联合国可持续发展目标，也要求企业自愿承诺满足明确的 ESG 标准，并与投资分析、管理数据和 ESG 因素风险结合在一起。所有这些内容被生成各类数据评分，用以代表 ESG 的业绩表现。

虽然人们普遍同意各大企业已经开始重视和深入理解 ESG 问题，但由于衡量方面的差异、缺乏公认的方法，人们往往不能将其与实际成果联系起来。当然，想将整体 ESG 框架下的多方因素纳入单一指标是非常困难的，这就好像要求一家公司报告其所有的潜在责任一样。除此之外，不同行业可能存在着不同的风险，即使某些没有报告的风险在后来才被证明与 ESG 要素有关，这也会增加公司的声誉风险。

记忆

目前，必须对照 ESG 评级来评估公司业绩，根据给定的 ESG 标准对公司进行排名，并以可持续能力衡量公司的业绩。然而，ESG 评分并不存在理想的解决方案，鉴于不同评级机构之间对某些公司缺乏相关性，这种评分只能是主观性评分，甚至会给投资者带来误导。尽管如此，有些新服务可以将机器学习（特别是自然语言处理技术）与人工监督相结合，可能会解决其中一些问题。此外，收集多种信息流，并让机器了解其相关性，也许可以更实时地了解和响应 ESG 问题。

计算相对 ESG 业绩

在一个不断发展的格局中，仍有太多不同的 ESG 评级公司试图更准确地量化 ESG 表现（尽管整合已经开始发生）。ESG 评级针对给定的 ESG 标准对公司进行评级，并在可持续发展的范围内评估它们的表现。通过整理来自年度报告、投资分析、管理数据和媒体报道的不同数据，并考虑到公司对 ESG 风险的了解，生成字母数字（一些评级机构使用字母，另一些评级机构使用数字）评分来代表 ESG 业绩。

遗憾的是，目前并没有一份"黄金副本"（官方的正式记录）能够明确说明某公司的 ESG 评级，对于不同 ESG 分数的评级，其相关性也不是很好。目前，所有的评级都是主观评级，并受制于不同提供商使用的不同方法，而且不同行业、地区和被分析的业务规模之间的一致性各不相同。

虽然 ESG 这一概念受到许多公司的重视和深入理解，但这些公司通常缺乏确定具体结果的能力。相应地，这也会恶化一家公司报告其可持续发展等级的能力，以及投资者有效衡量公司产出的能力。这主要与 ESG 评分中可以考虑的一系列主题有关，目前还没有单一的定义可以包含环境、社会和政府的每项行动及其对具体企业的影响。此外，由于这项工作仍在进行中，公司可能会漏报某些 ESG 机构认为非常重要的主题。传统的分析师测量数据与财务报表数据交织在一起，这也可能导致对现有数据的篡改。再加上特定行业公司的部门和区域因素，ESG 责任的计算可能会变得复杂。

此外，不同的利益相关者对 ESG 中的"环境""社会"或"公司治理"部分的相关性有着不同的优先级，这导致对每个部分有着不同的权重要求：

- 股东可能会关注那些长期盈利、ESG 评级较高的公司，以降低风险。

- 消费者希望他们能够心安理得地使用这些产品和服务。

● 员工希望为一家与其价值观一致的公司工作。

因而，股东希望公司优先减少碳排放量以避免巨额罚款，消费者希望减少塑料包装，员工希望自己的劳动环境更多元化和更具包容性。然后，公司需要在评估其整体公司目标时确定满足这些要求的优先顺序，及其是否会对 ESG 评分产生影响。

另外，当评级机构只给出这三个部分的综合得分时，投资者应当如何评价各部分的权重？还有，许多机构也没有完整介绍他们得出评分的方法，这使得人们很难做出正确的业绩归因分析。因此，在公司层面强制执行信息披露法律，应该会使数据更容易进行比较和对照，但这种方法需要前文所述的标准，确保其不会因为不一致而受到限制。近期（接近实时）数据也将有效帮助这一过程，使评级可以随着企业事件的发生而进行潜在的调整。或者，公司也可以继续保持给定的分数，直到可以对数据进行定期更新。

不同的部门面临不同的 ESG 风险和机遇，这些部门报告的及时性也有所不同。考虑到可持续投资各类风险的重要性，投资者必须找到准确的方法来评估 ESG 业绩并识别 ESG 风险，以开启投资过程。当他们在制定投资战略时，由于 ESG 驱动的商业模式，他们会自然寻找那些有望在长期内产生积极财务业绩的公司。

以下几部分将讨论 ESG 投资组合相对于整体市场基准（如 MSCI 欧洲指数）和更具体基准（如标准普尔 500 指数）的表现。

针对整体市场

2020 年 6 月，来自数据提供商晨星的研究证实，745 只欧洲可持续发展基金在 1 年、3 年、5 年和 10 年的时间段内，大多数可持续战略的表现都优于其他 4900 只基金中的非 ESG 基金。此前，由于众多策略的跟踪记录相对较短，以及使用的 ESG 方法存在重大差异，关于可持续基金长期业绩的数据并不完整。考虑到将不符合 ESG 标准的股票排除在外一直是欧洲 ESG 投资组合的首选方法，公平地说，这类基金的范围可能会比整体市场更加集中。然而，通常情况下，从基准指数中排除的股票数量相对较少。

因此，尽管尚未有明确的研究，但此类基金可能更适合基本管理的主动型策略，因为这类投资组合通常更集中。对于定量管理的被动策略，排除任何股票都会降低投资组合的多样性，从而降低预期业绩，并降低模型的效力。然而，历史实验表明，如果排除的股票数量很少，那么其整体范围仍然足够广泛，并将会保留其大部分或全部风险。

在探索可持续性和未来投资回报之间的联系时，通常会考虑一家公司目前的可持续性评级和未来投资回报之间的联系。最近的研究已经分析了一家公司可持续性评级的积极变化与其未来业绩之间的关系。这类研究表明，对于那些希望从公司 ESG 评级上调中获益的人来说，投资的最佳时机是在开发项目得到整体市场的广泛认可和回报之前。

当然，这也提出了这样一个问题："股价将如何受到这些因素的影响？"一种方法是看高评级股票中是否已经包含较高评级的 ESG 因素，还有一种方法就是转而购买 ESG 评级较低的股票。这也反映出私募股权投资管理公司采取的普遍做法：他们通常不会去收购最佳运营公司的股份，而是专注于存在运营问题的公司，因为这些公司在重组之后会有更大的潜在上行空间。同样，今天的 ESG "失败者"如果开始向 ESG 转型并提高其 ESG 业绩，他们就有可能成为"后起之秀"。

最后，ESG 评级似乎比其他投资因素有着更长的期限，ESG 基金和被认为适合纳入整体资产配置讨论和政策基准的公司已经确认了这一点。根据各类研究，动量等传统因素的影响一般会持续几个月，而 ESG 评级对系统和具体风险的影响已持续数年。这或许表明，动量驱动型 ESG 投资组合值得考虑。

针对具体基准

验证 ESG 或可持续发展投资组合积极表现的研究往往会强调具有财务重要性因素的股票。这些研究表明，投资于具有重要 ESG 因素的股票可以为股东带来正面回报，而投资于非重要 ESG 因素的股票对回报几乎没有影响。

对一家航空公司来说，重要的 ESG 因素可以是希望减少其碳排放量，也可以是尽可能地利用可再生能源。一家投资银行虽然可以制定类似的目标，但减少碳排放量虽然高尚，对他们来说却并不重要。他们在办公室中对可再生能源的使用才是一项重要因素。因此，投资者需要从整体 ESG 评级中找出真正重要的"环境"评级，并相应地进行应用。

对 2020 年上半年的收益分析显示，许多 ESG 综合指数策略的表现优于整体市场，例如标准普尔 500 指数的收益。研究分析了基于标准普尔 500 指数的美国股票 ESG 指数表现，这些指数由不同的指数提供商提供，旨在重现广泛的风险和回报特征，同时旨在改善 ESG 概况。虽然所有 ESG 指数的表现都好于基准指数，但其投资组合结构存在表现差异，例如，与其他指数策略相比，某些指数承担了更积极的风险。这意味着，在 ESG 策略表现良好的时期，一些指数的表现可也会好于其他指数，但这种积极风险可能并不适合所有投资者。这些差异也可以用给予个别股票或部门的不同权重以及各指数提供商采取的排除政策来解释。

技术资料

值得注意的是，在进一步分析时，这种市场的出色表现在很大程度上可以归因于特定板块权重在 ESG 指数中的表现，而不是在标准普尔 500 指数中的表现。所有的 ESG 指数都显示，相对表现较好的板块是信息技术板块（主要是 FAANG 股票：脸书、亚马逊、苹果、网飞和谷歌）。然后，根据特定的指数构建方法，工业板块、金融板块和非必需消费品板块也为市场的优异业绩做出了贡献。然而，尽管有相反的推测，但能源板块在基准指数中的减持（因为排除政策，这是 ESG 指数投资组合构建的预期主题）并没有为优异业绩贡献多少价值。

提示

虽然许多以基准指数为基础的 ESG 指数具有非常相似的特征和成分股，但每家指数提供商往往使用不同的因素来区分自己的方法。有的指数会通过分析大量对 ESG 关注度较小的证券来优先考虑多样化，有些指数会给予"业内最佳"ESG 股票或部门更大权重，还有些指数具有与其他股票不同的排除规则。因此，希望提供特定 ESG 风险水平指数的投资者应该注意这些关键的方法差异。不同类型的指数示例参见：www.msci.com/documents/

1296102/17835852/MSCI – ESG – Indexes – Factsheet. pdf.

同样值得注意的是需求驱动因素对业绩的影响。对 ESG 的认可带来了需求，包括被动 ESG 策略的增长以及主动方法的发展，推动了对评级较高的 ESG 股票的关注，也规避了 ESG 评级较低的股票。

掌握评级和排名

正如本书中经常提到的那样，并不是所有的 ESG 评级机构都会给相同的公司打出相同的环境、社会和公司治理评分。这种情况既适用于创建综合 ESG 评级的机构，也适用于针对特定环境、社会和公司治理级别制定更精细评级的机构。信用评级机构在对企业违约概率进行评级时，发现它们之间存在着高度的相关性，使得这一问题更加复杂。

然而，很明显，信用评级已经存在了更长的时间，数据获取更及时、更标准，其结果与财务报表信息更加一致。此外，确定导致违约的 ESG 风险因素比确定带来优异财务业绩的因素更为容易。还有，尽管卖方研究分析师有着相同的公开财务报表信息，但他们通常会给出明显不同的买入、持有和卖出建议。

警告

正如本章前面讨论的那样，这突显了标准化缺失的问题。随着某些地区开始对 ESG 报告实行强制要求，以及行业开始着手解决这些问题，这一情况正在改变。然而，这些举措并不能解决所有的数据问题，也不会让所有人都自觉遵守共同商定的措施。归根结底，就像已经非常标准化的股票和债券研究一样，分析师对具体公司的环境、社会和公司治理数据的相关性和权重会有不同的看法。观点驱动市场，一些分析师可以通过特别的情报或及时的数据来形成一个市场。因此，正如我们所见，这项工作仍在进行之中。

以下几部分将讨论如何将 ESG 因素整合到证券和投资组合分析中，以及应当如何将智能贝塔策略与上述任一方法进行结合。

证券

当 ESG 因素被纳入证券分析时，它们会与其他评估标准一起进行分析。从历史上看，使用定性分析整合 ESG 因素是很常见的，但投资者正在逐步衡量 ESG 因素，并将其与其他财务因素一起纳入财务预测和公司估值模型。

预测的公司财务影响估值模型，如贴现现金流（DCF）模型，最终将影响公司的估计价值（或公允价值）。投资者倾向于根据 ESG 因素的预期影响调整预测的财务数据，如运营成本、收入和资本支出。鉴于未来收入和增长率对一家公司的公允价值有重大影响，投资者通常会猜测行业的增长情况，以及特定公司可能获得或失去的市场份额。投资者可以通过修正公司的销售增长率来将 ESG 因素纳入这些预测，以表明 ESG 机遇或风险水平。投资者还将假设 ESG 因素对未来运营成本和由此产生的运营利润率的影响。

投资者用来评估一家公司的估值模型可以在随后进行调整，以反映 ESG 因素。一些模型需要计算公司的终值（公司在未来某一时刻的预期价值，假设公司永远产生特定水平的现金流），并根据现时进行折算。正面终值应该会增加公司的公允价值，但 ESG 因素可能会让投资者认为公司不会无限期存在下去。有很多关于这种可能性的讨论，某些化石燃料公司（如煤炭开采、石油和天然气公司）可能会发现其资产发生"搁浅"（虽然其经济寿命尚未结束，但由于公司向低碳经济转型等变化，已经不再能够获得经济回报），人们对其商业模式的可持续性也表示怀疑。在这种情况下，终值可能被修正为零。

投资组合

在将 ESG 因素整合到投资组合中时，如何确保其一致性，以及实现这一目标的最佳途径是什么，目前还没有定论。因此，ESG 整合方式也会出现各种不一致的情况。资产所有者在寻求更高的风险调整后回报时，没有充分利用 ESG 整合的潜在优势。然而，更明确的是，机构投资者专注于整合 ESG 似乎主要是出于财务原因，以便在不改变投资策略和当前投资组合总体配置的情况下找到更好的风险调整后回报。此外，除了主要资产所有者已经将

ESG 整合到其大部分或全部资产之外，大多数投资者并没有将 ESG 整合到其投资组合中，也没有在不同类型的资产配置或产品中采用一致的方法。

记忆

主动型投资者可以调查（而且可能已经调查过）多种途径，将 ESG 因素整合到他们的基本面分析或投资组合构建中，但被动型指数投资者除了保持其所有或大部分的指数之外，几乎别无选择。积极参与作为可持续长期增长和风险管理的有效手段，正日益受到投资者的青睐，但在不同程度上进行持续的参与，不仅代价高昂，且具有一定的挑战性。因此，与整体市场一样，许多投资者正在采取被动的方法，将 ESG 直接整合到定制指数投资或符合其要求的现有指数设计中，使其能够系统性地整合 ESG 评级。指数投资的普遍优势同样适用于以 ESG 为重点的指数投资。

尽管如此，仍有必要采取进一步的追踪措施，以便投资者能够了解自己对 ESG 的立场。请参考以下指标列表，确保投资者已经考虑到相关问题：

- 广泛数据：在公司披露范围之外，可以是自愿的，也可以是强制性的。

- 明确数据：使分数与其基本驱动因素相关联。

- 细致评分：用于整体 ESG 业绩和重要 ESG 问题。

- 特定行业分组和权重：使用行业最佳实践，如可持续发展会计标准委员会标准分类法。

- 行业基准：了解公司在该领域与类似公司的对比情况。

- 实时报告：反映 ESG 问题发展的速度。

- 具体利益相关者：反映不同利益相关者的不同需求和观点。

这些要素应当能反映观点的不断变化和对各种渠道的实时查询，以得出 ESG 评分。为补充其可信度，任何分数都可以与基准指标挂钩。如前文所述，使用机器学习和自然语言处理技术将改进对此类数据的有效分析，目的是对 ESG 的风险暴露情况形成可靠、客观的看法。

智能贝塔：并非万能工具

智能贝塔策略通常被定义为一组投资策略，强调使用替代指数构建规则，而不是传统基于市值的指数。这些策略越来越多地用于投资分析，以确定投资组合的选择和优化，特别是在 ESG 因素方面。为了验证 ESG 和智能贝塔分析之间整合的影响，投资者倾向于根据不同的智能贝塔策略，采用基于选定股票 ESG 评分的投资组合再平衡方法。然后就可以将不同的智能贝塔方法应用于可持续投资组合，根据发行人的 ESG 评分进行筛选（例如，使用"业内最佳"筛选方法）。

研究表明，ESG 再平衡和筛选方法都可以影响回报和风险统计数据，但其效果不同，具体取决于所采用的智能贝塔策略。例如，当 ESG 再平衡应用于基于价值的投资组合时，它往往会更有效，而当智能贝塔应用于 ESG 筛选的投资组合时，基于增长的投资组合往往能带来最大的风险调整后业绩增长，尤其是在美国股市。不论市场是从增长型股票转向价值型股票，还是从价值型股票转向增长型股票，都能得出非常有意思的结论。

构建报告框架

记忆

考虑可能实施 ESG 披露框架的公司应该了解已制定的各种报告标准。不同的框架可以解决 ESG 问题的不同方面，并且对重要因素有不同的概念。这里提到了一些较常用的框架：

● GRI：全球报告倡议是世界上最广泛使用的可持续性报告标准，能帮助企业、政府和其他组织了解和宣传其对气候变化、人权和腐败等问题的影响。

● SASB：SASB 框架可以为各种 ESG 主题提供具体部门指导，包括温室气体（GHG）排放、能源和水源管理、数据安全、员工健康和安全，同时提供具体部门指南，强调其认为重要的主题。（SASB：可持续发展会计标准委员会。）

● TCFD：TCFD 框架提供普遍指导和具体部门的指导，但仅针对与气候有关的主题，如气候变化影响的实际风险、与气候有关的机遇，还包括资源效率和替代能源。TCFD 框架已被欧盟、英国和中国香港地区的监管机构认可并纳入强制性报告制度。（TCFD：气候相关财务信息披露工作组。）

一些框架处理重要性概念的方式与可持续发展会计标准委员会和气候相关财务信息披露工作组明显不同，它们更侧重具有财务重要性的信息。相比之下，全球报告倡议的框架则涵盖了劳工和人权问题、生物多样性的影响等各类问题，根据这些问题对经济、环境和社会的影响来衡量其重要性。

以下几部分将讨论哪些 ESG 目标与具有不同视角的投资者相关，及其如何遵守监管要求。

你的观点：ESG 目标

记忆

许多大型公司在其全球战略的制定中纳入了可持续目标，但在很多情况下，其中许多目标没有得到很好的表达或衡量，从而减少了它们对行业转型的贡献。此外，短期目标会带来短视思维、限制增长和实际变化，制定 ESG 目标应当采用长期方法。理想情况下，应将目标与参照点联系起来，以便设定改进措施和具体日期，并实现这些目标。

如前所述，越来越多的研究认为，ESG 因素提高了长期财务业绩。ESG 因素可以用于确定良好管理的企业，或确定正在面临人口、环境、监管或技术趋势快速发展带来的商业挑战或机遇的公司。投资者正逐渐依赖 ESG 因素来突显和控制这些风险，并为长期可持续的财务业绩做出贡献。虽然大多数投资者仍然特别强调财务业绩，但他们更关注在健康的地球和社会生态系统环境中创造财富。

很多投资者认为，ESG 主题是将投资与道德、宗教或政治信仰相结合的一种方式。他们通常将 ESG 研究作为一种将有争议的行业（如酒精、赌博、化石燃料、烟草和武器）排除在其投资领域之外的方法。与基于潜在经济影响的 ESG 整合目标相反，许多投资者将其信念与基于价值观的目标保持一致，旨在对周围的世界产生重要影响。大型投资者可能会考虑将资本直接投资于提供为环境或社会挑战提供解决方案的公司，并观察这些投资将产生多大的积极社会影响或环境影响，以及财务回报。

例如，传统的 ESG 目标旨在减少公司活动的负面影响，但其最近的转型目标预计将为整个价值链和社会带来改变。此外，可持续发展排名促使公司建立起规模宏大的可持续发展目标，使其能够在竞争日益激烈的 ESG 相关债券发行市场处于更有利的地位。我们也不能忘记，良好公司治理目标对于将 ESG 因素纳入公司的投资过程和内部决策非常重要。从现在和长远来看，解决和缓解潜在问题是最大限度降低未来风险并改善公司对投资者和整个社会形象的有效途径。

记忆

行业转型的基本目标是良好公司治理，这一目标能够推动行业发展，通过新政策和内部程序促进战略行动计划的制定。长期目标以及商定的 ESG 措施必须可以量化，以便公司能够逐步监测其进度，使其能够以准确和透明的方式宣传对其承诺的遵守情况。ESG 长期目标有助于公司加强风险管理、提高业务盈利能力、"翻新"和提升品牌形象，并确保公司最终实现这些目标。同样，这些指标还可以促进公司对社会产生一种"正净值"的概念，这一方法已经开始在公司及其利益相关者以及更广泛的社会中共享。

遵循规则：ESG 合规性

在社会价值和影响力投资等新兴主题的推动下，再加上对气候危机和净零目标的关注，信息披露正成为所有行业公司的普遍行动。虽然此类披露最初可能是在投资者和利益相关者的要求下进行的，但目前的要求更侧重于解决与不披露，或披露不准确、不正确或不完整相关的监管合规风险。这凸显了公司监管部门在这一过程中发挥的关键作用，以及 ESG 问题已被提上董事会议题的事实。

例如，根据 2020 年发布的欧盟《分类法条例》，所有宣称"可持续"的金融产品都需要核实其经济活动是否可持续发展（这些产品目前已经制定了减缓和适应气候变化的计划，正在研究环境问题，并正在确定如何处理社会问题）。在此之前，养老基金和中介机构可以出售金融产品并宣称其为

"可持续"产品，而无须对其进行任何独立审查，监管机构担心这可能会导致"漂绿"（见第 6 章）。此外，非财务报告指令要求欧盟大型"公共利益"公司公布其活动对 ESG 因素的影响数据。与此同时，预计到 2022 年，所有英国公司都需要公布气候相关财务信息披露工作组要求披露的信息。

此外，由于越来越多的人意识到非财务风险可能对投资的财务稳定和可持续性造成影响，保险公司、投资者和贷款人要求公司披露更多信息。联合国负责任投资原则就是一种用来披露资本流动方式的框架。负责任投资原则的一些签署方正在将非财务因素纳入投资决策过程，包括气候变化和 ESG 筛选。为了满足这些相互冲突的要求，公司必须认识到是谁在要求披露非财务信息，他们又需要哪些特定的信息，以及他们使用这些信息的目的。披露和报告既费时又费力，最重要的是以有效的方式为特定利益相关者确定最相关的内容。

会见参与者：对比不同的框架

记忆

不同的框架侧重于不同的利益相关者群体，一些侧重于气候变化等特定主题，另一些则要求就一系列 ESG 主题进行更广泛的披露。此外，有些框架（如可持续性报告）可能更侧重于为一般利益相关者提供指导，其他框架则同时纳入财务披露信息，更适合指导证券持有人的投资决定。此外，机构投资者越来越倾向于发布自己的指导方针，以支持可持续发展会计标准委员会或气候相关财务信息披露工作组等标准。贝莱德要求被投资公司提供符合特定行业可持续发展会计标准委员会指导方针的信息披露，以及符合气候相关财务信息披露工作组建议的气候相关风险。如果公司未能完成此项披露，将视为该公司没有有效管理 ESG 风险，并可能导致撤资。

同样重要的是，拥有国际业务的公司还需要遵守特定地区的 ESG 披露要求。例如，在欧洲运营的美国公司可能要遵守欧盟关于金融服务部门可持续发展相关披露的规定，而不论该公司的司法管辖区或税收注册地在何处。相比之下，美国目前还没有强制性的 ESG 披露要求。因此，对于美国公司的可持续发展团队来说，如果他们正在与具有更严格 ESG 披露义务的经济体进行竞争，那么他们可能需要继续加强其 ESG 披露。

当然，遵循可持续发展会计标准委员会等机构的自愿指导方针，报告对投资者具有重要财务意义的可持续发展问题，也是可行的备选方案。目前，管理着 60 万亿美元资产的 195 家公司正在使用可持续发展报告标准。还有，全球 40 多家证券交易所也在向发行人提供 ESG 指导，这一方法早在 2015 年就由可持续证券交易所推行上市。

ESG 报告要求也可以通过重要的法律合约强制执行，例如，与可持续性相关的贷款和债券要求借款人和发行人衡量和报告特定的 ESG 业绩指标，这些指标确定了贷款或债券项下应支付的利息。在这种情况下，其衡量标准可能是基于信用评级机构制定的标准，这些评级机构已经将 ESG 因素纳入其评级报告。因此，发行人在与信用评级机构进行讨论时，需要考虑 ESG 问题。同样，企业也非常关注他们是否已经被纳入基准指数，因为如果交易所交易基金（ETF）和其他基金可以继续获得投资于 ESG 基金的"大量资金"，其股价可能会间接受益。然而，这些与 ESG 挂钩的指数有着自己的纳入标准和原则。

记忆

鉴于需要遵守的规则如此之多，公司应当组建跨职能团队，包括专门的可持续发展资源、投资者关系、风险、法律、合规、财务和人力资源等部门。在许多公司，投资者关系部门往往负责进行报告，但考虑到与财务报告的一致性，似乎财务部门才是未来进行整理和分析的合适场所。鉴于报告框架的数量不断增加，公司很难确定报告的最佳方式，其解决方案也将继续根据所在行业、公司规模及利益相关者范围而有所不同！一般需要考虑以下问题：

• 数据是否符合监管报告要求？公司需要制定协调化和结构化的策略，以此衡量和报告目标导向指标。

• 内部监管的力度如何，是否能确保数据可靠和准确，并符合财务报告的要求？公司需要支持外部报告的指标以及管理层用于运营公司的指标。

• 报告数据是否需要获得（第三方）证明？公司需要对数据编制和数据报告进行监控，就像对传统财务报告进行的监控一样。

● 公司在所有利益相关者之间的沟通信息是否一致？公司需要提供具有可比性的数据以确保一致性。

表 14 - 1 概述了常见框架及其之间的比较和对照。

表 14 - 1   备选 ESG 报告框架及其内容对比

框架	披露信息	行业	标准或框架/指导方针	主要受众
碳披露项目 （www.cdp.net）	气候变化、供应链、水源、森林等特定范围	选定行业	框架	投资者和客户
全球 ESG 房地产基准 （GRESB, www.gresb.com）	包括经济、环境和社会等多重指标	房地产	标准（指数）	投资者
全球报告倡议 （GRI, www.globalreporting.org/）	包括经济、环境和社会等多重标准	与行业无关	标准和框架	多个利益相关者群体
国际综合报告理事会 （IIRC, www.integratedreporting.org/）	涵盖所有财务和非财务问题的框架	与行业无关	框架	多个利益相关者群体
国际标准组织 （ISO; www.iso.org）	温室气体（GHG）和能源管理等特定主题标准	与行业无关	标准	多个利益相关者群体
可持续发展会计准则委员会 （SASB, www.sasb.org/）	包括经济、环境和社会的多重披露	特定行业	标准	投资者
气候相关财务信息披露工作组 （TCFD, www.tcfdhub.org/）	特定气候变化	选定行业	框架	投资者、贷款机构和保险公司
联合国负责任投资原则 （PRI, www.unpri.org/）	调查问卷中与气候变化等投资影响相关的特定主题问题	金融	框架	投资者
联合国可持续发展目标 （SDG, https://sdgs.un.org/goals）	可持续发展目标涵盖所有问题	与行业无关	指导方针	多个利益相关者群体
世界经济论坛 （WEF, http://www3.weforum.org/）	包括经济、环境和社会的多重披露	与行业无关	框架	多个利益相关者群体

第 15 章
谈谈 ESG 终局

在本章中你可以学到：

- ESG：从小众转向主流
- ESG 数据、标准和披露的未来
- ESG 评级和排名日益增长的影响
- 如何改善投资者和公司的 ESG 培训

本书前面的章节主要概述了 ESG 格局的不同方面，包括入门介绍、通过不同工具进行投资，以及将 ESG 理念应用于公司和资产所有者。

本部分的最后一章将结合这些要素，寻找希望进行合作的参与者，说明他们推动 ESG 发展的方式，并总结市场的走向。

关注 ESG 从小众策略到主流策略的演变

如果已经阅读了前面的章节（尤其是第 7 章），你就会意识到负责任投资这一策略并不是什么新事物。早在 2004 年就有了 "ESG" 这个词，社会责任投资的概念也存在了很长时间。然而，虽然遵循此类策略曾经是特殊情况，但现在已经成为一种常态，已经有 3000 多名成员（代表着超过 100 万亿美元的资产）签署了联合国支持的负责任投资原则。

记忆

发现和管理风险，发现和利用商机，这是以资本市场为重点的负责任投资的两大支柱，也就是 ESG 投资策略。很明显，纳入 ESG 策略并不会损害投资组合的回报，因为拥有良好 ESG 实践的企业代表着更安全的投资。事实上，近期 ESG 的表现一直优于市场。相反，在 ESG 实践方面表现不佳的企业往往风险更高。

机构投资者一直都明白，良好公司治理、强大的股东权利和透明度等 ESG 问题对任何公司的投资者都是有利的。虽然按照 ESG 标准进行可持续投资直到最近还是一个新概念，但它几乎已经成为所有机构投资者的标准。部分原因是机构越来越注重在实现强大财务回报的同时产生积极的社会和环境影响，还有一部分原因是政府和监管机构将 ESG 置于机构投资者议题的更高地位。

使用 ESG 数据推动投资决策的全球资产价值在 4 年内翻了一番，在 8 年内增长了两倍多，到 2020 年达到 40 万亿美元以上。如果说 ESG 在过去 10 年成为主流趋势，那么在未来 10 年中，它将带来新一轮由股东驱动的全球大型公司问责行动。

实现具有积极 ESG 影响的强大财务回报

过去两年，以股票为主的资金流入大幅增长，2020 年第三季度，可持续开放式基金和交易所交易基金（ETF）达到创纪录的 1.2 万亿美元，欧洲则首次超过 1 万亿美元大关。美国占全球资金流入的 12%，而欧洲以约 77% 的份额继续占据主导地位。

与此同时，截至 2020 年 11 月 30 日，ESG 交易所交易基金的总净流入增加了两倍多，管理资产（AUM）达到 320 亿美元。从这个角度来看，ESG 交易所交易基金花了大约 2 年的时间才实现了 10 亿美元的资产，又用了 12 年的时间才达到 50 亿美元的资产，然后只用了 2 年管理资产就达到了 320 亿美元！人们普遍认为，ESG 策略不会导致回报低于传统投资组合。确实，2020 年股市在创下历史新高的同时也出现了史上最快的市场暴跌，但 ESG 策略的表现基本都好于最受欢迎的传统被动型交易所交易基金。（有关股票的更多信息，请翻阅第 8 章。）

　　此外，ESG 策略正受益于从成长型股票转向价值型投资的新趋势，这一趋势受到了 2020 年新冠肺炎疫情和石油危机的推动。此外，投资者还能看到 ESG 投资组合在 2018—2020 年的熊市和牛市中的表现，与传统的被动指数和交易所交易基金相比，这段较长时期也给 ESG 策略带来了更好的回报。ESG 策略的业绩在 2017 年经历了一次低波动反弹，在 2018 年第四季度经历了大幅回落，在 2019 年经历了股市上最辉煌的一年，并在 2020 年第一季度因为新冠肺炎疫情危机而出现了史上最快的市场暴跌。

　　ESG 策略在这一艰难时期实现了快速增长，并显示出强劲的回报，这证明了这一策略的持久性。越来越多的研究表明，负责任投资基金与传统投资基金的投资业绩差异不大，ESG 整合很有可能继续下去。

强调通用术语的必要性

　　然而，为了改变配置和策略，资产所有者仍然需要正确估计潜在的较长期风险和机遇，并给投资者带来更大的信心。市场参与者以及监管机构和政策制定者正在确定共同的术语和标准，以确定特定部门的 ESG 因素，并量化更具可持续性的企业资本差异。

　　发展全球公认原则和关键绩效指标（KPI），包括透明度、公司治理和环境影响，是在清洁能源和其他可持续基础设施领域进一步影响投资的重要推动因素。这使得投资者在评估投资时可以使用相同的语言，使其能够更好地比较一种资产与另一种资产的相对优势。当然，对更多信息的需求源自金融服务业近几十年发现的一系列问题。披露和透明度已成为政策和监管中的准则，但数据量的提高却导致重要信息被隐藏在信息流中，变得不那么明显。这可能会进一步导致企业做出过多或过少的披露，但真正的问题是，企业是否做出了正确的披露，是否简洁明了地突出了重要问题。（我们将在本章后面更详细地介绍数据、披露和标准。）

　　前文所述情况时常发生在当监管开始自成体系，并被视为解决所有问题的方法时。毫无疑问，随着各种商业模式日益展现出社会和环境问题，对可持续信息的需求将继续增长。同样，投资者也需要高质量的信息，使其能够评估公司对 ESG 问题的管理及其对公司长期前景的影响。可持续性框架和标准已经存在，但投资者需要将其融合为具有一致性和可比性的单一框架。

观察 ESG 标准的使用度和接受度

随着 ESG 问题逐渐成为投资者和监管机构的焦点，政府间组织和非政府组织以及市场参与者制定的披露标准在市场上的重要性日益突出，ESG 披露标准和框架数量持续增加。下面各部分将讨论 ESG 披露的未来发展趋势，以及数据和报告标准。

深入调查披露信息

虽然许多 ESG 信息披露是在自愿的基础上进行的，但随着监管机构越来越积极主动，这种情况正在开始改变，特别是在欧洲。投资者正逐渐开始要求在既定的 ESG 框架内披露信息。例如，帮助企业和城市减少环境影响的全球非政府组织碳披露项目报称，2020 年，515 家资产共计 106 万亿美元的投资者和 147 家采购支出超过 4 万亿美元的大型采购商要求企业通过碳披露项目披露其环境数据。

然而，ESG 披露领域中越来越多的报告标准和评级制度给各级组织带来全新挑战。这些标准和制度可能要求企业在多个框架内进行 ESG 评估。负责任投资原则组织也承认，市场要求加强数据的合理性和一致性，资产所有者要求该组织采取更多措施来推动披露更好的 ESG 数据，包括建立一致的报告标准。负责任投资原则组织要求投资者参与围绕公司报告的磋商（www. un-pri. org/policy/briefings – and – consultations），并考虑如何在投资链中使用数据。该组织也探讨了是否需要新的报告标准，或者是否应将 ESG 要求纳入现有的主流财务报告。

另外，市场需要决定是否应当接受为多个利益相关者服务的具有一致性和可比性的标准。与此同时，包括资产所有者、资产管理公司和代理咨询公司在内的一些不同的利益相关者正在加大对企业的压力，要求他们加强信息披露。投资者可以从会计准则制定者和信用评级机构（他们具有在市场支持下制定准则和巩固成果的多年经验）的做法中吸取教训。

记忆

此外，虽然披露与气候有关的问题以及其他 ESG 问题现在基本是公司的自愿行为，但随着政治压力促使监管机构采取更具规范性的措施，这种情况将会改变。例如，从 2021 年 3 月开始，欧洲市场的参与者将需要承担《可持续财务披露条例（SFDR）》规定的报告义务。社会许多阶层越来越关注ESG 主题，这意味着其重要性将日益增强。随着这一趋势的形成，也可以预测到对统一披露措施的更多需求。在这一点上，令人鼓舞的是，一些主流的披露框架提供商开始合作，以解决有关可持续信息报告存在混乱和重复的问题，并指导相关的培训问题。

全球报告倡议（GRI）、国际综合报告理事会（IIRC）、可持续发展会计准则委员会（SASB）、碳披露项目（CDP）和气候披露标准委员会（CDSB）为绝大多数定量和定性披露制定了可持续披露框架和标准，包括与气候有关的报告，以及气候相关财务信息披露工作组（TCFD）的建议。这些组织最近宣布，他们正在努力制订一项全面的公司报告系统方案。这种搭建模块的方法将为错综复杂的框架和标准提供市场指导，使其以互补的方式进行应用。

此外，他们正在与国际证监会组织（IOSCO）、国际财务报告准则（IF-RS）、欧盟委员会和世界经济论坛国际商业理事会合作，以确定对一般公认会计原则（GAAP）进行补充的方法。简而言之，在这些知名机构发布各项标准之后，应该可以形成理想的通用报告标准，并将各项重要因素纳入当前的财务报告！

警告

在撰写本书之时，虽然这些措施正向着积极的一面发展，但它们只是一个起点。虽然这些非政府组织不是营利组织，但在谈判时，仍然可能因为其傲慢的态度和烦琐的流程而破坏合理的合作！此外，给一些人带来进展的举措，却可能给另一些人造成困惑，给他们带来过分苛刻的要求，特别是那些无所不包的强制性监管措施。强制性报告可以概括为"宁多勿少"，这种提供信息的方式导致其无法区分重要价值和非重要价值。如果要与会计原则进行整合，就需要分离出这些重要价值，而且这也仅仅是确定这些价值时会遇到的一个问题。

保持数据一致性

在公司披露符合要求的报告之后，人们就可以更清楚地了解 ESG 因素对公司长期业绩的影响！当准备好具有可比性并且可靠的信息后，资产管理公司就可以通过现有的数据收集公司、统计数据提供商和评级指数提供商，更轻松地使用重要数据。也就是说，他们可以更好地了解 ESG 的评级方式，专注于他们目标市场的 ESG 数据提供商，并认识到他们需要进行哪些内部研究来强化他们收到的外部数据。很简单！

记忆

当然，ESG 评级可以将 ESG 问题和见解纳入投资，并以此将可持续投资纳入主流投资。这些评级提高了人们对 ESG 问题的认识，同时使投资界和其他利益相关者了解到这些主题与企业的相关性。他们还通过在包装产品中进行 ESG 评估和分析来增加可信度，从而纳入更多可持续发展主题。因此，尽管有反对者质疑其方法和适应性，但 ESG 评级还是有助于推动可持续发展，并将其作为一个主要的投资主题。

资产管理公司和投资者一直在逐步推进 ESG 评级，以便更有效地为其投资决策提供信息。然而，现在还没有单一的公认 ESG 评级计算方法。一些人认为不应该有这种方法，因为不同的评估是推动市场前进的动力。此外，与非营利性非政府组织不同，ESG 数据提供商完全专注于从不断增长的分散市场中获取经济数据，而不是考虑合作和方法标准化。随着整合的不断发展，如第 18 章所述，这一领域的竞争日益激烈，许多指数和信用评级提供商正在其现有产品中添加更多的 ESG 功能。但这对于资产管理公司或资产所有者在确定一只特定股票 ESG 部分的"公允价值"时并没有帮助。因此，一些金融科技公司正在寻找方法，为不同的组织计算不同的综合 ESG 评分。但是，与理解分数本身的内在驱动力相比，这种综合评分是否能更清晰地表明价值之间的差异呢？

让这一问题更加复杂的是，ESG 评级中使用的大多数数据都是回溯性的，如果没有补充数据分析，很难预测公司对未来风险的应变能力。此外，许多投资者更感兴趣的是，有关 ESG 因素的突发事件将如何影响股价变动，以及这些事件是否足以导致一家公司被排除在其投资组合之外。自然语言处理（NLP）可以帮助公司获取非结构化数据（如文本或语音），并对其进行解释，衡量其观点，并确定哪些部分是重要数据。这使得公司能以一致而公正的方式面对突发事件，使投资者能够了解与基础投资有关的重大事件。

记忆

因此，投资者对未来评级的预期还包括提供实时数据，这些数据可以整合到传统的财务报告和研究中。他们还预计，公司将围绕 ESG 展开论证，并将重点放在重要数据因素上，从而使投资者能够更容易评估产品的影响。对于一些投资者来说，这可以被解释为要求评级之间有更大的可比性，以找到共同的评分或评级。这些投资者往往拥有较少的内部资源，无法审查评级之间的差异，也无法从不同的评分中发展自己的理解。然而，其他投资者更看重评级的多样性，因为他们有自己的内部分析师，对某个公司或主题进行过更深入的研究，并利用这些评级来得出其自身的理解。这种两极差异并不是什么新鲜事，在更传统的财务报告中，被动型和主动型管理公司之间可能存在类似的差异。一些人乐于接受分析师提供的统一数字，而另一些人更看重分析师观点的差异性。

制定国内和国际财务报告准则

如前文所述，独立的可持续性标准制定者与综合报告框架提供者正在合作，为制定更全面的公司报告制度奠定基础。框架和标准的最佳组合应该能让公司提供并让用户接受更完整的信息。这一概念的核心是尽可能就一套共同的可持续发展主题和相关的披露要求达成一致。实现这一目标将确保公司可以快速收集关于特定可持续发展主题的业绩信息，并利用这些信息来满足不同用户的需求及其目标。这将减少对信息生产者和使用者的误导，降低成本，并鼓励公司投资于对确认信息至关重要的强大监管系统，这与财务报告同样重要。

鉴于很多组织都需要对多个利益相关方负责，信息披露还需要纳入满足广泛用户需求的标准，并通过相关披露要求实现信息的互用性。互用性可以通过正式的协作模式实现，例如全球报告倡议组织的正式程序，要求参与报告的组织确定其对经济、环境和人员的重大影响，以及可持续发展会计标准委员会的概念框架和正式程序筛选披露要求，以确定披露信息是否与企业价值创造有关。

提示

可持续发展会计标准委员会和气候披露标准委员会已经向市场说明了他们的相应利益和关联利益，比如《气候相关财务信息披露工作组实施指南》和《良好实践手册》（见 www. cdsb. net/tcfd – good – practice – handbook）。这些文件将气候披露标准委员会的指导原则和报告要求与可持续发展会计标准委员会的特定行业指标相结合，为按照气候相关财务信息披露工作组的建议进行报告的公司提供了综合解决方案。此外，对企业价值具有重大意义的可持续信息披露应当与已经反映在年度财务账目中的信息一起披露。因此，最终目标应当是将披露信息与一般公认会计原则联系起来，并将综合报告作为其概念框架。事实上，各大机构正在努力与国际证监会组织和国际财务报告准则基金会接触，以确保这种企业价值创造与一般公认会计原则挂钩。

警告

有趣的是，尽管财务报告披露存在的时间更长，但它也面临着至少三个与可持续信息披露相似的基本问题：

• 披露信息的相关性和重要性来自主观判断，参与者总是会在内容的相关性和披露的重要性上存在分歧。

• 对于这两种情况，披露报告都可能存在自行报告偏差，因为这是在"自己给自己打分"！即使在财务报告受到严格监管的情况下，也可能存在一定程度的偏差，因为这一报告反映了管理层对公司持续前景的预期乐观程度。

• 信息过于透明并不符合公司的利益，因为某些披露可能会包含对于竞争对手或合约人来说有价值的信息。这类信息可以被认为是公司专有信息，根据财务报告，披露这些信息所造成的损失或减少的收益通常被称为"专有成本"。

记忆

　　同样重要的是，要考虑到各国在第三方报告的证明水平上存在差异。财务报表历来附有第三方的审计报表，为财务报表的数据提供证明。此外，与可持续发展报告不同的是，财务报表只能由经核实并有资格进行财务报表审计和签署的监管实体进行审计。因此，第三方证明应成为公司可持续发展报告和整体公司治理领域的一个重要因素，这可以增加报告数据的可信度。反过来，公信力的提高也可以建立利益相关者对管理信息披露的信任度。但目前还没有一个普遍公认的审计原则来指导可持续发展报告的认证过程。这一问题需要得到解决，这样对于要求获得监管披露保证的用户来说，成本才不会超过收益。

承认欧洲在 ESG 方面的领导地位

　　在迈向标准化的行动中，人们应该承认欧洲在强制性报告方面的带头作用，并从他们在 2021 年的经验中吸取教训。此外，欧盟委员会在提出一项价值 1 万亿欧元的"绿色协议"方面表现出了重要的领导力。该协议承诺，通过更清洁的空气和水源、更好的医疗条件、更繁荣的自然世界，在不降低经济水平并提高人民生活质量的前提下，将"27 国集团"从高碳经济转变为低碳经济。欧洲在各类强制执行方面都处于领先地位，这将实现统一的全球标准模式，并带来明确的司法监管要求。

　　此外，欧盟可持续金融分类法提供了另一个例子，可以说明如何通过司法要求来补充全球标准。因此，在实现任何全球解决方案的时候，都有着欧洲的身影。

关注 ESG 评级和排名的持续影响

　　企业报告的增加推动了 ESG 生态系统的迅速扩张，这也有助于产生新的 ESG 数据来源。例如，从 2011 年到 2018 年，在标准普尔 500 指数公司中，编制可持续发展报告的公司数量从 20% 增加到了 86%。评级机构将此类公司披露信息、公开获取资源和自身专有研究相结合，一些提供商还会使用自然语言处理技术从互联网获取可能影响公司评级的相关新闻和发展报道。虽然机构的数量相当多（由于业务整合，目前数量正在下降），但目前没有多少机构已经覆盖到全球范围，而传统研究在全球股票的覆盖面上也有同样的问题。因此，一些新的 ESG 提供商开始涌现，为大中华地区（Greater China Stocks）的股票提供服务。

警告

与此同时，在整体市场中，一些投资者和管理公司正在努力维持 ESG 评级数据收集和报告方面的资源。一些公司可能需要花费数百小时和多名专职员工，即使是大型组织也很难确保完成这些工作。因此，越来越多的投资者可能会发现，中小型公司无法提供他们想要的信息。此外，投资者和资产管理公司往往会使用不同的 ESG 评级。一些参与者已经完全纳入了 ESG，而另一些参与者则刚刚开始使用，甚至仅仅是临时使用。这些方法上的差异凸显了这些公司对 ESG 评级的使用方式差异，小型公司更依赖他人提供的评级，而大型公司可能会参考这些评级来补充自己的内部研究工作。

当然，ESG 评级（在第 14 章中详细介绍）可以作为启动平台，用于深入了解形势，并在公司之间进行相互比较，而评级不佳可能表明投资者需要进行进一步研究，或将这些公司排除在 ESG 投资产品或投资组合之外。一些管理公司可能会通过评级来直接指导投资决策，这可能是为了满足对 ESG 投资产品日益增长的需求。另外，在发行被动且基于指数的产品时，管理公司也可以受益于指数提供商已经投入的大量工作。然而，一些主动型管理公司可能会认为，从长远来看，这些快速生产的劣质数据可能会削弱整体需求，他们甚至可能会指责被动型公司是在进行"漂绿"（见第 6 章）。许多主动型管理公司可能只会使用这些数据来为自己的内部研究、KPI 或评分方法提供信息，然后才会对公司的评级建立自己的观点。

投资者强调，企业 ESG 评级、与公司的接触、内部研究和企业可持续发展报告是 ESG 信息的最有价值的来源。他们会使用来自多家评级机构的多种意见，并定期评估他们应当选用的评级机构。他们会从提供商那里了解到其覆盖的公司数量、评级方法的质量和披露、对重大问题的更多关注、数据来源的可靠性，以及研究团队的经验和可信度。同样，投资者希望公司提供更好的 ESG 数据披露，专注于最重要的业务因素，并将 ESG 信息更充分地合并到财务报表中。为了满足投资者的需求，公司需要结合定期报告、实时信息和 ESG 数据集合，并进一步观察如何在领导层中纳入 ESG，以及 ESG 如何与公司战略相适应。这其中，气候是一个共同话题，投资者一直在寻找符合气候相关财务信息披露工作组要求的气候风险指导方针。

记忆

资产管理公司和资产所有者都在寻找"理想"的评级体系，但现实是，目前还没有这种理想的体系，而且这可能也取决于投资者正在追求的投资策略、正在执行的投资过程以及正在寻求的风险/回报状况。例如，占主导地位的大型国际公司 ESG 评级很容易找到，但如果你正在寻找新兴市场公司的数据，那么你可能需要进行更本地化的搜索，包括订购覆盖范围更广的数据提供商。更广泛地说，很少有公司会依赖单一的 ESG 数据来源，因为投资组合管理公司不会认为单一来源的信息可靠到可以影响他们的投资决策。公司希望利用其参与/管治职能来提供数据，以扩大基于提供商的 ESG 数据集，并创建对股票和债券的更有意义的观点。主动型管理公司能够明显意识到哪些 ESG 因素在行业中最为重要，而设立他们自己对一家公司的评估也是关键问题。

尽管评级有所改善，但仍然存在一些由于数据错误、陈旧数据或回溯性数据的使用导致的问题。没有任何方法可以为一家公司给出单一的 ESG 评分，或由同一家评级机构进行评估。不同的评级机构有不同的优势，例如覆盖面广泛、气候问题、公司治理评分。以下几节将讨论评级和排名的两个决策领域：定性和定量。

定性决策

定性的、自下而上的基础分析仍然是许多投资公司和资产管理公司的核心方法，特别是主动型管理公司，对 ESG 的基础研究来说也是如此。在 ESG 基础研究中，投资者已经建立了自己的关键业绩指标，ESG 评级只是大型研究体系中的一个数据点。ESG 评级本身并不会推动投资决策，许多管理公司对 ESG 评级分数背后的数据更感兴趣，而不是分数本身。他们将评级作为起点，以帮助他们了解大局。这些分数也可以作为进一步研究或公司参与的信号，或者用于为特定 ESG 产品排除某些股票或识别业内最佳股票。

此外，一些人认为，更好的研究和评级是由银行的卖方分析师提供的。这些分析师多年来一直在研究各种行业，对行业内的公司十分了解。ESG 评级分析师需要覆盖数百家公司，他们不可能对所有公司都很了解。然而，通过使用人工智能，他们可以找到主流分析师无法发现的特定关系或问题，这是因为主流分析师无法分析所有数据，或者是因为他们更偏向于从特定的角度看待这些公司。

主动型管理公司往往凭直觉判断行业里最为重要的 ESG 因素，并以此对公司进行评估。他们依靠自己的关键绩效指标、工具、方法和评级来全面计算企业 ESG 业绩，由其内部的投资研究为其投资决策奠定基础，而不是通过外部 ESG 评级。但外部 ESG 评级可以用来帮助公司与同行建立基准比较，确认领先者和落后者，或者为特定行业内的 ESG 领域呈现概况。了解决定如何将 ESG 问题转化为投资决策的根本问题是确定投资结果的定性方法。

投资者希望评级机构和公司都能强调重要问题，并以有意义的方式沟通这些问题与其商业战略的关系。他们正在寻找评级提供商，以确定公司生产的产品对 ESG 的实际影响（无论是正面的还是负面的）。公司的做法与其运营方式一样重要。因此，人们希望评级能更好地梳理气候变化等 ESG 问题的动态性，并了解这一问题对公司产品组合和业务表现的影响。

定量决策

所有投资者都面临的核心问题是，信息的报告并不一致，你不能像金融分析师那样通过可靠的指标来获取信息。评级机构试图通过将不同的 ESG 因素结合在一起，并以此为所有公司提供一项共同因素来解决这个问题，但如果你仔细观察，就会发现存在基础数据缺失的问题。这主要是因为公司的基本披露信息不够可靠，而且在通过信息披露合作（在本章前文讨论过）实现一致性和准确性（而不是主观性）之前，这些信息也不可能变得可靠。

ESG 数据得分越高，报告就会越稳健、越可靠，投资者也会得到更好的服务。一些定量投资者希望系统地使用由此产生的原始数据，并将其作为专有流程的组成部分。因此，他们需要高效地收集 ESG 数据，为内部评分和分析机制提供信息。

此外，投资者还希望及时收集和汇总 ESG 数据，以最大限度地减少分析师收集信息所花费的时间。他们希望 ESG 评级（尤其是争议评级）能够更频繁地更新，以帮助进行实时决策。此外，他们希望通过更高质量的总结、更简短易懂的报告、更透明的评级方法，来获得更多的数据。许多管理公司订购了多家评级提供商的数据，舍弃了他们认为不准确的分数，以此创建自己的评分，并进行自己的分析。

不同投资者存在的一种分歧是：应该继续推动数据可比性和评级标准化，还是应该保持评级差异化。一些人主张统一评级，使其变得更具可比性。其他人则认为，每次评级都会给一家公司带来一些独特的见解，在他们有能力查看多个评级的情况下，不同类型的见解都有着自己的价值。然而，他们同时也提醒投资者，应当注意评级方面的警告。

总结来说，投资者还是希望将相关 ESG 信息更多地纳入财务报告，并相信这样做将有助于提高评级质量。他们还希望将 ESG 信息整合到信用评级和卖方分析中，以支持投资研究。通过将可持续性与财务影响有机结合起来，公司和 ESG 研究提供商都可以增强投资研究的能力。

改善培训问题

为了使负责任投资继续蓬勃发展，投资者和公司都必须接受培训，了解如何识别运营良好、可持续发展的公司特征，以及如何分别使用 ESG 数据和 ESG 评分来建立参与度。本章前面已经介绍了这两个要素，但仍需要结合本书中提到的其他要素考虑培训问题，包括：

- 理解联合国可持续发展目标（SDG，见第 1 章）的重要性及其对 ESG 的指导。

- 对 ESG 因素的理解（见第 3 章、第 4 章和第 5 章），尤其是净零排放和气候变化、包容性和多元化、新冠肺炎疫情的影响，以及管治、参与和公司宗旨的作用。

- 明白披露报告的构建模块正在朝着协作和标准化的方向发展（见第 14 章）。

- 了解将披露报告纳入财务报告标准和程序的可能性。

- 把握变革带来的机遇，包括更高的准确性和透明度、对 ESG 评级的采用，并更加关注重大问题。

- 在可持续发展投资和 ESG 投资的推动下，监控不断增长的管理资产并从中获益。

以下将讨论个人投资者和公司的 ESG 培训。

投资者认为什么最重要

记忆

总体而言，投资者希望获得更多的信息，了解特定公司 ESG 评级的推动因素，以及这些评级的评分方式。尤其是用一个综合分数来表示"环境""社会"和"公司治理"这三个单独的元素时，投资者很难理解究竟是哪个因素推动了这一评级。因此，明智的做法是监测一家公司何时从不同的评级提供商那里获得了具有显著差异的评级，并以此作为信号来仔细审查 ESG 评级差异背后的原因。这就是为什么许多资产管理公司表示他们会使用这些评级作为分析指南，但还是使用自己的数据和关键绩效指标来更好地了解形势。

另一种方法是了解公司的主要投资者如何使用 ESG 评级和研究，他们如何识别对公司和行业至关重要的问题，以及他们使用哪些数据来确定这一点。资产管理公司还将监控他们相对于同行的分析方法，尤其是当这一方法导致业绩出现显著差异的时候。同样重要的是，监测一家公司 ESG 评级的变化，并观察这是否会导致公司在特定行业内处于最低或最高水平。当评级可能导致一家公司被排除在特定指数之外，或由于特定 ESG 投资产品的规则而被排除在外时，情况尤其如此。

提示

如果一家公司在某个问题上的立场发生了根本变化或出现业绩不佳的情况，投资者应当主动与公司沟通，以了解他们计划如何解决问题，特别是当这一问题涉及某种形式的争议时。可以通过以下网址查看公开报道的 ESG 评级：www. msci. com/our - solutions/esg - investing/esg - ratings/esg - ratings - corporate - search - tool 和 www. sustainalytics. com/esg - ratings.

被动指数/交易所交易基金产品的投资者依赖于指数提供商的方法和行动。了解指数提供商采用的方法，并了解其评级与其同行产生差异的原因，使得投资者能够保持一致的流程。大多数主要国家或行业地区的 ESG 产品将由不同的指数提供商提供。例如，美国的主要公司不仅涵盖标准普尔 500 指数，当需要不同视角的数据时，还可以查看各类变量指数。而如果投资者使用的是基准指数，他们就只能遵循提供商的方法，或是从该产品撤资，除此以外，别无选择。

警告

特定国家或行业基准中的大部分流动资金可能集中在某些产品中，而其基本业绩可能与其各自的成本相似，特别是开仓/平仓的买入/卖出价差可能会有所不同。如果你是经常改变持仓的主动型投资者，对比起那些使用买进并持有策略的投资者来说，这是一个更重要的问题。

公司应了解哪些 ESG 评级问题

公司应该了解评级如何影响其定位，以及为何评级对其定位有用，然后优先考虑对推动公司评级最有用的问题。一开始，他们会考虑如何影响他们的环境、社会和公司治理评级，哪一因素对他们的特定业务来说最为重要：

● 许多公司认为，他们是服务型公司，所以无法影响他们的环境评分。但其实，很大一部分排放量是由大型建筑产生的。因此，通过确保他们的建筑更加环保，他们或许可以实现更多目标。

- 在新冠肺炎疫情之后，所有公司都意识到他们可以在重要的社会因素方面做出改进。这些因素以前可能并不明显，例如员工的心理健康问题。

- "公司治理"因素通常是大多数公司都在遵循的因素，因为它可以影响到所有企业。例如，提高女性在公司董事会中的代表权，为女性和有色人种提供平等的报酬和社会流动性。

了解哪些评级公司适合你的公司，以及如何将其方法应用于你的评级，这非常重要。如果该评级公司也是决定你的公司是否能够成为指数成分股的指数提供商，那么这些问题就更为重要。这可能会给你的股票带来更大的需求，扩大指数覆盖范围。最近比较重要的例子是特斯拉被纳入标准普尔 500 指数，其他例子可能包括对特定 ESG 指数的纳入。此外，直接披露/报告以及与评级机构和直接投资者的接触也是至关重要的。如果你的公司希望使用评级来为投资者更新有关 ESG 业绩的最新信息，一些提供商将拥有更大的股票覆盖范围，如 MSCI 或 Sustainalytics（现在是晨星的一部分）。一些提供商更关注 ISS 质量评分等公司治理问题，其他提供商（如碳披露项目）则专门针对碳排放报告问题。

如果一家公司对 ESG 报告不太熟悉，标准普尔提供的企业可持续性评估（CSA）响应流程可能有助于培训内部利益相关者，制定收集 ESG 数据的内部流程，并在董事会层面围绕 ESG 问题展开讨论。然而，完成这项工作需要花费大量的时间和精力，因此，其他公司可能会投入更多资源来实现更好的 ESG 业绩或投资者参与度。

记忆

公司还应定期审查自己的 ESG 评级，因为数据缺失或数据陈旧可能会导致错误的评级。公司还应该确定自己是否同意该分析和评级，以及其中可能存在的差异，特别是他们的主要投资者正在使用的评级。更确切地说，公司可以询问关键投资者在投资方法中将如何利用这些工具，投资者的回答将有助于为公司的 ESG 数据披露报告提供建议。

十问十答

第 4 部分通览

- 总结本书的关键内容，以及各章要点常见问题。
- 应用构建和维护 ESG 投资组合所需的基本要素。
- 分析影响 ESG 投资增长的主要因素。

第16章
有关 ESG 方法的 10 个常见问题

在本章中你可以学到：
- ESG 投资基础知识
- ESG 投资的未来展望

刚刚进入 ESG 投资界时，你也许会有很多问题。别担心！许多缩略词、短语和概念对你的许多朋友和同事来说也非常新颖，因为这一领域仍然在不断发展。本章将介绍关于 ESG 投资的 10 个最常见的问题，你可以参考其中的关键问题。

什么是 ESG 投资

记忆

"ESG 投资"一词（在第 1 章中介绍）经常与"可持续发展投资"或"影响力投资"互换使用，但它并不是一种提供积极影响的独立投资策略。ESG（代表环境、社会和公司治理）是一种框架，依据其中的 ESG 因素，基于各类规则对公司进行评估。ESG 框架已经成为投资分析的基本环节。

投资者逐渐开始利用这些与财务无关的重要因素来识别和减缓与 ESG 相关的风险。纳入 ESG 因素符合管理公司的受托责任和投资尽职调查程序，通过考虑传统财务指标以外的相关信息来了解 ESG 相关风险。ESG 框架对于支持 ESG 投资成为主流趋势至关重要，同时也是更具体的社会责任投资（SRI）和直接影响力投资的基础。

影响力投资是基金管理公司的一种投资类型，而 ESG 因素是投资评估过程的一部分。此外，影响力投资希望能让基金管理公司的投资产生可衡量的、积极的环境/社会影响，而 ESG 是一种"达到目的的手段"，用于识别可能对资产价值产生重大影响的非财务风险。虽然 ESG 不会对可持续性产生直接影响，但其原则仍在继续演变，并出现了特定的发展趋势。这些趋势对于评估公司在可持续发展路线图中的地位至关重要：

- 目前，气候变化以及到 2050 年实现温室气体（GHG）净零排放已经成为环境方面的主要议题。

- 同时，新冠肺炎疫情让人们开始探讨可持续性与金融体系之间的联系，并强调其中的社会因素，凸显员工和社区参与度较高的公司，同时倡导多元化和包容性。

- 最后，在公司治理方面也有着类似的重点，特别是在董事会构建、高管薪酬以及参与可持续报告流程的意愿等方面。

警告

请注意前文概述的"漂绿"行为，这一行为将 ESG 投资产品作为现实问题的解决方案，或类似慈善捐赠，在为投资者提供回报的同时产生可持续的影响。虽然获得良好的 ESG 评分可以表明一家公司拥有可持续的管理方法，但并不意味着他们可以实现可持续的影响。

ESG 投资应遵循哪些可持续发展目标

联合国可持续发展目标（SDG，见第 1 章）旨在消除贫困、保护地球并确保所有人享有和平与繁荣，被视为重新为可持续投资带来关注的重要因素。2020 年的新冠肺炎疫情提醒人们，距离这一目标最后实现还有 10 年的时间，我们还没有完全实现这些目标，因此世界各国的领导者必须继续为这一目标努力奋斗。

每个人都需要为此付出努力，而企业拥有着丰富的知识、技术和经济资源，更适合带头冲锋。可持续发展目标旨在改善我们的生活，负责任投资者目前主要关注的是零排放和减少肤色歧视和性别歧视等问题。更重要的是，这些目标之间密不可分，一个领域的行动将影响其他领域的结果，并共同平衡社会、经济和环境的可持续性。

可持续发展目标的实现期限是在 2030 年，而《巴黎协议》规定的净零排放等具体目标将在 2050 年之前实现，一些国家正在积极推动早日实现这些目标。碳排放目标在 2020 年出现了重大进展。

ESG 公司的特点是什么

公司需要在其运营中设定各项标准，以证明其有效管理 ESG 相关风险的能力：

● 环境标准，包括公司在能源、废弃物、污染和自然资源保护方面的行动，强调公司作为自然管治者的能力。

● 社会标准，包括公司如何管理与员工、供应商、客户及其所在社区的关系，强调公司如何与所有利益相关者互动。

● 公司治理标准，包括公司如何使用准确透明的会计方法，并就重要问题为股东提供投票机会，强调公司领导层的运作方式，并通过审计、高管薪酬、非法行为、内部控制和股东权利等政策进行进一步调查。

公平地说，没有一家公司能满足所有类别的标准。投资者应该确定与其价值观最为相关的因素，并与公司积极接触，以此验证他们在 ESG 方面是否达标。从积极的方面来看，认可和接受 ESG 标准的投资者越来越多，迫使公司必须遵守相关要求。企业如何管理财务和非财务风险，这对于机构投资者的决策越来越重要。此外，各项研究表明，采取可靠 ESG 行动的公司会带来更好的公司财务业绩。

机构投资者认为，在对公司进行投资方面，ESG 原则将限制投资者在有冲突风险或被制裁的地区开展业务，也不允许公司制造有争议的武器。与此同时，调查显示，绝大多数基金管理公司在考虑所投资公司的相关特征时，主要关注客户需求、风险和回报因素，以及公司的社会效益。有关 ESG 公司"个性"的更多信息，请查看第 2 章。

ESG 公司如何进行评级

通常情况下，投资者将通过数据对 ESG 因素进行评分，并报告最重要的行业指标。这些指标可能因行业而异，并受到公司规模和透明度的影响。这一评分可以基于 ESG 因素在公司内部（也就是"环境"和"社会"因素）和其所在国家（也就是"公司治理"因素）的相对表现。然而，ESG 评分独立于公司所在行业。如果行业整体评级水平较低，那么 ESG 因素就有可能获得较高的评级，反之亦然。

公司信息披露的清晰度也非常关键，这对于所有评级方法来说都很重要。如果公司没有对重要因素进行披露，可能会给公司带来负面影响。公司需要证实其曾经做出的相关承诺，并进一步说明重大事件对公司 ESG 整体评分的影响。考虑到争议的严重性可能会因公司规模而异，一些评级方法还会关注到大型公司可能出现的市值偏差，例如英国石油公司和大众汽车公司。投资者还可以考虑采用行业和国家基准，以便在同行内部进行等效分析。

记忆

目前还没有衡量和报告 ESG 业绩的通用方法。一家公司的得分基于其可能遭遇的公司特定 ESG 风险和行业普遍 ESG 风险，以及公司对风险的管理方式。这一分数可以根据可持续发展标准和全球同行业绩进行计算，但公司的整体 ESG 评级通常是各项 ESG 风险的加权分数之和。有关评级的更多信息，请见第 2 章和第 14 章。

虽然评级机构计算 ESG 分数的方法基本相同，其用于分析数据的具体方法却各不相同。这导致不同评级机构的评分存在差异，甚至彼此没有关联。

警告

投资者在选择评级机构时应当考虑这一点，并决定是否应将该评级机构的评分与其内部指标进行对比，但并非所有投资者都有可以进行内部分析的资源。

ESG 应采用什么投资原则

采用 ESG 原则能使投资者与整体社会目标保持一致。此外，机构投资者也有义务为其受益人的最佳长期利益行事。为了遵守既定的联合国负责任投资原则，投资者应在其投资政策声明中承诺解决 ESG 问题，同时支持开发与 ESG 相关的工具、指标和分析。他们需要采取主动措施，将 ESG 问题纳入其股权策略和行动，行使投票权，或监测投票政策的遵守情况（在外包的情况下）。这也要求投资者提高参与度，并要求公司将 ESG 问题纳入年度财务报告。投资者应当检查投资任务、监测程序、业绩指标和激励机制的一致性。最后，投资者还应该制定或支持适当的合作方案，以进一步促进这些原则的发展。

警告

然而，社会责任投资者也需要界定自己的行事原则。对于什么是 ESG 因素，从不同的角度可能会有不同的解释。核能就是一个例子。如果考虑到核事故的潜在威胁（如切尔诺贝利或三里岛事件），公司通常会面临巨大的社会和声誉风险，这种情况下，ESG 投资不可能包括核能。但是，从能源供应商的角度来看，核能是一种更环保的化石燃料替代品，这时核能就是一种对社会负责的投资。

此外，不同的 ESG 提供商在不同的问题上有不同的原则。一些基金不愿意投资微软这类公司，不是因为微软在道德方面不负责任，而是因为他们质疑微软的"竞争动力"。虽然这可能导致投资者错过一只能带来巨大回报的股票，但很多人认为这种质疑非常合理。比如，Facebook 在未经用户同意的情况下将数百万用户的个人数据出售给了剑桥分析公司，而剑桥分析公司随后将这些数据用于政治宣传领域。

第 7 章详细介绍了 ESG 的投资原则。

什么是管治

在进行初期尽职调查并完成 ESG 投资之后，接下来需要确保该投资能够持续下去，并按照预期的 ESG 标准执行。管治可以定义为对资本进行负责任的分配、管理和监督，为客户和受益人建立长期价值，为经济、环境和社会带来可持续的利益。最近，管治重点主要集中于行使投票权以及在公司年度股东大会上发言，通过与公司管理层的持续对话，参与有关指标、标准和绩效的讨论。

资产所有者和管理公司不能将责任下放给他人，而应对其进行有效的管治，这些管治活动主要包括：投资决策、审查资产、为供应商提供服务、与发行人接触并就重大问题追究其责任、与他人进行合作，以及行使其权利和责任。基金将投资于各种资产类别，投资者对这些资产类别设定了不同的条款、投资阶段、权利和控制水平。无论资本如何进行投资，投资者都应当利用其可以获得的资源、权利和影响力来实施管治。

单独或合作参与管治活动可以让投资者更好地了解一家公司及其面临的主要风险。通过与高级管理层的频繁讨论，大型投资者能够发现数据提供商和小型投资者可能忽视的重要结论。投资者可以要求高级管理层考虑是否实施 ESG 主题行动。此外，投资者还可以识别可能被忽视的 ESG 风险，并向高级管理层发出预警。然后，通过参与（和投票）建立的认知可以反馈到投资过程中，并强化正在进行的研究。持续参与公司活动是 ESG 公司治理职能的一部分，年度股东大会则针对可能出现的特定 ESG 问题，让投资者与其他资产所有者进行合作。投资团队、基金经理和分析师应当积极参与，因为他们对公司和行业都有最深入的了解。第 13 章更详细地介绍了有关参与和管治的主题。

如何为资产所有者实施 ESG 方法提出有效建议

记忆

对于不太了解 ESG 投资概念的资产所有者来说，他们很难在不影响财务目标的情况下采用 ESG 方法。这种方法应当反映资产所有者的投资信念、价值观以及财务目标和可持续发展目标，并考虑到针对特定资产类别的可持续投资指导方针，以供内部和外部管理人员使用。具体方法包括整合各类因素、从超越传统财务分析的视角进行研究，以及分析与 ESG 因素相关的风险和机遇。投资者也可以通过负面筛选，排除来自特定行业（如酒精和赌博）的公司，从而纳入投资者的道德原则。

在这些方法中，通过现金股票进行 ESG 投资是迄今为止最成熟的方法。鉴于 ESG 因素在公司层面更容易进行应用，而机构投资者更擅长股票配置，这是一种自然的发展趋势，总体资产配置组合不太可能在短时间内发生变化。固定收益配置是另一种流行的投资选择，人们对通过固定收益进行 ESG 投资有着明显的兴趣。从公司债券的角度来看，公司对 ESG 风险因素的考虑也非常相似。但对于主权债券投资来说，ESG 因素解决的是国家层面的风险，而不是行业风险。第 8 章和第 9 章进一步分析了如何利用股权和固定收益工具实施 ESG 战略。

对于采用主题方法的资产所有者来说，他们可以专注于环境或人口结构等特定趋势和主题，发行更多的绿色债券和可持续债券。这种方法需要对债券的可持续水平进行更仔细的尽职调查，特别是与债券发行相关的可持续项目的有效性。

如何将基准衡量和业绩衡量纳入 ESG

许多积极的投资者继续通过 ESG 因素进行"选股"，例如购买"业内最佳"股票，并使用正面筛选法，而不仅仅是排除特定的股票。在债券领域，投资者对绿色债券和可持续发展债券（而不是传统债券）所产生的社会影响更感兴趣，但他们在确保债券配置方面可能存在问题，即债券发行规模通常较小，并且在出售债券时流动性较低。对于被动投资者来说，基于主流基准的 ESG 等值指数的出现，使得交易所交易基金（ETF）能够复制或覆盖 ESG 因素。另外，在交易所上市的 ESG 期货和期权合约呈增长趋势，这是获得被动投资的一种常见方法，尤其是在战术资产配置方面。（有关这些投资工具的更多信息，请查看第 8、第 9 和第 10 章。）

多数投资者历来习惯于将自己的业绩与市场公认的既定指数进行对比。由于可持续管理资产呈指数级增长趋势，我们有理由相信，ESG 指数到 2030 年应该会超越传统的同类指数。市场正在迅速转向可持续投资指标，主要机构投资者已经转而使用以 ESG 为重点的基准指数，例如日本政府养老金投资基金以及再保险巨头瑞士再保险公司（Swiss Re）。

通过大量的 ESG 评级公司来精确量化 ESG 业绩是一项严格的举措。这些评级公司根据具体的 ESG 基准对公司进行评级，并使用可持续发展规模来衡量其业绩。通过从众多来源收集对比数据，并考虑到行业或国家遭遇 ESG 风险的相对权重，评级公司可以单独或共同为一项指数生成一个分数，以此代表 ESG 业绩。

记忆

考虑到现在的基准相关 ESG 等值指数的数量，以及管理着约 40 万亿美元资产的"资金库"，投资者应该有能力从传统的 ESG 基准转向"新的" ESG 基准。其他资产类别可能不像股票那样简单，但建立新的标准化报告框架应该有助于解决这些问题。

最新披露信息和报告

虽然有人觉得这一话题过于无聊，但最近还是出现了很多的披露和报告（在第 14 章中进行了详细阐述）。显然，不同提供商 ESG 评级分数之间的差异，促使双方的监管机构开始创建更标准化的框架，并提高信息透明度。虽然这种标准化不能确保 ESG 评级更加统一，但至少评级用户可以参考更常见的基础数据。投资者认为，ESG 评级的不确定性将减缓确定重大可持续性问题的进展，在散户投资者越来越容易获得 ESG 产品的情况下，加上漂绿行为带来的问题（见第 6 章），这些都在敦促监管机构采取行动。当然，如果公司没有认真对待报告要求，就可能出现"无效输入和无效输出"的情况，导致 ESG 评级形同虚设，这对所有人都没有帮助。

目前在美国，有关披露和报告要求的变化集中于鼓励现有标准制定者遵守自愿披露的原则，而不是通过证券交易委员会（SEC）强制披露。相反，欧洲在 2020 年发布了三种相互关联的监管方法，包括《非财务报告指令》《分类法》和《可持续财务披露条例》。与此同时，世界经济论坛发布了一套通用的"利益相关者资本主义指标"，帮助企业证明其长期价值创造，及其对可持续发展目标的贡献。这些指标并不是为了取代投资者已经在使用的特定行业 ESG 指标，而是为了起到补充作用。

是不是觉得很困惑？面对这些烦琐的文书工作和指导内容，许多公司可能会选择放弃。事实上，美国证券交易委员会的调查结果表明，信息披露方法的多样性却导致方法选择的不确定性，从而使投资者难以对比不同公司的 ESG 业绩。全球报告倡议组织（GRI）和可持续发展会计准则委员会（SASB）宣布了新的合作项目，旨在"促进可持续发展前景的清晰度和兼容性"，这可能会给人们带来一线希望。此外，一些标准制定者更关注具体的重要问题，比如气候相关财务信息披露工作组（TCFD），它更适用于"污染排放严重"的行业。总结来说，请留心这一领域，很多问题尚待确定。

ESG 投资的未来

普华永道（PwC）的一项调查预测，到 2025 年，欧洲资产在 ESG 相关投资中的份额可能会翻两番，从 15% 增加到 57%。此外，超过四分之三的受访投资者（包括养老基金和保险公司）表示，到 2022 年，他们将不再购买传统基金，而是专注于 ESG 产品。对 ESG 的投资似乎是为了获得不受未来影响的回报，也可以帮助公司保护自己的声誉。此外，新冠肺炎疫情进一步推动了这一趋势，企业和投资者认识到，必须将 ESG 视为常态，而不是例外。

然而，投资者对于影响公司的重要 ESG 问题仍然缺乏共识，ESG 的区域方法仍然缺乏统一性，关键 ESG 评级和数据仍然有待标准化。与此同时，还要考虑大量的披露和报告要求以及即将出台的进一步强制法规。此外，在管治方面也出现了新趋势（在本章前面介绍），不同的资产所有者和管理公司都在不同程度上进行了参与和投票。

当然，当今各国政府都面临着有关环境、社会和公司治理的根本问题。欧洲似乎正在发挥带头作用，欧盟委员会正在推行一项重要的绿色复兴计划，侧重于重建受到新冠肺炎疫情影响的经济体，以应对全球变暖带来的更大威胁。与此同时，美国新政府发出了积极的信号，中国也承诺到 2060 年实现净零排放。

记忆

简而言之，大量的激励政策将进一步推动 ESG 发展，促使投资者对 ESG 框架下的社会责任投资产生更高的热情。也许机器学习和人工智能的进一步发展可以继续强化 ESG 数据的分析，但如果这些数据没有通过适当的披露和报告标准进行验证，那么这些就是"无效输入和无效输出"。2020 年，ESG 评级领域也出现了合作的趋势，报告标准制定者之间加强了协作，新的参与者加入了讨论。投资者再也不会缺少满足可持续发展需求的材料！无论市场走向如何，ESG 至少在未来 10 年都将是可持续投资的焦点。到了 ESG 被普遍认可的那天，人们将不再认为需要进行"ESG 投资"，因为这将成为一种常态。

第 17 章
围绕 ESG 投资组合构建的 10 个要点

在本章中你可以学到：

- 对于 ESG 评分与重要性的考虑
- 如何比较 ESG 分析定量和定性方法
- 如何考察 ESG 法规、风险和回报
- 衍生工具、另类工具和搁浅资产
- 对可持续发展指数的调查

在本章中，你将了解到围绕 ESG 投资组合构建的 10 个常见问题，包括理解不同评级机构对 ESG 评分的不同意见，以及使用可持续发展指数来代表负责任投资的表现。

评级机构之间 ESG 评分差异的原因

随着负责任投资意识的增强，业界已经开发了多种评估公司 ESG 业绩的方法。相关的评级系统在 ESG 因素的范围、衡量和权重方面各有不同，这使得投资者很难对评级方法进行对比，也很难理解评级机构为什么使用不同的方式对同一公司进行评级。

记忆

　　要使 ESG 评级方法有效，投资者必须理解管理公司和资产配置公司评估其资产的方法。帮助评级机构改进其 ESG 战略，就要认识到其在评级方法上的不同之处。机构评级过程之间的主要差异受到不同 ESG 因素衡量方式的影响。因此，即使两家评级机构在衡量内容方面意见一致，其最终评级也可能会因为评估方式不同而有所不同。

　　研究表明，评估因素及其评估方式比其在 ESG 总分中的权重更为重要。机构之间在 ESG 评估因素上的巨大差异，往往会导致最后的总分各有不同，体现出评级机构对负责任投资重要问题的不同看法。在分析不同的评级方法时，某些评级的相关性较差，特别是人权和产品安全等主题。有趣的是，所有评级机构都在使用相对较少的指标，只有少数几家机构在使用相似的指标。

警告

　　由于某些指标需要提供评估意见，而不是简单的数字评级，这些指标往往会基于价值观和"软"数据，从而使其更难以进行评估和比较。这有可能导致评级结果由其评估团队而定，从而产生偏见，并且一家公司在一项 ESG 类别中的业绩也可能会影响其在另一项类别中的得分。此外，评级机构的基础数据可能基于不同的来源，这会改变其 ESG 评分的范围。有关 ESG 评级和排名的更多信息参见第 14 章。

用于创建综合 ESG 评分的标准

　　明晟公司（MSCI）的研究表明，"E"（环境）和"S"（社会）问题更针对具体行业，与"G"（公司治理）问题相比，它们往往会在财务指标中存在更长时间。主动型管理公司使用这些数据来对一家公司进行详细分析。不过，许多投资者更希望能将"环境""社会"和"公司治理"问题整合成一项综合得分，而不是只看单一指标。因此，一些投资者非常想了解应当如何创建一项综合 ESG 评分。

　　一般来说，可以通过三种既定方法解决这一问题：同等权重、基于历史数据的优化权重，或使用行业特定权重：

- 同等权重的好处是简单、透明，而且在不同行业之间具有可比性。如果投资者对 ESG 问题的相对重要性没有具体看法，那么这种直截了当的方法可能是最合适的。

- 基于历史数据的优化权重可能更适合没有特定观点的投资者，帮助他们依据历史数据来对现有数据赋予最佳权重。然而，研究结果显示，"公司治理"因素的权重最大，"社会"因素的权重最小，这极大地改善了财务变量风险。其中，"公司治理"因素的权重为 70%，"环境"因素的权重为 25%，"社会"因素的权重为 5%。

- 为每个行业选择 ESG 问题并赋予权重（这是用于创建 MSCI ESG 评级的方法），可以更准确地反映行业中的 ESG 风险。但其潜在的缺点是提高了复杂性，降低了跨行业部门数据的可比性，而且其中的 ESG 权重可能会不时改变。然而，从长期平均权重来看，"环境"因素的权重为 30%，"社会"因素的权重为 39%，"公司治理"因素的权重为 31%。

与生活中的大多数事情一样，投资者在使用综合 ESG 评分时需要进行权衡，这取决于他们更看重短期内还是长期内的更高业绩。此外，分析还表明，"环境"和"社会"问题更具行业特殊性，因此它们对财务指标的长期影响比"公司治理"问题更大。有关 ESG 评分的更多信息，请参阅第 14 章。

ESG 重要性的发展趋势

并非每个 ESG 因素对所有企业和行业都很重要，所以公司和投资者需要识别和管理那些对自身更重要的因素，并了解那些在未来可能具有重要性的因素。话虽如此，具有财务重要性的因素经常会随着时间不断改变。投资者需要了解为什么这些 ESG 问题会逐渐产生财务重要性，并且适应这些变化。

在这个充满"重要性"的新时代，投资者必须积极主动地了解 ESG 因素，并以更灵活的方式将这些趋势纳入投资决策。虽然各个 ESG 因素成为财务重要因素的时间各不相同，但它们往往都会受到特定趋势的影响，特别是在透明度、利益相关者的积极性、社会期望以及投资者对 ESG 的重视等方面。

重要性的演变也来自关键决策者的指导。无论是制定法规的政策制定者、做出购买选择的消费者，还是为特定公司工作的员工，这些影响因素都可能对公司的盈利能力产生直接影响。同样，投资者可以从 ESG 的角度对公司进行评估，并使用评估结果来为投资组合的构建提供信息，从而推动某一因素成为重要因素。此外，有影响力的投资者能够提高公众对某一特定问题的认识，同时引起管理团队的注意。

投资者需要快速而灵活地平衡其可持续投资能力，包括预测及应对重要因素的变化。这要求投资者能够预测 ESG 问题的财务重要性在部门和行业内的演变趋势，并使用公司报告和 ESG 评分以外的新信息和新数据来及时更新这些预测。反过来，这些预测可以为证券选择和投资组合构建提供信息，与管理团队就未来重大问题进行接触，并通过透明的报告和披露来整体理解重要性的变化。有关重要性的介绍，请参阅第 2 章。

ESG 分析的定量方法

ESG 因素的整合历来只与基础战略有关，但这种情况正在改变。随着投资者对 ESG 产品的兴趣不断高涨，定量管理公司正在寻找一种可靠的方法，以识别具有强大或优化 ESG 特征并可能产生阿尔法业绩的股票。由于定量投资过程在整合 ESG 数据方面可能最为有效，人们正在着手进行研究，以找到一种系统性的方法，用以确定值得投资的 ESG 股票。

然而，ESG 与传统因素不同，它并不是解释股票风险和回报的定量特征。传统因素非常稳定，在不同地区和市场条件下进行了长期测试。此外，传统因素有着良好的数据记录，虽然不同的投资者对传统因素有着不同的定义，但他们对其基本框架意见一致。但 ESG 的情况并非如此，这些数据无法回溯到很久以前，不足以说明它是推动风险和回报的系统性因素。虽然现在 ESG 的数据覆盖率有所提高，但与传统财务因素的数据相比，ESG 数据仍然太少，而且仅适用于投资领域中的少数公司。还有就是，传统的因素模型并不适合传统的 ESG 评分方法。

例如，与小型公司相比，大型公司往往拥有更好的公司治理和披露政策，而且（由于监管要求）欧洲公司往往比北美洲的公司更加透明。这些都会影响他们最终的 ESG 评分。如果更多公司可以披露更多 ESG 数据，使用与同行类似的指标，并更定期地审计和发布他们的 ESG 数据，那么投资者就可以更好地使用 ESG 指标来识别可能产生阿尔法业绩的机遇。

此外，研究表明，ESG 评分较高与 ESG 评分较低的公司可能获得相似的回报。这表明，投资者可以在不影响业绩的情况下，在投资组合中纳入更多评分较高的公司。

投资者仍然在追寻复杂的 ESG 因素，但与此同时，这也有助于减少对公司行动（如政策和委员会）的关注，并侧重于公司行动的具体影响。在这时，另类数据（或大数据）还可以为 ESG 提供必要的信息。事实上，再过一段时间，定量分析可能会彻底改变投资行业对 ESG 的看法，并帮助投资者识别满足具体 ESG 要求的股票。有关定量分析的更多信息，请参阅第 15 章。

提示

使用"非结构化数据"很可能会改变投资者收集重要 ESG 信息的能力。这些非结构化数据可能包括从社交媒体和 Glassdoor（让员工对公司进行匿名评论并分享工资信息的论坛）等网站获得的信息。与公司可能正式披露的内容相比，从员工方面系统收集有关公司内部运营状况的真实信息，可能在企业社会责任项目等方面更具启发性。

定性分析：验证和补充定量分析

与传统的金融市场研究一样，在具体公司、行业或一般市场变化的数据发展趋势方面，这些量化观点已经成为市场分析中越来越有影响力的一部分。因此，对 ESG 因素的定量分析已经成为大多数投资者确定 ESG 投资优先级的重要环节，这并不令人意外。

然而，作为客户资产的管治者，资产管理公司的受托责任也要求他们了解对证券投资回报产生影响的所有方面。鉴于 ESG 包含了众多的非财务问题，我们可以使用基础研究方法，将 ESG 因素的定性分析与定量评估结合起来，帮助投资者对证券的内在价值做出更明智的判断。

许多资产管理公司使用定量分析和定性判断相结合的方法来评估发行人债券和主权债券的 ESG 概况。许多人认为，单独的量化指标不足以评估一家公司的真实 ESG 业绩，因为这些指标是回溯性的，不能说明公司未来的表现。此外，这些指标有时会受到选择偏向的影响，不能说明现有情况，或是不能直接与其同行公司提供的指标进行对比。

记忆

定性研究的目的应该是进一步调查，深入了解特定公司的 ESG 资质。与其他研究领域一样，定量研究是确定 ESG 行动背后的"数据"，定性研究则是揭示其中的"原因"。通过与企业社会责任（CSR）管理公司和高级管理人员的会谈，投资者可以与公司进行接触，深入探讨已经确定的 ESG 风险，并发现在评级过程中尚未识别的潜在风险。有关定性分析的更多信息，请参阅第 15 章。

ESG 法规

借用加德纳技术成熟度曲线（Gartner Hype Cycle，使用曲线图来表示一项技术目前所处的不同阶段）进行类比，ESG 正处于"过热期"。许多人认为，这是负责任投资格局进一步向转型发展的交汇时期。与技术不同的是，ESG 似乎不会出现随后的"低谷期"，但市场应该认识到，要维持目前的状况并实现增长，还有更多的工作要做。

记忆

　　ESG 市场的参与者希望能够进一步制定共同标准，因为人们对可持续发展报告的不同要素与不同地区法规之间的联系（或缺乏此类联系）感到担忧。资产所有者正在努力分析其 ESG 投资，希望获得更多报告，产生更深远的影响，并与现有 ESG 标准和市场最佳行动保持一致。ESG 的格局正变得更加规范，资产管理公司也认识到，他们需要为更广泛的 ESG 原则做好准备。

　　相对地，全球法规的差异性也会带来挑战。ESG 自愿披露有着不同的报告标准，无论是可持续发展会计准则委员会（SASB）、全球报告倡议组织（GRI）提出的整体报告要求，还是英国的碳披露项目（CDP）提出的具体要求。这些组织在报告应用和标准选取方面都有不同的要求和原则，给需要以此管理其基金和客户投资的资产管理公司带来很多难题。国际证监会组织（IOSCO）宣布成立特别工作组，通过审查各种标准之间的共性，来创建更统一的 ESG 披露形式。（在第 1 章中介绍了这些标准。）此外，国际财务报告准则（IFRS）管理委员会发表了关于可持续发展报告的咨询文件，以确定是否需要制定全球可持续发展标准，以及明确其在整合这些标准方面应当发挥的作用。

　　此外，市场还必须应对有关 ESG 评级和评估的各种情况（见第 14 章）。正如本书中提到的，有很多 ESG 评级提供商，也有很多需要衡量的因素，所以 ESG 评级并不一定能相互关联。这也使得资产管理公司很难确定应该考虑哪些 ESG 因素、应该使用哪些 ESG 评级，导致其无法进行 ESG 投资因素的业绩归因分析，即使这一分析可以提供行业中最有用的信息。因此，应当继续全面推动 ESG 行业各方面的标准化。

风险与回报

　　与单纯基于财务因素的投资组合相比，ESG 投资组合可能更复杂、更不透明，但在最后，它与传统投资组合一样，必须在风险和回报之间进行权衡。对 ESG 来说，这要求公司既"不能做坏事"，也要取得预期的财务回报。

记忆

此外，根据 ESG 投资者的不同目标，投资组合的构建也会有所不同。尽管通过投资很难实现社会变革，但 ESG 投资者还是可以追求与其目标一致的策略。在将这些目标与预期投资组合相匹配时，假设投资者在各种情况下对每种方法都有特定的风险偏好，可以考虑以下投资组合构建方法：

- 排除法：从投资组合中排除不良证券的传统方法，通常基于道德理念或污染相关理念，主要包括资本化加权排除法（低风险规避）或优化排除法（高风险规避）。

- 限制排除法：传统方法的变体，依据 ESG 最高评分（低风险规避）或最小风险（高风险规避）预期，通过 ESG 评级来确定需要排除的证券。这将会根据投资者的特定主题，使投资组合向不同方向发展。

- 排除法和 ESG 评分：将 ESG 评分和排除法进行组合，使投资者可以将投资组合向某一主题发展，并从投资组合中排除不良证券。

所有分析都需要重点协调较高的追踪误差（相对于基准指数回报）和不可接受的风险。当不良证券被排除或减持时，降低风险可能会带来意外结果，导致与被排除证券相关的证券权重过高，这可能与 ESG 目标互相冲突。投资组合经常包含相似的另类证券，以减少追踪误差或风险目标。如果投资组合中没有包含另类证券，由于投资组合的分散性较小，整体风险可能会上升。然而，基准投资组合的风险和回报总是会有所偏离，投资者最终必须得接受资产管理公司在规定范围内提供的投资组合。有关详细信息，请参阅第 7 章。

衍生工具和另类工具

当一家大型衍生品交易所决定在产品中列出期货和期权合约时，就会明确表示人们对特定产品领域有很大兴趣，并且管理资产正在按比例增加。2019 年，欧洲最大的衍生品交易所欧洲期货交易所（Eurex）根据排除法（欧洲最成熟的投资方法，管理资产最多），在欧洲斯托克 600 指数中发布了首批产品。继排除标准化（资产管理公司在其基础策略中排除了最多的股票）之后，资产管理公司推出了 ESG－X 指数产品，为欧洲提供了广泛的基准。

围绕该产品的进一步研究表明，资产管理公司希望其风险和业绩参数能够接近基准指数，以便降低追踪误差。这也确保了市场制造商的初始流动性和价格规定，他们可以轻易规避任何既定的、更具流动性的产品风险。欧洲期货交易所随后将 ESG 衍生品细分市场扩展至欧洲以外，并于 2020 年 3 月在主要地区和全球推出了 MSCI 基准的筛选版本。此外，他们还在 2020 年 11 月增加了 ESG 集成度更高的产品，扩展了 DAX 指数和欧洲斯托克 50 指数的 ESG 版本。

请关注这一领域，欧洲期货交易所还推出了基于企业碳排放量的产品及其他区域指数。如果欧洲发布的新法规得到进一步明确，他们可能还会推出其他指数。有关衍生工具和另类工具的更多信息，请参阅第 10 章。

搁浅资产

本章主要关注如何基于 ESG 因素构建可持续的投资组合，但本节主要强调现有投资组合可能出现的潜在问题。搁浅资产是指在其经济寿命（比如煤矿的寿命）结束之前，就已经不能获得经济回报（比如满足公司内部回报率要求）的资产。这通常与那些向低碳经济转型（导致低于预期的需求或价格）而受到影响的公司有关。按照《巴黎协定》向净零排放环境转型而出现的相关变化，这些资产的价值实际上低于其预期价值。

对于现有资产而言，已经出现过煤矿、火力发电厂、燃气发电厂及其他能源储备资产因向低碳过渡而搁浅的实例。容易受到影响的公司行业类型包括：

- 资源型公司：拥有待开发地下资源（包括储备资源）的石油和燃气公司，这些公司已开始向可再生能源转型。

- 勘探及开采公司：提供钻机或震波勘探船等设备以开采资源的公司。

- 生产及加工公司：为开采资源提供终端加工的公司。

- 分销公司：提供管道和油轮以分销燃料的公司。

搁浅资产概念包含一系列不同因素，包括：

- 经济搁浅：由于相关商品的比较成本或价格变化而导致的资产搁浅。

- 物理搁浅：由于全球变暖带来的变化（如洪水或干旱）或资产实际所处位置发生变化而导致的资产搁浅。

- 监管搁浅：由于政策、法律或法规的变化使得企业无法盈利或不受欢迎而导致的资产搁浅。

对潜在新投资的研究应当认识到，随着世界走向"脱碳"，我们可以将资本支出分配给其他投资，从而避免出现搁浅资产。虽然许多资产所有者和管理公司已经将此类股票排除在其核心投资组合之外，但脱碳转型还需要一段时间才能发挥全面影响，受影响股票的当前股价也没有出现暴跌至零的情况。此外，许多化石燃料公司的 ESG 评分正在不断提高，因为他们进行了"内部整顿"，并向可再生能源转型。因此，为了防止资本被浪费，投资者需要重点关注资本的持续管治。有关更多信息，请参阅第 1 章。

可持续投资

虽然负责任投资会对投资组合产生搁浅资产这样的负面影响，但可持续投资应当可以带来更切实的积极影响，虽然在使用 ESG 投资框架时，这种影响并不是很明确。投资者可以通过注重主题投资或影响力投资来改善这种情况，并实现更可持续的回报，而不仅仅是"不做坏事"。很多投资者并不清楚应当如何进行投资，其实和其他投资一样，他们可以通过主动型管理公司采取主动投资，也可以通过可持续指数基金采取被动投资。本节将重点介绍指数基金方法。

可持续投资并没有什么通用方法，因为它对于不同的投资者有着不同的意义。指数方法（主要是通过交易所交易基金）的优势是，市面上可供选择的指数有很多，可以选择与自己的投资组合相辅相成的方法，但准确了解指数涵盖的内容非常重要。由于指数基本上都是基于规则制定的，它们所采用的 ESG 方法也应该是公开透明的。应当彻底调查指数使用的方法，并重复进行这一行动，无论其资产类别或风险情况如何。此外，如果想要对现有方法进行整合，指数基金方法应该可以确保可持续性在整体投资组合中始终保持一致。有关指数的更多信息，请查看第 9 章。

第 18 章
影响 ESG 投资增长的 10 个因素

在本章中你可以学到：

- 对气候变化和其他环境及社会问题的关注
- 对 ESG 管治、会计、披露和法规的讨论
- 对数据、技术和评级整合的深入探讨
- 对影响力投资和地缘政治问题的调查

本章讨论了影响 ESG 投资增长的 10 个主要因素，包括了解气候变化有关问题的发展情况，以及可能影响总体可持续投资的政治影响力。

记忆

ESG 在过去 10 年的发展奠定了未来 10 年打造更好 ESG 环境的基础，这可能会推动实施与 ESG 有关的行动。与那些在 ESG 方面处于领先地位的公司相比，未能制定 ESG 框架的公司、投资者和政府将面临更大的风险，并可能错失重大机遇。在 ESG 中发挥领导作用将成为各类私营和公共组织的区别因素，而较早采用 ESG 原则的组织将拥有竞争优势。

气候变化：净零排放之路

全球各国政府都在发布与气候相关的法规，这表明气候变化是 ESG 投资的首要主题。到 21 世纪末，企业和投资者承诺实现净零排放将成为业界标

准。包括排放集中型企业在内的所有部门都将向低碳经济转型，因为企业发现主动应对气候风险可以带来其他的风险和机遇。很多公司都希望能抓住这一新商机，并宣传自己是气候领域的领导者。与此同时，投资者将加强对气候变化的参与，将气候风险纳入其投票策略，主动投票反对那些进展缓慢的公司。

各国政府的气候顾问已经开始提出具有法律约束力的"碳预算"项目，从而实现到 2050 年实现净零排放这一国家目标。英国将于 2021 年主办联合国气候变化大会（COP26），各国将争取在国际气候领域处于领先地位。但总体而言，数据显示，大多数国家目前的计划远远达不到《巴黎协定》的要求。随着高碳技术（如汽油车和柴油车）的逐步淘汰，到 21 世纪 30 年代，碳排放量应当会出现大幅下降，目标是到 2035 年实现能源系统完全脱碳。另外，各国也开始意识到，他们还需要说明其在国际航空和航运碳排放中的份额。

为了遏制气候危机，管理着超过 9 万亿美元资产的 30 家世界大型投资商也制定了到 2050 年在其投资组合中实现净零碳排放的目标。有关气候变化的更多信息，请参阅第 3 章。

环境和社会问题日益突出

虽然公司治理将继续作为重点工作领域，特别是有关改善董事会质量、股东权利和管理层激励结构的提议，但涉及环境和社会问题的公司治理也将成为投资者和董事会的中心议题。"环境"和"社会"风险的管理已成为全面公司治理实践的新标准。公司的企业社会责任行动将超越回馈社会的范畴，同时纳入可持续发展，作为系统化管理风险和创造长期股东价值的手段。此外，了解公司对环境和社会的影响将成为董事会的必要知识，很多公司都在邀请可持续发展专家加入其董事会。

受到气候变化的影响，ESG 中的"环境"因素通常被认为是 ESG 中最重要的因素。虽然新冠肺炎疫情增加了人们对"社会"因素的关注，但由于担心全球变暖事件可能导致的后果，环境问题仍然是推动净零排放过程中人们探讨的前沿和中心问题。这种情况让公司认识到，如果他们忽视了对环境的管治义务，他们可能会面临重大的财务风险。未能采取适当行动限制碳排放的公司，可能面临政府或监管机构的制裁以及声誉损害。

因此，资产管理公司在适应"新常态"的过程中，应当重视 ESG 问题。比起"社会"因素，"环境"和"公司治理"因素一直是人们关注的焦点，但疫情带来的巨大社会变革让"社会"问题迅速升温。然而，社交问题通常不太容易理解，也不像其他的 ESG 因素那样容易量化或衡量，就连联合国负责任投资原则（PRI）机构也承认，ESG 问题的社会因素可能是投资者最难进行评估的一项因素。这种情况也需要改变。有关环境、社会和公司治理问题的介绍，请参阅第 3、第 4 和第 5 章。

作为变革驱动因素的管治

很多现在使用的公司治理结构都是在 20 世纪 90 年代的公司丑闻和失败的公司治理中诞生的。投资公司开始认识到，董事会需要对少数股东负责，并保护少数股东的利益。如前文所述，这已经扩展到环境和社会政策领域。在全球金融危机之后，2006 年推出的负责任投资原则项目以及 2010 年英国推出的《管治守则》，使得世界各地开始采用管治守则，包括日本（2014年）和美国（2018 年）。2019 年，英国《管治守则》进行了一次重大更新。鉴于负责任投资需求的日益增长，很可能会对其展开进一步的更新。

公司治理可以被视为规则手册（标准和行动的结构、监管和问责方式），而管治是战术手册（负责任的资本分配、管理和监督，从而为经济、环境和社会带来可持续利益）。

投资者需要将重点关注的问题从公司治理和披露转向对社会和环境的影响和积极成果。投资管理公司需要更直接地采取明确的管治行动。此外，随着纳入 ESG 因素和参与积极社会成果的压力越来越大，投资者与被投资公司的接触也变得越发重要。

管治的下一阶段就是培养积极成果。投资管理公司必须与公司管理层协作，授权公司采取行动以获取可持续财富，同时敦促公司积极应对可能破坏公司长期可持续价值的短期财务压力。许多人认为，如果没有活跃而资源充足的当地投资者，市场参与的数量和质量都不尽如人意。尽管即将出台的监管规定和联合国可持续发展目标（SDG，见第 1 章）可以为其提供额外动力，还是需要进行更彻底的改革，以释放 21 世纪 20 年代的全部监管潜力。改革想要取得成功，就必须由资产管理行业发起，并得到资产所有者的支持和鼓励。有关管治的更多信息，请参阅第 5 章和第 13 章。

ESG 信息披露

过多的披露和报告框架让很多公司应接不暇，可能导致资源较少的公司减少其报告（除非有强制性要求）。有关可持续性和重要因素的披露需要标准化和普遍化，来自公司和投资者的持续压力是变革的主要驱动力。不断增加的法规将成为"遵守或解释"制度的重要组成部分，推动公司采取最佳行动，以解决日益增长的环境和社会问题。这种针对公司信息披露的监管举措目前在欧洲更为普遍，但将会逐渐在其他地区普遍推广应用。随着不同地区开始执行最佳公司治理标准，符合净零排放要求的公司治理准则的制订、高管薪酬披露和董事会性别多元化等，将在全球范围内迅速开展。

现行报告标准是所有强制性报告的计划蓝图，包括专门用于满足投资界需要的报告标准，例如，可持续发展会计准则委员会（SASB，见第 1 章）和气候相关财务信息披露工作组（TCFD）。面向整体利益相关者的报告框架（如全球报告倡议）也为其他报告提供了明确的规划方案。此外，还应当采取措施整合过多的报告组织，如将可持续发展会计准则委员会与国际综合报告理事会（IIRC）进行合并，并将可持续发展会计准则委员会和全球报告倡议组织的合作扩展到综合报告倡议组织下的其他报告组织。

市场希望确保信息披露的认可度和准确性，以实现更加透明的 ESG 评级，或许制定一套简单统一的全球报告标准并不是"白日梦"。但许多机构还是在依靠自己收集的数据进行评级，将收集的所有数据与自己的方法相结合，因此各家评级之间的差异仍将存在。有关披露报道的更多信息，参见第 14 章。

会计

虽然可持续发展现在是许多管理公司、投资者和消费者关注的中心问题，但 ESG 发展的主要制约因素仍然是：公司对其可持续发展业绩的衡量和报告缺乏普遍认可的标准。一些非政府组织正在独立制定各自的可持续发展报告标准，让公司和投资者感到既复杂又困惑。会计界需要进一步做出改革，但令人欣慰的是，国际财务报告准则（IFRS）基金会（负责监督国际会计准则委员会（IASB）并为世界多数公司制定财务报告要求的机构）已经开始着手解决这一问题，并提议建立平行的可持续发展准则理事会（SSB）。

考虑到国际财务报告准则基金会在标准制定方面的专业知识、在企业和投资者中的权威地位及来自全球监管机构的支持，他们完全有能力提出这样的建议。如果他们的提议被采纳，投资者和其他利益相关者应该可以对公司的可持续发展业绩有更清晰的看法，就像他们对财务业绩的看法一样。已经有公司发布了自己的可持续发展报告，但这些报告与其财务报告脱节，很难看出财务业绩和可持续发展业绩之间的关系。可持续发展准则理事会的提案可以帮助企业整合报告并提高透明度（请访问 www.ifrs.org/projects/work - plan/sustainability - reporting/）。该提案还得到投资界和企业界一些重量级人物的支持，其中包括加利福尼亚州的公共雇员退休制度（CalPERS），他们正在为国际财务报告准则基金会和美国证券交易委员会（SEC）的可持续发展报告提供支持。

记忆

可持续发展报告标准的影响非常深远。公司可以将可持续发展问题纳入战略和资本分配决策，使用这一标准来确定相关问题的优先级，同时确保公司财务业绩的可持续发展。高管认识到可持续发展是董事会需要关注的主要问题，而最能有效管理可持续发展的公司将对投资者更具吸引力。可持续发展业绩可以被视为财务业绩中的先行指标，因此投资者能够以类似分析财务报告的方式，更好地分析公司的可持续发展报告。如果将薪酬与可持续发展指标挂钩（而不仅仅是与公司的财务业绩挂钩），这种变化将得到进一步支持。例如，德国最大的银行德意志银行（Deutsche）宣布，将从 2021 年起将其高层管理人员的薪酬与可持续发展目标挂钩，以满足其对依据 ESG 标准进行商业活动的承诺。

法规和国际标准

可持续投资和负责任投资正成为养老基金、保险公司和其他投资者的主流优先投资选择。资产管理公司正在寻找满足这些条件的基金产品，同时为注重可持续相关披露的监管规定编制报告。例如，欧盟的两项新监管举措分别是于 2021 年 3 月生效的《可持续财务披露条例》和之前已经生效的《分类法条例》：

• 《可持续财务披露条例》要求基金管理公司（例如另类投资基金管理公司）披露他们将可持续发展纳入其工作流程的方式，包括尽职调查，并评估可能对基金投资的财务回报产生重大负面影响的所有相关可持续风险。管理公司还需要量化或描述其投资对可持续性风险的主要负面效应。此外，2021 年 3 月之后在欧盟境内销售的任何基金产品都应确保其营销符合《可持续财务披露条例》的规定。另外，管理公司有责任遵守或解释他们不考虑某些"主要负面效应"（投资决策对环境和社会标准的有害影响）的原因，但员工超过 500 人的大型管理公司无权使用"遵守或解释"制度，他们必须在其网站披露其主要负面效应，并总结其参与政策。

此外，每家管理公司还需要审查其营销文件，并确保这些文件不会与《可持续财务披露条例》的强制披露规定相抵触。他们还需要评估每种产品，并在适用的情况下，参照《可持续财务披露条例》的具体条款进行额外的产品披露。

- 《分类法条例》旨在为环境可持续的经济活动引入基准，并防止"漂绿"行为，这种投资行为并不能真正解决"环境"或"社会"问题。

有关法规和国际标准的更多信息，参见第 11 章。

影响力投资：积极做好事与"不做坏事"

全球机构投资者计划将其对可再生能源基础设施的投资增加近一倍，但根据国际可再生能源机构的数据，到 2050 年，可再生能源的年度投资将需要增加近两倍，达到 8000 亿美元，才能在世界各地实现"脱碳"和气候目标。与此同时，美国总统乔·拜登（于 2021 年 1 月就职）承诺在 10 年内投资 4000 亿美元用于清洁能源和创新，并追究污染制造者的责任。虽然近期可能更为关注新冠肺炎疫情，但人们的关注焦点还是应该保持在气候变化的长期威胁。如果政府、资产管理公司、所有者和能源公司开始合作，这些新的关注点可能会成为更可持续未来的催化剂。

可再生能源的大幅增长来自风能和太阳能发电厂，这些发电厂的成本近年来大幅下降。受益于人们对可再生能源投资兴趣的提高，预计到 2025 年，太阳能将占全球可再生能源新增总量的 60%。美国太阳能产业的增长主要是由成本竞争力推动的，因为太阳能是美国大部分地区最廉价的新建发电形式。这不仅能够降低电力成本，也在帮助美国向清洁能源转型，以摆脱化石燃料。

此外，拜登还承诺，将在其总统任期内重新加入《巴黎协定》，以加强全球在气候计划和绿色金融方面的合作。通过采用国际公认的商定标准，全球绿色金融标准方面的合作将为投资者和发行人确定监管体系，并有助于全面发展绿色债券和可持续债券市场。

虽然绿色债券的关注度很高，但考虑到新冠肺炎疫情的影响，社会债券和可持续债券应该会比绿色债券发展得更快。绿色债券根据其对环境的积极影响为项目提供资金，而社会债券是为与社会可持续性有内在联系的活动提供资金。由于当前新冠肺炎疫情所引发的经济问题，投资者对可持续投资的兴趣居高不下。2020 年第二季度，可持续发展债券（包括绿色和社会债券）的发行量创下新纪录，总额达到 99.9 亿美元。这一增长主要来自社会债券的增量发行，以解决疫情造成的问题。同时，还有一些发行人专门为新冠肺炎疫情发行社会债券，共计筹集了价值 330 亿美元的社会债券。有关影响力投资的介绍，参见第 7 章；有关绿色、社会和可持续发展债券的更多信息，参见第 9 章。

数据与技术

数据和技术将推动提高 ESG 因素的衡量、计算和监控能力，并评估其重要性及其对长期价值创造的影响。因此，人们需要为 ESG 提出一种全球通用语言的概念。然而，这项任务并不简单，也不会很快完成。管理这一复杂且不断发展的环境，需要灵活多变的工具，以轻松适应不断变化的数据源、标准和报告机制。这一解决方案需要能够将不同形式的数据汇集在一起，并使用单一视图呈现，而不是像现在这样零散地分布。

随着可持续投资的增长，近年来涌现出有关 ESG 因素的大量数据。此外，由于资产管理公司希望将 ESG 因素（如低碳排放和董事会性别多元化问题）纳入其投资分析和决策过程，对 ESG 数据的需求不断提升。传统上，此类 ESG 数据来源于公司自己提供的报告，然后由分析师通过其主观视角进行调查。这导致投资者仍然对更准确的数据和指标有一定的需求，规模较小的金融科技公司正在使用人工智能技术，以发现可能对公司财务业绩产生重大影响的客观 ESG 问题。业界的最终目标是提供统一的实用数据，推动行业走向标准化 ESG。

理想情况下，投资者需要的是一种同时获取信息的方法，能够使用通用的披露报告工具（如可持续发展会计标准委员会的重要性框架），根据行业识别可能出现的重大问题，并客观地应用于所有公司。这种方法一般可以使用人工智能（特别是机器学习）技术来识别可能影响行业内公司财务或运营业绩的可持续性问题。此外，经过改进和标准化的披露要求可以使投资者进一步评估 ESG 因素对公司估值的影响。人工智能将在确定经济业绩与 ESG 因素的联系模式方面发挥重要作用，同时可以使公司做出更好的资本配置决策。

收集和处理大数据变得更轻松、更便宜。智能算法可以更好地解释非传统财务信息（包括互联网上的非结构化数据源）或非公司报告的监管文件、推特文章和非政府组织的报告。自然语言处理软件可以用来收集积极和消极的观点，并产生潜在的预测性指标。综合这些因素，投资者可以创建新的数据集来分析投资。有关 ESG 中数据和技术的更多信息，请参阅第 15 章。

ESG 评级公司的整合

彭博（Bloomberg）、富时罗素（FTSE Russell）、明晟（MSCI）、路孚特（Refinitiv）等传统市场数据和指数提供商已经成为上市公司 ESG 指标和评级的主要提供商。然而，在过去十多年的时间里，还出现了很多专注于 ESG 指标的创新金融科技公司，他们能够采用新技术和数据科学工具来推进正在生成的预测分析。在过去的一年里，很多规模较大的企业已经整合了很多更小、更灵活的公司。

随着市场参与者不断开发低延迟算法的执行能力，证券交易所集团已经从更高的实时数据费用和相关的新数据产品中获得了回报，这些产品显著增加了他们的收入来源。一些交易所通过收购专业数据公司，向数据领域的多元化又迈出了一步。

提示

可能需要留意这一领域的新成员，他们可能会成为未来几年的并购对象。有趣的是，专业金融科技风险投资公司 Illuminate Financial 在 2020 年第四季度收购了两家 ESG 初创公司的少数股权（见 https://medium. com/illuminate－financial）。这两家公司是：

- Yves Blue，该公司将不断增加的差异化 ESG 数据和影响力数据整合在一起，详细而综合地说明投资组合中各公司的影响力特征（www. yves. blue）。

- Net Purpose，该公司根据联合国可持续发展目标（SDG）和其他影响衡量标准，使用数据来评估投资组合的绩效（www. netpurpose. com）。

政治影响：地缘政治与公众压力

随着地缘政治的紧张局势、民粹主义和贸易战对企业行为的影响，政治因素将在决定 ESG 格局方面发挥越来越大的作用。在能源、工业和科技领域，国家安全问题可能会影响商业伙伴关系和并购，一些商业联盟行动甚至会受到总统行政命令的阻碍。国家层面的政治能够对公司治理产生直接影响。（在撰写本书时，美国联邦贸易委员正对 Facebook 提起诉讼，指控该公司为维持社交媒体垄断地位而参与了非法反竞争行为！）此外，还有很多针对特定国家的个人和公司的制裁。

记忆

公众对各种社会和环境问题的压力，可能会在 ESG 问题上给公司及其股东带来额外的监管压力。在 ESG 中发挥领导作用将成为各类实体在私营和公共部门中的差异化因素，市场参与者可以从 ESG 管治中获益，并将其作为其竞争优势的一部分。

仅在 2020 年这一年，在不包括新冠肺炎疫情的情况下，世界各地依然发生了能对 ESG 产生重大影响的众多事件。

- 在欧洲，英国的"脱欧"事件可能会对可持续发展产生无法预见的影响。在经济低迷时期，一些评论人士对英国在欧盟以外的环境政策前景持怀疑态度。由于英国将在 2021 年主办联合国气候变化大会（COP26），其可能因此而保持可持续发展的资质。此外，英国制定的《管治准则》一直处于公司治理方面的领先地位，其也应当继续遵守欧盟通过的众多金融监管要求。

- 欧盟本身是支持可持续发展的榜样，它持续发布了一系列支持 ESG 议题的监管要求，更透明的公开披露要求和反漂绿行为是其议题的核心内容。此外，欧盟还批准了一项规模宏大的激励方案。欧盟委员会表示，该方案将使应对气候变化成为带领欧洲疫情后经济复苏的核心内容。

- 与此同时，在乔·拜登担任总统期间，美国已经开始讨论重新加入《巴黎协定》，并正在做出积极行动，为清洁能源和创新项目提供预算，并追究污染制造者的责任。然而，在前进的过程中，拜登政府可能不得不花费大量时间，将美国从特朗普政府领导下的非 ESG 活动中解脱出来。从金融市场的角度来看，美国可持续和负责任投资论坛基金会希望看到美国证券交易委员会和美国劳工部的政策发生彻底转变。人们希望美国证券交易委员会取消对股东提案和获得独立代理意见的限制。与此同时，美国劳工部已经删除在退休计划中限制纳入 ESG 因素的相关描述，并强调退休计划的受托人在评估投资时必须关注"经济"因素，无论这些因素是否与 ESG 相关。

- 在可持续发展问题上，亚洲仍然是一个谜团。总体来说，亚洲经济的迅速发展促使人们认识到变革的必要性。此外，亚太地区还会受到台风、海啸和其他气候事件的影响，其城市化的速度以及日益严重的空气污染和水污染比其他地区更为明显。与此同时，中国正在追求可持续发展，承诺其温室气体排放量将在 2030 年实现"碳达峰"，在 2060 年实现"碳中和"，并强调"绿色革命"的必要性。最后，中国的香港证券及期货事务监察委员会作为全球领先的监管机构，要求上市公司必须披露其所有的可持续发展资质。中国内地也要求所有上市公司从 2020 年起报告其 ESG 风险。

附录
有关 ESG 投资的丰富资源

在本章中你可以学到：

● 构建 ESG 产品组合的基础知识

● ESG 披露、报告和参与

● 如何查看有关资产类别的更多信息

ESG 投资的原则对所有投资者来说基本相同，但本书重点更倾向于机构投资者，因此本附录将集中关注散户投资者。本附录将介绍构建投资组合的基础知识，投资者应当如何寻找资源来确认 ESG 产品是否符合其价值，以及他们可以使用哪些产品来实现目标。

构建零售 ESG 产品组合的基础知识

记忆

从很多方面来看，构建 ESG 投资组合与构建常规投资产品组合并没有什么不同。在开始投资之前，请一定要做到以下几点：

● 想一想你的目标，确定你的投资目的是赚取退休金还是为孩子的教育提供资金。投资目标往往会影响你的风险承受能力，也会影响到你想要的是积极、适度还是保守的投资组合。

● 考虑你想要的资产配置，考虑它是否包括股票、债券和其他资产。例如，你可能希望将重点放在股票上，但还要考虑是投资大盘股、中盘股还是小盘股，以及是否要投资来自不同地区的股票。

● 决定你的投资组合是主动管理还是被动管理，或者两者结合。这可以通过共同基金、交易所交易基金（ETF）或个人选股来实现。

以下各节详细介绍了与 ESG 投资相关的所有注意事项（以及其他事项）。

做出明智的决定

在决定你要考虑哪种类型的负责任投资之前，重要的是让自己了解一些可能影响到 ESG 框架的关键问题。

提示

以下链接将有助于扩展对具体负责任投资标准的理解：

● www. unpri. org/pri/about – the – pri

● www. unglobalcompact. org/sdgs

对于更深入的培训和学习，请参考以下资源：

● www. cfauk. org/about – the – esg – certificate – in – investing

● https：//priacademy. org/pages/academy – syllabus

选择负责任的投资产品

记忆

在使用上一节中的资源了解基础知识之后，想要构建以 ESG 为中心的投资组合，下一步就是确定投资组合应该具有多大的责任感或可持续性。如果投资者决定将资金投入与其价值观一致的投资组合，他们可以选择规模较小但增长迅速的共同基金和交易所交易基金。然而，ESG 投资并不适合每个人，应该考虑指数或基金产品的目标是否与自己的价值观一致，同时了解这些产品可能涉及的特定风险。

提示

以下链接有助于扩展对符合特定负责任投资或 ESG 标准的交易所交易基金或共同基金范围的认识：

道德标准因人而异，负责任产品也可以通过不同方式进行投资。重要的是，注意查看每个产品的单独股票构成和总体目标，以确保其符合你的价值观。除此以外，也可以投资于其他常规投资产品。尽管如此，使用负责任产品构建投资组合并不容易。了解每种产品所采取的方法可能需要一定的时间，因为有些产品为了持有更利于 ESG 的投资组合，可能会接受特定风险，无论是进行行业猜测，还是增持特定股票。当你不想持有某些公司（例如生产化石燃料的公司）的股票时，可以使用排除法。这可能会使投资组合相对于整体市场基准（如标准普尔 500 指数或富时 100 指数）具有非常不同的行业定位。

技术资料

晨星公司的数据显示，2020 年第三季度，全球对可持续基金产品的投资出现增长，所有主要市场的资金流入，推动 ESG 基金总资产达到 1.2 万亿美元的新纪录，其中仅在欧洲就有 8000 亿美元。

理解被动与主动方法

许多产品旨在减少相对于既定市场基准的追踪误差，尤其是那些专注于特定基础指数的产品。因此，产品目标要力图做到"面面俱到"，既能将业绩与市场基准保持一致，又能提供类似指数产品的业绩，同时还要纳入 ESG 特征。大多数交易所交易基金或指数追踪投资组合都会使用这种方法，对 ESG 投资采取更被动的措施，同时也倾向于在向 ESG 倾斜时更关注回报，而不是在向回报倾斜时关注价值。此外，由于其方法更标准化，被动管理的产品往往成本较低。

记忆

尽管如此，一些被动型产品可能比其他产品有着更具体的 ESG 偏好，需要寻找更符合自己价值观的产品，同时也要考虑管理总资产或每日交易量等因素，以衡量今后买卖这些持有股票的难易程度。

此外，共同基金的投资组合往往具有更主动的管理偏好，这些产品更注重因不同基金而异的价值观。然而，就其性质而言，其追踪误差也会高于基准指数。同样，也应该分析不同基金，找出与自身 ESG 和投资目标最匹配的基金。

提示

投资者如果有更多时间考虑自下而上的研究，还可以考虑对比不同共同基金的主要持有量，调整差异，然后购买符合标准的单独股票。但投资者随后需要密切关注这些股票，因为他们没有投资管理公司帮他们监控这些股票变化。此外，有些经纪账户提供免费交易，投资者可以将成本保持在最低水平，也不用支付共同基金费用，但这只适用于那些更主动的投资者。

应用 ESG 指标

提示

无论采取被动还是主动的方法（见上一节），都应当考虑每家公司的评级或评分，以确定一家公司的 ESG 程度。通过以下链接，可以查看两家公开显示评级的主流评级提供商发布的评级，而对于其他评级提供商，您需要订购其数据传输服务：

- www. sustainalytics. com/esg − ratings/

- www. msci. com/our − solutions/esg − investing/esg − ratings

应该认识到，与信用评级（债券发行人要求提供信用评级，并在评级公布前通过多次与公司面谈，对相关信息进行整理）相反，在大多数情况下，ESG 评级是主动提供的。ESG 评级机构通常根据公开信息进行评估，包括来自公司可持续发展报告和公司网站的信息。一些机构还会向公司发送调查问卷，允许公司在最终确定评级之前对评级进行审查和评论。

记忆

投资者可以监测一家公司在三项 ESG 类别（环境、社会和公司治理）中的得分情况，因为其中一个主题可能与特定行业的公司更为相关。例如，石油和天然气公司的环境评分。然后，投资者可以将该公司的评级与同行的评级进行对比。一般来说，较高的公司治理分数表明公司经营良好且发展可持续，而较高的社会分数意味着所有员工都享有更为安全的工作环境。评分较高的公司通常能更好地应对其他问题，比如新冠肺炎疫情，因此其财务业绩也会优于非 ESG 公司，这也是在 2020 年第一季度之后出现的情况。

查看与业绩相关的 ESG 指标

仅供参考，指数追踪工具或追踪特定指数的交易所交易基金往往会倾向于对各种 ESG 标准评分较高的公司进行超额投资，包括碳排放水平、公司董事会中的女性人数，以及高管薪酬的披露质量等方面。同样，他们也倾向于增持在这些指标上评分较低的公司。这可以帮助提供商追踪其正在复制的既定基准指数，同时为特定市场提供潜在的优异业绩。例如，其中许多基金在 2020 年第一季度因油价下跌而导致的市场崩盘中获得了回报，因为这些基金包含的化石燃料能源股票非常有限。

一些共同基金可能会更进一步，积极地排除对纯煤生产商、有争议的武器制造商、烟草公司或持续违反联合国全球契约原则（包括人权、劳工、环境和反腐败）等行业的投资。然而，尽管其重点是不购买化石燃料公司的股票，但"社会"和"公司治理"因素也不应被遗忘。基金正在关注由于新冠肺炎疫情而导致的医疗问题、由于"黑人的命也是命"等抗议活动而凸显的社会问题，以及与董事会多元化和高管薪酬有关的公司治理问题，"社会"和"公司治理"因素也将继续保持其重要地位。

需要注意的是，科技股在 ESG 因素方面的评分普遍较高，科技公司则因其 ESG 高评分而代表着"业内最佳"公司。如果被动基金或共同基金在 2020 年增持此类公司，投资者将从 FAANG 股票（脸书、亚马逊、苹果、网飞和谷歌）的优异业绩中获益。然而，与任何其他投资一样，切记不要"为了业绩而追求业绩"。一些评论人士将"ESG 泡沫"与"科技泡沫"联系在一起，因为这些股票存在着潜在估值过高的情况，而 ESG 肯定从科技股票估值过高的势头中获得了大量收益。

披露、报告和参与

ESG 格局已经发生了根本性的变化，制定了更多的原则和标准，以帮助将 ESG 理念纳入主流投资领域，许多支持 ESG 的组织正在为企业和投资者提供各种指导和实际支持。

投资者通常希望了解公司所遵循的披露和报告要求，于许多地区没有强制要求提供此类信息（这些信息也会为评级机构的评级提供指导），以下是这一领域的重要组织：

与公司直接接触是进一步了解公司 ESG 资质的关键途径。此外，有兴趣参与公司评审的投资者还应该考虑如何积极参与投票，对管理层或其他投资者在公司年会之前提交的提案进行表决，或者确保他们的代理投票将由授权代表提交。就和行使民主投票权一样，你应该仔细审查年度代理材料，以考虑如何对特定提案进行投票。例如，许多投资者正在就气候变化等问题通过股东决议进行合作。

直接投资者可以公开使用这种方法，而那些通过交易所交易基金或共同基金投资的投资者可以监督基金管理公司对此类投票要求的回应，应该确保其回应能代表你的价值观，并符合基金宗旨所代表的价值观。ESG 整合的核心就是与资产管理公司接触，以确认他们会逐渐改进 ESG 整合行动，并确保他们与底层公司管理团队接触，通过良好的公司治理、环境政策和社会实践，影响他们的行为。了解更多信息，请访问 https://partnerscap. com/publications/a – framework – for – responsible – investing.

更多资产类别信息

附录中提供的信息重点介绍了管理公司应当如何识别和了解每个公司、行业和部门用于股票投资的关键 ESG 风险和机遇。专注于公司债券的基金较少，但 ESG 评级同样适用于固定收益债券。此外，某些国家政府债券的 ESG 资质也可能存在问题。

还有一些基金将根据具体的可持续投资主题进行投资，包括资源效率、可持续交通、教育和福祉问题。不过，应该注意到，将基金重点转向中小企业的做法可能会带来一些投资者可以接受的风险，并且可考虑的基金选择将会减少。

而，大多数正在考虑整合自己 ESG 投资组合的投资者应该考虑寻求一些指导，或与财务顾问进行合作。一些金融投资专业人士正在加强对 ESG 投资的了解，散户投资者可以向专业人士进行相关咨询。